tolices
brilhantes

tolices brilhantes
Mario Livio

de Darwin a Einstein,
os grandes erros
dos maiores cientistas

Tradução de
CATHARINA PINHEIRO

1ª edição

EDITORA RECORD
RIO DE JANEIRO • SÃO PAULO
2017

CIP-BRASIL. CATALOGAÇÃO NA PUBLICAÇÃO
SINDICATO NACIONAL DOS EDITORES DE LIVROS, RJ

L762t
Livio, Mario
   Tolices brilhantes: de Darwin a Eisntein, os grandes erros dos maiores cientistas / Mario Livio; tradução Catharina Pinheiro. – 1ª ed. – Rio de Janeiro: Record, 2017.
   il.

   Tradução de: Brilliant blunders
   Inclui bibliografia e índice
   ISBN: 978-85-014-0444-2

   1. Ciências – História. 2. Ciências – Filosofia. 3. Teoria do conhecimento. I. Pinheiro, Catharina. II. Título.

17-39399
CDD: 501
CDU: 501

Copyright © Mario Livio, 2013

Publicado originalmente pela Simon & Schuster, Inc.

Título original em inglês: Brilliant blunders: from Darwin to Einstein - colossal mistakes by great scientists that changed our understanding of life and the universe

Todos os direitos reservados. Proibida a reprodução, armazenamento ou transmissão de partes deste livro, através de quaisquer meios, sem prévia autorização por escrito.

Texto revisado segundo o novo Acordo Ortográfico da Língua Portuguesa.

Direitos exclusivos de publicação em língua portuguesa para o Brasil adquiridos pela
EDITORA RECORD LTDA.
Rua Argentina, 171 – 20921-380 – Rio de Janeiro, RJ – Tel.: (21) 2585-2000, que se reserva a propriedade literária desta tradução.

Impresso no Brasil

ISBN 978-85-014-0444-2

Seja um leitor preferencial Record.
Cadastre-se em www.record.com.br e receba informações sobre nossos lançamentos e nossas promoções.

Atendimento e venda direta ao leitor:
mdireto@record.com.br ou (21) 2585-2002.

A Noga e Danielle

Sumário

Prefácio   9

1. Erros e mancadas   13
2. A origem   21
3. Sim, tudo o que eu herdar, há de sumir   45
4. Qual é a idade da Terra?   69
5. A certeza geralmente é uma ilusão   95
6. Intérprete da vida   115
7. Afinal de contas, de quem é o DNA?   151
8. *B* de Big Bang   173
9. A mesma coisa por toda a eternidade?   199
10. A "maior mancada"   233
11. Do espaço vazio   255

Epílogo   279
Notas   283
Bibliografia   319
Créditos   347

Prefácio

Durante todo o período em que passei trabalhando neste livro, quase toda semana alguém me perguntava sobre o que se tratava. Formulei uma resposta padrão: "É sobre mancadas, e *não* é uma autobiografia!" Isso suscitava gargalhadas e a expressão ocasional de aprovação: "Mas que ideia interessante." Meu objetivo era simples: corrigir a impressão de que descobertas científicas são histórias de puro sucesso. De fato, isso não poderia estar mais longe da verdade. A estrada para o triunfo é pavimentada com mancadas, mas quanto maior o prêmio, maior a mancada em potencial.

Immanuel Kant, o grande filósofo alemão, escreveu notoriamente: "Duas coisas vêm à mente com uma admiração e um assombro cada vez maiores, à medida que refletimos mais sobre elas: *o céu estrelado sobre mim e a lei moral dentro de mim*." Desde a publicação da sua *Crítica da razão prática* (1788), fizemos um progresso impressionante na compreensão da primeira; porém, na minha humilde opinião, um progresso bem menor na compreensão da última. Ao que parece, é muito mais difícil tornar a vida ou a mente compreensível para si. Não obstante, as ciências da vida em geral — e a pesquisa sobre a operação do cérebro humano em particular — de fato estão ganhando ritmo. Assim, no final das contas, talvez a ideia de que um dia compreenderemos por que a evolução gerou uma espécie consciente não seja completamente inconcebível.

Embora este livro seja sobre alguns dos esforços mais marcantes para compreender a vida e o cosmos, ele está mais preocupado com a jornada do que com o destino. Tentei me concentrar no processo de pensamento e nos obstáculos encontrados no caminho para a descoberta, e não nas realizações propriamente ditas.

Muitas pessoas me ajudaram ao longo do caminho, algumas talvez até sem saber. Meu agradecimento a Steve Mojzsis e Reika Yokochi pelas discussões sobre tópicos relacionados à geologia. Agradeço a Jack Dunitz, Horace Freeland Judson, Matt Meselson, Evangelos Moudrianakis, Alex Rich, Jack Szostak e Jim Watson pelas discussões sobre química, biologia, e especificamente sobre o trabalho de Linus Pauling. Minha eterna gratidão a Peter Eggleton, John Faulkner, Geoffrey Hoyle, Jayant Narlikar e Lord Martin Rees pelas discussões proveitosas sobre astrofísica, cosmologia, e sobre o trabalho de Fred Hoyle.

Também quero expressar minha gratidão a todos que me forneceram materiais inestimáveis para este livro, em particular a Adam Perkins e a equipe da Cambridge University Library pelo material sobre Darwin e Lord Kelvin, a Mark Hurn, do Instituto de Astronomia, Cambridge, pelo material sobre Lord Kelvin e Fred Hoyle; a Amanda Smith, do Instituto de Astronomia, Cambridge, pelo material sobre Fred Hoyle e pelo processamento das fotos relacionadas a Watson e Crick; a Clifford Meade e Chris Petersen, do Departamento de Coleções Especiais, da Oregon State University, pelo material sobre Linus Pauling; a Loma Karklins, do Caltech Archives, pelo material sobre Linus Pauling; a Sarah Brooks, do Nature Publishing Group, pelo material sobre Rosalind Franklin; a Bob Carswell e Peter Hingley, pelo material sobre Georges Lemaître, da Real Sociedade Astronômica; a Liliane Moens, do Archives Georges Lemaître, pelo material sobre Georges Lemaître; a Kathryn McKee, da St. John's College, Cambridge, pelo material sobre Fred Hoyle; e a Barbara Wolff, do Albert Einstein Archives, a Diana Kormos Buchwald, do Einstein Papers Project, a Daniel Kennefick, da

PREFÁCIO

Universidade do Arkansas, a Michael Simonson, do Leo Baeck Institute, a Christine Lutz, da Universidade de Princeton, e a Christine Di Bella, do Institute for Advanced Study, pelo material sobre Einstein.

Agradecimentos especiais a Jill Lagerstrom, Elizabeth Fraser e Amy Gonigam, do Space Telescope Science Institute, e à equipe da Biblioteca da Universidade Johns Hopkins, pelo apoio bibliográfico contínuo. Minha gratidão a Sharon Toolan, pela ajuda profissional na preparação do manuscrito para impressão, a Pam Jeffries, pelo talento aplicado no desenho de algumas das imagens, e a Zak Concannon, por limpar algumas das imagens. Como sempre, minha aliada mais paciente e dedicada foi minha mulher, Sofie.

Por fim, agradeço à minha agente, Susan Rabiner, pelo incentivo incansável; ao meu editor, Bob Bender, pelos comentários ponderados; a Loretta Denner, pela assistência durante o copidesque; e a Johanna Li, pela dedicação durante toda a produção do livro.

1
ERROS E MANCADAS

> Grandes mancadas com frequência são compostas, como cordas grossas, de uma variedade de fibras. Pegue a corda fio por fio, separe todas as causas determinantes e as rasgue, e então dirá: isso é tudo. Junte e amarre-as, e então elas se tornarão uma enormidade.
>
> VICTOR HUGO, *OS MISERÁVEIS*

Quando o mercurial Bobby Fischer, talvez o jogador mais famoso de xadrez da história do jogo, finalmente apareceu em Reykjavik, Islândia, no verão de 1972 para a partida contra Boris Spasski por ocasião do campeonato mundial,[1] a expectativa no mundo do xadrez era palpável. Até mesmo pessoas que jamais haviam demonstrado qualquer interesse por xadrez prendiam o fôlego para o que fora chamado de "a Partida do Século". Contudo, na 29ª jogada do primeiro jogo, em uma posição que parecia conduzir a um *dead draw*,* Fischer optou por um movimento que até os jogadores mais amadores

---

* Posição em que nenhum jogador tem qualquer possibilidade de vencer, ou uma situação de impasse que só pode ser resolvida caso um jogador faça uma jogada propositadamente errada. [*N. da T.*]

de xadrez teriam rejeitado instintivamente como erro. A jogada pode ter sido uma manifestação típica do que é conhecido como "cegueira enxadrística" — um erro denotado na literatura do xadrez por "??" — e teria sido vergonha até para uma criança de 5 anos em um clube de xadrez local. Mais surpreendente foi o fato de o erro ter sido cometido por um homem que abrira caminho até a partida com o russo Spasski após uma sequência extraordinária de vinte vitórias consecutivas contra os maiores jogadores do mundo. (Em muitas competições de nível mundial, não raro o número de empates iguala ao de vitórias.) Esse tipo de "cegueira" é algo que acontece apenas no xadrez? Ou será que outras atividades intelectuais também estão sujeitas a erros surpreendentes?

Oscar Wilde certa vez escreveu: "Experiência é o nome que todos dão aos seus erros." Na verdade, todos cometemos inúmeros erros no nosso dia a dia. Trancamos nossas chaves dentro do carro, investimos nas ações erradas (ou às vezes nas ações certas, mas no momento errado), sobrestimamos excessivamente nossa capacidade de realizar múltiplas tarefas ao mesmo tempo e com frequência culpamos as causas erradas para os nossos infortúnios. Essa atribuição equivocada de culpa, aliás, é uma das razões por que raramente aprendemos com nossos erros. É claro que em todos os casos só identificamos um erro depois de o termos cometido — daí a definição de Wilde da "experiência". Além disso, somos muito melhores ao julgar outras pessoas do que ao analisar a nós mesmos. Como o psicólogo e ganhador do prêmio Nobel em economia Daniel Kahneman colocou: "Não sou muito otimista em relação à habilidade das pessoas de mudarem a forma como pensam, mas sou muito otimista em relação à sua habilidade de detectar erros alheios."

Mesmo processos construídos com atenção e cuidado, tais como os envolvidos no sistema de justiça criminal, ocasionalmente falham — muitas vezes com consequências trágicas. Ray Krone, de Phoenix,[2] Arizona, por exemplo, passou mais de dez anos atrás das grades e enfrentou pena de morte depois de ter sido condenado *duas vezes* por um assassinato brutal que não cometeu. Ele acabou sendo totalmente inocentado (e o verdadeiro culpado condenado) por evidências com DNA.

O foco deste livro, porém, não é esse tipo de erros, por mais graves que possam ser, e sim as grandes *mancadas científicas*. Por "mancadas científicas", refiro-me em particular a erros conceituais sérios que poderiam ter comprometido teorias e estratégias inteiras — ou, ao menos em princípio, atrasar o progresso da ciência.

A história humana está cheia de casos de mancadas momentâneas em uma grande variedade de disciplinas. Alguns desses importantes erros remontam às Escrituras ou à mitologia grega. No livro do Gênesis, por exemplo, o primeiro ato de Eva — a mãe bíblica de todos os seres humanos — foi recorrer à ardilosa serpente e ao fruto proibido. Esse lapso momentâneo de julgamento levou, nada mais nada menos, ao banimento de Adão e Eva do Jardim do Éden, e — ao menos de acordo com o teólogo do século XIII Tomás de Aquino — até mesmo à proibição eterna do acesso dos seres humanos à verdade absoluta. Na mitologia grega, o envolvimento imprudente de Páris com a bela Helena, mulher do rei de Esparta, resultou na destruição total da cidade de Troia. Mas esses exemplos sequer arranham a superfície. No decorrer da história, nem comandantes militares renomados, nem filósofos famosos ou pensadores pioneiros foram imunes a mancadas sérias. Durante a Segunda Guerra Mundial, o marechal de campo alemão Fedor von Bock cometeu a tolice de repetir o malfadado ataque de Napoleão à Rússia de 1812. Nenhum dos dois avaliou a força insuperável do "General Inverno" — o longo e duro inverno russo para o qual estavam lamentavelmente despreparados. O historiador britânico A. J. P. Taylor certa vez resumiu as calamidades sofridas por Napoleão da seguinte forma: "Como a maioria daqueles que estudam história, ele [Napoleão] aprendeu com os erros do passado como cometer erros novos."[3]

Na arena filosófica, as ideias errôneas de Aristóteles sobre a física (como a crença de que todos os corpos se movem em direção ao seu lugar "natural") estavam tão longe da verdade quanto as previsões distorcidas de Karl Marx do colapso iminente do capitalismo. Analogamente, muitas das especulações psicanalíticas de Sigmund Freud, fossem sobre o "instinto de morte" — o suposto impulso de retornar ao estado de quietude anterior à vida — ou sobre o papel de um complexo de Édipo infantil nas neuroses das mulheres, não passavam de erros patéticos, isso para ser gentil.

Você pode pensar: Tudo bem, as pessoas cometem erros; mas sem dúvida os maiores *cientistas* dos dois últimos séculos — como o duas vezes honrado pelo prêmio Nobel Linus Pauling ou o formidável Albert Einstein — estavam corretos pelo menos nas teorias pelas quais são mais conhecidos, certo? Afinal de contas, a glória intelectual dos tempos modernos não foi precisamente o estabelecimento da ciência como uma disciplina empírica e da matemática à prova de qualquer erro como a "linguagem" da ciência fundamental? As teorias dessas mentes ilustres e de outros pensadores incomparáveis não estariam, portanto, livres de mancadas graves? Absolutamente não!

O propósito deste livro é apresentar com detalhes algumas das mancadas mais surpreendentes de alguns dos maiores cientistas e seguir as consequências inesperadas dessas mancadas. Ao mesmo tempo, meu objetivo também é tentar analisar as prováveis causas dessas mancadas e, na medida do possível, revelar as relações fascinantes entre tais erros e os traços ou as limitações da mente humana. Por último, todavia, espero demonstrar que a estrada para a descoberta e a inovação pode ser construída mesmo ao longo do caminho improvável das mancadas.

Como veremos, os fios frágeis da evolução estão entrelaçados com todas as mancadas em particular que selecionei para explorar com detalhes no livro. Isto é, esses erros crassos estão relacionados às teorias da evolução da vida na Terra, da evolução da própria Terra e da evolução do nosso universo como um todo.

As mancadas da evolução e a evolução das mancadas

Uma das definições da palavra "evolução" encontradas no *Oxford English Dictionary* diz: "O desenvolvimento ou crescimento, de acordo com tendências inerentes, de qualquer coisa que possa ser comparada a um organismo vivo... Também o aumento ou origem de qualquer coisa pelo desenvolvimento natural, em oposição à sua produção por um ato específico." Esse não era o significado original da palavra. Em latim, *evolutio* referia-se ao desenrolar e à leitura de um livro em forma de pergaminho. Mesmo quando a palavra começou a se popularizar na biologia, a princípio era usada apenas para descrever o crescimento de um embrião. O primeiro uso da palavra "evolução" no contexto da gênese das espécies pode ser encontrado nos escritos do naturalista suíço do século XVIII Charles Bonnet, que argumentou que Deus organizara previamente o nascimento das espécies nos germes das primeiras formas de vida que criara.

No decorrer do século XX, a palavra "evolução" tornou-se tão intimamente associada ao nome de Darwin que você pode achar difícil acreditar que na primeira edição, de 1859, da sua obra magistral, *A origem das espécies*, Darwin não menciona a palavra "evolução" sequer uma vez. Entretanto, a última palavra do livro é "evoluiu".

Desde a publicação de *A origem das espécies*, a palavra assumiu o sentido mais amplo da definição acima, e hoje podemos falar de evolução em referência a temas tão diversos quanto língua inglesa, moda, música, evolução sociocultural, opiniões e assim por diante. (Vide quantas páginas da web são dedicadas à "evolução do *hipster*".) O presidente Woodrow Wilson enfatizou certa vez que a forma correta de compreender a Constituição dos Estados Unidos era por meio da evolução: "O governo não é uma máquina, mas uma coisa viva... Ele é explicado por Darwin, e não por Newton."[4]

O fato de eu ter me concentrado na evolução da vida, da Terra e do universo não significa que essas são as únicas arenas científicas em que foram cometidas mancadas. Em vez disso, escolhi esses tópicos em particular por duas razões principais. Em primeiro lugar, eu queria fazer uma análise crítica dos grandes erros cometidos por alguns estudiosos que aparecem nas listas rápidas de quase qualquer pessoa quando o assunto é as grandes mentes. Os erros desses indivíduos notáveis, ainda que pertençam a séculos passados, são extremamente relevantes para as questões que os cientistas (e as pessoas em geral) enfrentam hoje. Como espero conseguir mostrar, a análise desses erros forma um corpo vivo de conhecimento não apenas interessante por si só, mas que também pode ser usado para orientar as ações em domínios que vão das práticas científicas ao comportamento ético. A segunda razão é simples: os tópicos da evolução da vida, da Terra e do universo têm intrigado os seres humanos — e não apenas cientistas — desde os primórdios da civilização e inspiraram buscas incansáveis para revelar as nossas origens e o nosso passado. A curiosidade intelectual humana em relação a esses assuntos está, ao menos em parte, na raiz das nossas crenças religiosas, dos mitos da criação e das investigações filosóficas. Ao mesmo tempo, o lado mais empírico baseado em evidências dessa curiosidade por fim deu origem à ciência. O progresso feito pela humanidade na decifração de alguns dos processos mais complexos envolvidos na evolução da vida, da Terra e do cosmos não é nada menos que milagroso. É difícil acreditar, mas achamos que podemos refazer a trajetória da evolução cósmica que se deu desde que o universo tinha apenas uma fração de segundo de idade. Não obstante, muitas questões continuam sem resposta, e na atualidade o tópico da evolução continua sendo controverso.

Precisei de algum tempo para selecionar os cientistas a serem incluídos nessa jornada através de águas intelectuais e práticas profundas, mas no final me concentrei nas mancadas de cinco indivíduos. Minha lista de indivíduos que já cometeram erros clássicos é composta pelo celebrado naturalista Charles Darwin; pelo físico Lord Kelvin (cujo nome foi usado para batizar a escala de temperatura); por Linus Pauling, um dos químicos mais influentes da história; pelo famoso astrofísico e cosmologista Fred Hoyle; e por Albert Einstein, que dispensa introduções. Em cada caso, explorarei o tema central de duas perspectivas muito diferentes, mas complementares. Por um lado, este livro aborda algumas teorias desses grandes sábios e as relações fascinantes entre elas, visualizadas em parte do ponto de vista incomum das suas fraquezas — e algumas vezes até das suas falhas. Por outro, farei uma breve análise dos vários tipos de mancadas e tentarei identificar suas causas psicológicas (ou, se possível, neurocientíficas). Como veremos, essas mancadas não se originam da mesma forma, e as mancadas dos cinco cientistas da minha lista têm naturezas muito diferentes. A mancada de Darwin foi não perceber todas as implicações de uma hipótese em particular. Kelvin deu uma mancada ao ignorar possibilidades imprevistas. A mancada de Pauling foi o resultado do excesso de confiança gerado por um sucesso anterior. Hoyle errou ao insistir em divergir da ciência tradicional. Einstein falhou por causa de um senso equivocado do que constitui a simplicidade estética. O ponto principal, porém, é que ao longo do caminho descobriremos que erros crassos são não apenas inevitáveis, mas também parte essencial do progresso na ciência. O desenvolvimento da ciência não é uma marcha direta rumo à verdade. Se não fossem as falsas largadas e becos sem saída, os cientistas passariam muito tempo percorrendo os caminhos errados. Todos os erros descritos neste livro, de uma forma ou de outra, serviram como catalisadores para avanços consideráveis — daí sua descrição como "mancadas brilhantes". Eles serviram de agentes que eliminaram a neblina através da qual a ciência estava progredindo, em sua sucessão habitual de passos curtos, ocasionalmente pontuada por saltos quânticos.

Organizei o livro de modo a apresentar primeiro a *essência* de algumas das teorias pelas quais cada cientista é mais conhecido. São resumos muito concisos cujo objetivo é servir de introdução às ideias desses mestres, fornecendo um contexto apropriado para as mancadas, e não oferecer descrições amplas das respectivas teorias. Preferi me concentrar em apenas *um* grande erro em cada caso, em vez de analisar um rol de todos os possíveis erros cometidos por esses *experts* durante suas longas carreiras. Começarei pelo homem sobre o qual o *New York Times* escreveu corretamente em seu obituário (publicado em 21 de abril de 1882): ele "foi muito lido, mas falado ainda mais".

2

A ORIGEM

> Há grandeza nesta visão da vida, com suas várias forças, originalmente tornadas em algumas formas ou em apenas uma; e isso, enquanto este planeta passava por ciclos de acordo com a lei fixa da gravidade, a partir de origens tão simples infindáveis formas, as mais belas e maravilhosas, se desenvolveram ou estão se desenvolvendo.
>
> CHARLES DARWIN

A coisa mais notável sobre a vida na Terra é sua diversidade prodigiosa. Faça uma caminhada casual em uma tarde de primavera e provavelmente encontrará inúmeros tipos de pássaros, muitos insetos, talvez um esquilo, algumas pessoas (entre as quais uma ou outra passeando com um cachorro) e uma grande variedade de plantas. Mesmo no que diz respeito às propriedades que são mais fáceis de discernir, os organismos presentes na Terra apresentam tamanhos, cores, formas, hábitats, costumes alimentares e capacidades diferentes. De um lado, há bactérias com menos de cem milésimos de uma polegada; de outro, baleias azuis, com mais de 30 metros de comprimento. Entre os milhares de espécies conhecidas dos moluscos marinhos chamados de nudibrânquios, muitos possuem aparências pouco dignas de nota, enquanto outros apresentam as cores mais suntuosas exibidas por uma criatura da Terra. Pássaros podem alcançar altitudes incríveis na atmosfera: no dia 29 de novembro de 1975,[1] um grande abutre foi sugado pelo motor de um avião a uma altitude de 37,9 mil pés sobre a Costa do Marfim, na África Ocidental. Outros pássaros, como o migratório ganso de cabeça listrada e os cisnes bravos, regularmente voam a altitudes superiores a 25 mil pés. Já criaturas do oceano alcançam recordes semelhantes em profundidade. No dia 23 de janeiro de 1960, o explorador recordista Jacques Piccard e o tenente Don Walsh, da Marinha americana, desceram lentamente em um veículo submersível de exploração chamado batiscafo até o ponto mais profundo do oceano Pacífico — a Fossa das Marianas — no sul de Guam.[2] Quando eles finalmente tocaram a profundidade recorde de 35,8 mil pés, ficaram surpresos ao descobrir ao seu redor um novo tipo de camarões que habitam o fundo do mar, aparentemente não afetados pela pressão ambiente de cerca de 8 toneladas por polegada quadrada. No dia 26 de março de 2012, o diretor de cinema James Cameron alcançou o ponto mais profundo na Fossa das Marianas, em um submersível especialmente designado para a missão. Ele descreveu o local como uma paisagem gelatinosa tão desolada quanto a Lua. Entretanto, também disse ter visto criaturas parecidas com camarões com no máximo 1 polegada de comprimento.

Ninguém sabe ao certo quantas espécies habitam atualmente a Terra. Um catálogo recente, publicado em setembro de 2009, descreve formalmente, com nomes oficiais, cerca de 1,9 milhão de espécies.[3] Todavia, como quase todas as espécies vivas são micro-organismos ou invertebrados minúsculos, muitos dos quais de difícil acesso, a maior parte das estimativas feitas do número total de espécies não passa de palpites bem informados. Geralmente, as estimativas vão de 5 a cerca de 100 milhões de espécies diferentes, embora o número considerado mais provável seja de 5 a 10 milhões. (O estudo mais recente supõe por volta de 8,7 milhões.)[4] Essa grande incerteza não surpreende nem um pouco, já que sabemos que uma mera colher de poeira sob nossos pés pode conter milhares de espécies de bactérias.[5]

A segunda característica incrível da vida na Terra, além da diversidade, é o nível impressionante de *adaptação* exibido tanto por plantas como por animais. Do focinho comprido semelhante a um tubo do tamanduá, ou da língua longa e rápida do camaleão (capaz de alcançar presas em cerca de 30 milésimos de segundo!), passando ao bico poderoso e único do pica-pau, até os cristalinos dos olhos dos peixes, os organismos vivos parecem ter sido moldados perfeitamente para os requisitos que lhes são impostos pela vida. Não apenas as abelhas são formadas de modo a poderem se encaixar confortavelmente nas angiospermas das quais extraem o néctar, mas as próprias plantas exploram as visitas das abelhas para a sua multiplicação, enchendo os corpos e as pernas das abelhas com pólen, que é transportado para outras flores.

São inúmeras as espécies que vivem em uma fantástica interação do tipo "coce minhas costas que eu coço a sua", conhecida como *simbiose*. O peixe palhaço *ocellaris*, por exemplo, vive entre os tentáculos da anêmona *Heteractis magnifica*.[6] Os tentáculos protegem o peixe palhaço dos seus predadores, e o peixe retribui o favor protegendo as anêmonas de outros peixes que se alimentam delas. O muco especial presente no corpo do peixe palhaço o guarda dos tentáculos venenosos da hospedeira, o que torna essa adaptação harmoniosa perfeita. Parcerias se desenvolveram até mesmo entre bactérias e animais. Por exemplo, nas fontes hidrotermais dos assoalhos oceânicos, foram encontrados mexilhões banhados por fluidos ricos em hidrogênio que se desenvolvem ao mesmo tempo servindo de apoio a e consumindo uma população interna de bactérias que se alimentam de hidrogênio. Da mesma forma, descobriu-se que uma bactéria do gênero *Rickettsia* garante vantagens de sobrevivência para as moscas-brancas da batata-doce — e, com isso, também para si mesma.

Por outro lado, é provável que um exemplo bem popular de um relacionamento notavelmente simbiótico não passe de um mito. Muitos textos descrevem a ajuda mútua entre o crocodilo do Nilo e um pássaro pequeno conhecido como tarambola egípcia. De acordo com o filósofo grego Aristóteles, quando o crocodilo boceja, o passarinho "entra voando em sua boca e limpa seus dentes" — e, assim, também se alimenta — para a "tranquilidade e conforto" do crocodilo.⁷ Uma descrição semelhante aparece no influente *Natural History*, do filósofo naturalista do século I Plínio, o Velho.⁸ Entretanto, não há absolutamente nenhum relato dessa simbiose na literatura científica moderna, e tampouco qualquer registro fotográfico documentando tal comportamento. Talvez não devêssemos nos surpreender, considerando o registro questionável de Plínio: muitas de suas afirmações científicas acabaram por ser falsas!

Associada às complexas relações e à adaptação de uma riqueza fantástica de formas de vida, a prolífica diversidade convenceu muitos teólogos naturalistas, de Tomás de Aquino no século XIII a William Paley no século XVIII, de que a vida na Terra requeria a mão de um arquiteto supremo. Essas ideias já apareciam no século I a.C. O famoso orador romano Marco Túlio Cícero argumentou que o mundo natural precisava vir de alguma "razão" divina:

> Se todas as partes do universo foram designadas de forma a não poderem ser nem mais bem adaptadas para uso, nem ter sua aparência tornada mais bela... Se, portanto, as realizações da natureza transcendem as alcançadas pelos desígnios, e se nem todos os talentos humanos alcançam nada sem a aplicação da razão, precisamos admitir que a natureza também não é desprovida de razão.⁹

Cícero foi o primeiro a invocar a metáfora do relojoeiro que mais tarde se tornou o principal argumento favorável a um "criador inteligente". Nas palavras de Cícero:

> Certamente não pode ser correto reconhecer como obra de arte uma estátua ou um quadro pintado, ou ser convencido a partir de observações distantes do curso de um navio de que seu progresso é controlado pela razão e pelas habilidades humanas, ou do exame de um relógio de sol ou de um relógio de água apreciar que o cálculo do tempo do dia é feito pela habilidade, e não pelo acaso, e não obstante considerar que o universo é desprovido de propósito e razão, embora abranja as próprias habilidades e todos os artesãos que as aplicam, além de tudo o mais.

Essa foi precisamente a linha de raciocínio adotada por William Paley quase dois milênios depois: uma invenção implica um inventor, assim como um projeto implica um criador.[10] Um relógio complexo, argumentou Paley, atesta a existência de um relojoeiro. Assim, não deveríamos concluir o mesmo em relação a algo tão complexo quanto a vida? Afinal de contas, "Cada indicação de uma invenção, cada manifestação de um projeto existente no relógio existe nas engrenagens da natureza; com a diferença, no que diz respeito à natureza, de ser mais e maior, e isso em um grau que excede todos os cálculos." Essa defesa fervorosa da necessidade imperativa de um "criador" (já que a única alternativa possível, mas inaceitável, era considerada a eventualidade ou o acaso) convenceu muitos filósofos naturalistas quase até o início do século XIX.

Implícito no argumento do desenho inteligente estava outro dogma: acreditava-se que as espécies eram absolutamente *imutáveis*. A ideia da existência eterna tinha suas raízes em uma longa cadeia de certezas sobre outras entidades consideradas duradouras e constantes. Na tradição aristotélica, por exemplo, supunha-se que a esfera das estrelas fixas era completamente inviolável. Somente na época de Galileu essa noção em particular foi destruída por completo com a descoberta das "novas" estrelas (que, na verdade, eram *supernovas* — as explosões de estrelas velhas). Os avanços impressionantes na física e na química ocorridos nos séculos XVII e XVIII apontavam, todavia, que algumas essências na verdade eram mais básicas e permanentes que outras, e que poucas eram quase eternas para muitos propósitos práticos. Por exemplo, percebeu-se que elementos químicos como o oxigênio e o carbono eram constantes (ao menos durante a história humana) em suas propriedades básicas — o oxigênio respirado por Júlio César era idêntico ao exalado por Isaac Newton. De forma semelhante, as leis do movimento e da gravidade formuladas por Newton se aplicavam em tudo, de maçãs em queda às órbitas dos planetas, e pareciam ser positivamente imutáveis. Contudo, na ausência de padrões para determinar quais quantidades ou conceitos eram genuinamente fundamentais e quais não eram (apesar de alguns esforços valiosos por filósofos empiristas como John Locke,

George Berkeley e David Hume), muitos naturalistas do século XVIII optaram por simplesmente adotar o antigo ponto de vista grego das espécies imutáveis ideais.

Essas eram as correntes prevalentes de pensamento sobre a vida — até que um homem teve a audácia, a visão e a profunda perspicácia de combinar um enorme grupo de ideias independentes para tecer uma tapeçaria magnífica. Esse homem era Charles Darwin (imagem 1 do encarte), e sua grandiosa concepção unificada se tornou a mais inspiradora teoria não relacionada à matemática da humanidade. Darwin literalmente transformou as ideias sobre a vida na Terra de mito em ciência.

Revolução

A primeira edição do livro de Darwin, *A origem das espécies*, foi publicada no dia 24 de novembro de 1859 em Londres, e a partir daquele dia a biologia jamais seria a mesma.[11] (A imagem 2 do encarte exibe a página-título da primeira edição.) Antes de examinarmos os argumentos centrais de *A origem das espécies*, é importante entender o que *não* é discutido no livro. Darwin não diz sequer uma palavra seja sobre a *origem* propriamente dita da vida ou sobre a *evolução* do universo como um todo. Além disso, ao contrário do que rezam certas crenças populares, ele tampouco discute a evolução da humanidade, a não ser em um parágrafo profético e otimista encontrado já quase no fim do livro, em que Darwin diz: "Em um futuro distante, vejo campos abertos para pesquisas mais importantes. A psicologia se baseará em uma nova fundação, a da aquisição necessária de cada potencialidade e capacidade mental pela graduação. Será lançada luz sobre a origem do homem e sua história."[12] Somente em um livro posterior, *A descendência do homem*, publicado doze anos depois de *A origem das espécies*, foi que Darwin decidiu deixar claro que acreditava que suas ideias sobre a evolução também deveriam ser aplicadas aos humanos. Na verdade, ele foi muito mais específico do que isso, concluindo que os seres humanos eram os descendentes naturais das criaturas simiescas que provavelmente viviam nas árvores do "Velho Mundo" (a África):

> Assim, tomamos conhecimento de que o homem descende de um quadrúpede peludo e com rabo, provavelmente arbóreo em seu hábitat e habitante do Velho Mundo. Essa criatura, se sua estrutura completa fosse examinada por um naturalista, seria classificada entre os quadrúmanos [primatas de quatro mãos, como os macacos] com tanta certeza quanto os progenitores ainda mais antigos dos macacos do Velho e do Novo Mundo.[13]

A parte mais pesada do trabalho intelectual sobre a evolução, contudo, já fora realizada em *A origem das espécies*. Com um único golpe, Darwin descartou a noção do desenho inteligente, eliminou a ideia de que as espécies são eternas e imutáveis, e propôs um mecanismo pelo qual a adaptação e a diversidade podiam ser alcançadas.

Em termos simples, a teoria de Darwin consiste em quatro pilares principais suportados por um mecanismo notável.[14] Os pilares são: a *evolução*, o *gradualismo*, a *descendência comum* e a *especiação*. O mecanismo crucial que move tudo e combina os diferentes elementos que cooperam é a *seleção natural* — que, como sabemos hoje, é até certo ponto complementada por outros veículos da mudança evolucionária, alguns dos quais não poderiam ser conhecidos por Darwin.

Este é um relato muito sucinto desses componentes distintos da teoria de Darwin. A descrição em sua maior parte identificará as origens das próprias ideias de Darwin em vez das versões atualizadas, modernizadas, desses conceitos. Todavia, em determinados momentos, será essencialmente impossível evitar o delineamento das evidências que se acumularam desde a época de Darwin. Como descobriremos no próximo capítulo, porém, Darwin cometeu um erro grave que poderia ter refutado a sua descoberta mais importante: a seleção natural. A raiz do erro não foi culpa de Darwin — ninguém no século XIX compreendia a genética — mas Darwin não percebeu que a teoria da genética com a qual estava trabalhando era letal para o conceito da seleção natural.

A primeira essência na teoria era a da própria evolução. Apesar de algumas das ideias de Darwin sobre a evolução terem um *pedigree* mais antigo, os naturalistas franceses e ingleses que o precederam (entre os quais se destacam figuras como Pierre-Louis Moreau de Maupertuis, Jean-Baptiste Lamarck, Robert Chambers e o avô do próprio Darwin, Erasmus Darwin) não conseguiram fornecer um mecanismo convincente para possibilitar a evolução.[15] Foi assim que Darwin descreveu a evolução: "O ponto de vista mantido pela maioria dos naturalistas, e que eu mesmo antes tinha — ou seja, o de que cada espécie foi criada de forma independente —, é errôneo. Estou completamente convencido de que as espécies não são imutáveis; mas aquelas que pertencem ao que é chamado de mesmo gênero são descendentes diretas de outras, geralmente extintas, espécies." Em outras palavras, as espécies que encontramos hoje nem sempre existiram. Em vez disso, são descendentes de espécies anteriores que se extinguiram. Os biólogos modernos tendem a estabelecer uma distinção entre a *microevolução* e a *macroevolução*.[16] A microevolução abrange pequenas mudanças (como as observadas de vez em quando nas bactérias) resultantes do processo evolucionário ocorrido em períodos de tempo relativamente curtos, geralmente em populações locais. A macroevolução se refere aos resultados da evolução ocorrida durante períodos longos, geralmente entre espécies — e que também pode envolver episódios de extinção em massa, como o que levou ao desaparecimento dos dinossauros. Nos anos transcorridos desde a publicação de *A origem das espécies*, a ideia da evolução se tornou de tal forma o princípio fundamental de todas as pesquisas nas ciências da vida que em 1973 Theodosius Dobjanski, um dos biólogos mais eminentes do século XX, publicou um ensaio intitulado "Nothing in Biology Makes Sense Except in the Light of Evolution" [Nada faz sentido na biologia, exceto sob a luz da evolução].[17] No fim do artigo, Dobjanski observou que o filósofo francês e padre jesuíta do século

XX Pierre Teilhard de Chardin "era um criacionista, mas que entendia que a Criação é realizada neste mundo por meio da evolução".

Darwin pegou emprestada a ideia incorporada ao seu segundo pilar, o do gradualismo, principalmente das obras de dois geólogos. Um era o geólogo do século XVIII James Hutton e o outro era o contemporâneo de Darwin, Charles Lyell, que mais tarde também se tornaria seu amigo íntimo. Os registros geológicos exibiam padrões de camadas horizontais cobrindo grandes áreas geológicas. Combinada à descoberta de diferentes fósseis nessas camadas, essa informação sugeria uma progressão de alterações incrementais. Hutton e Lyell foram, em grande parte, responsáveis pela formulação da teoria moderna do *uniformitarianismo*: a noção de que o ritmo de processos como a erosão e a sedimentação no presente é semelhante ao ritmo dos mesmos processos no passado.[18] (Retornaremos a esse conceito no capítulo 4, quando discutiremos Lord Kelvin.) Darwin argumentou que, assim como a ação geológica molda a Terra gradualmente, as mudanças evolucionárias são o resultado de transformações ocorridas ao longo de centenas de milhares de gerações. Não devemos, portanto, esperar ver alterações significativas em menos de dezenas de milhares de anos, exceto, talvez, em organismos que se multiplicam com grande frequência, como as bactérias — que, como sabemos hoje, podem desenvolver resistência a antibióticos em períodos extremamente curtos de tempo. Ao contrário do que diz o uniformitarianismo, contudo, o ritmo das mudanças evolucionárias geralmente não é uniforme em tempo para uma dada espécie, e pode variar ainda mais de uma espécie para outra. Como veremos mais tarde, é a pressão exercida pela seleção natural, principalmente, que determina a rapidez com que se manifesta a evolução. Alguns "fósseis vivos", como a lampreia — um vertebrado marinho sem mandíbula e com uma boca em forma de funil —, parecem não ter tido nenhuma ou quase nenhuma evolução ao longo de 360 milhões de anos.[19] Como aparte fascinante, devo observar que a ideia das alterações graduais foi apresentada no século XVII pelo filósofo empirista John Locke, que escreveu: "Os limites entre as espécies, por meio dos quais os homens as classificam, são estabelecidos pelos homens."

O pilar seguinte da teoria de Darwin, o conceito do *ancestral comum*, é o que se tornou, na sua encarnação moderna, o principal fator de motivação para todas as buscas atuais pelas origens da vida.[20] Darwin primeiro argumentou que não há dúvidas de que todos os membros de qualquer classe taxonômica — como todos os vertebrados — se originaram de um ancestral comum. Mas sua imaginação o levou muito mais longe nesse conceito. Apesar de sua teoria ter antecedido qualquer conhecimento dos fatos de que todos os organismos vivos compartilham características, tais como a molécula de DNA, um pequeno número de aminoácidos e a molécula que serve como combustível para a produção de energia, Darwin ainda assim foi ousado o bastante para declarar: "A analogia me levaria um passo além, ou seja, a acreditar que todos os animais e plantas descendem de algum protótipo único." Além disso, depois de ter tido a prudência de admitir que a "analogia pode ser um guia enganador", ele ainda concluiu que "provavelmente todos os seres orgânicos que já viveram na Terra descenderam de alguma forma primordial única, a primeira a ter recebido o sopro da vida".

Mas talvez você esteja se perguntando: se todas as formas de vida da Terra se originaram de um único ancestral comum, como surgiu tamanha riqueza em diversidade? Afinal de contas, essa foi a primeira característica da vida que identificamos como requerendo uma explicação. Darwin não recuou diante desse desafio, encarando-o de frente — não era à toa que o título do seu livro incluía a palavra "espécies". A solução de Darwin para o problema da diversidade envolvia outra ideia original: a da ramificação, ou especiação.[21] Darwin argumentou que a vida tem início a partir de um ancestral comum, da mesma forma que a árvore só tem um tronco. Assim como o tronco desenvolve galhos, que depois se dividem em ramos, a "árvore da vida" se desenvolve por meio de vários eventos de ramificação, criando espécies separadas a cada nó de divisão.[22] Muitas dessas espécies são extintas, assim como os galhos mortos e quebrados de uma árvore. Entretanto, como a cada divisão o número de espécies geradas por um dado ancestral dobra, o número de espécies diferentes pode aumentar dramaticamente. Quando a especiação ocorre?

De acordo com o pensamento moderno, principalmente quando um grupo de membros de uma espécie em particular é geograficamente separado. Por exemplo, um grupo pode ir para o lado chuvoso de uma cordilheira de montanhas, enquanto o resto da espécie permanece do lado seco. Com o tempo, esses ambientes diferentes produzem trajetórias evolucionárias diferentes, o que no final leva à existência de duas populações que não podem mais procriar entre si — ou, em outras palavras, espécies diferentes. Em ocasiões mais raras, a especiação poderia criar novas espécies a partir da cruza entre espécies diferentes. Esse parece ter sido o caso do pardal italiano, que em 2011 averiguou-se ser um intermediário genético entre o pardal espanhol e o pardal doméstico.[23] O pardal italiano e o espanhol se comportam como espécies diferentes, mas o pardal italiano e o pardal doméstico formam zonas híbridas em que os limites entre as duas espécies tornam-se turvos.

Surpreendentemente, em 1945, Vladimir Nabokov, autor de *Lolita* e *Fogo pálido*, apresentou uma hipótese incrível para a evolução de um grupo de borboletas conhecidas como *Polyommatus* azuis.[24] Nabokov, que sempre tivera um grande interesse por borboletas, especulou que elas vieram para o Novo Mundo da Ásia em uma série de ondas migratórias que duraram milhões de anos. Para a sua surpresa, um grupo de cientistas que usou a tecnologia do sequenciamento genético comprovou a conjectura de Nabokov em 2011. Eles descobriram que a espécie do Novo Mundo tinha um ancestral que viveu há cerca de 10 milhões de anos, mas que muitas espécies do Novo Mundo apresentavam mais semelhanças com as borboletas do Velho Mundo do que com suas vizinhas.

Darwin estava bastante ciente da importância do conceito da especiação para a sua teoria, pois incluiu um diagrama esquemático da árvore da vida (ver imagem 3 do encarte). Na verdade, esta é a única figura encontrada no livro. Para o nosso fascínio, Darwin incluiu a observação "Eu acho" no topo da página!

Em muitos casos, biólogos evolucionistas conseguiram identificar a maioria das etapas intermediárias envolvidas na especiação: de pares de espécies que com grande probabilidade se dividiram recentemente a partir de uma única espécie a pares que estão prestes a sofrer uma separação. Em um nível de maior detalhe, uma combinação de dados moleculares e fósseis produziu, por exemplo, uma árvore filogenética relativamente bem resolvida para todas as famílias de mamíferos vivos e extintos em épocas recentes.[25]

Aqui, não posso evitar fazer um pequeno desvio para observar que, do meu ponto de vista, existe outro aspecto das noções do ancestral comum e da especiação que torna a teoria de Darwin muito especial. Há cerca de uma década, enquanto trabalhava no livro *The Accelerating Universe* [O universo acelerado], eu tentava identificar os ingredientes que tornam uma teoria física do universo "bela" aos olhos dos cientistas.[26] No final, concluí que dois fatores absolutamente essenciais eram a *simplicidade* e algo conhecido como *princípio copernicano*. (No caso da física, o terceiro ingrediente era a *simetria*.) Por "simplicidade", refiro-me ao reducionismo no sentido em que a maioria dos físicos o compreende: a habilidade de explicar o máximo possível de fenômenos com o mínimo possível de leis.[27] Isso sempre foi, e continua sendo, o objetivo da física moderna. Os físicos não estão satisfeitos, por exemplo, com o fato de terem uma teoria extremamente bem-sucedida (a mecânica quântica) para o mundo subatômico e uma teoria com o mesmo sucesso (a relatividade geral) para o universo como um todo. Eles gostariam de ter uma "teoria de tudo" unificada, capaz de explicar todas as coisas.

O princípio copernicano deve seu nome ao astrônomo polonês Nicolau Copérnico, que no século XVI tirou a Terra de sua posição privilegiada como centro do universo. Teorias que seguem o princípio copernicano não requerem que os seres humanos ocupem nenhum lugar especial para que elas funcionem. Copérnico nos ensinou que a Terra não é o centro do sistema solar, e todas as descobertas feitas na astronomia depois disso só fortaleceram sua compreensão de que, da perspectiva da física, os humanos não têm um papel especial no cosmos. Vivemos em um planeta minúsculo que gira ao redor de uma estrela pouco notável, em uma galáxia que contém centenas de bilhões de estrelas semelhantes. E nossa insignificância física não para por aí. Não apenas existem cerca de 200 bilhões de galáxias na porção do universo que somos capazes de observar, como até a matéria comum — de que somos feitos nós, todas as estrelas e o gás em todas as galáxias — constitui pouco mais de 4% da energia do universo. Em outras palavras, não somos mesmo nada em especial. (No capítulo 11, discutiremos algumas ideias que sugerem que não deveríamos levar a modéstia copernicana tão a sério.)

Tanto o reducionismo quanto o princípio copernicano são as verdadeiras marcas registradas da teoria da evolução de Darwin. Ele explicou quase tudo no que diz respeito à vida na Terra (exceto sua origem) com uma visão unificada. Seria difícil ser mais reducionista que isso. Ao mesmo tempo, sua teoria era completamente copernicana. Os humanos se desenvolveram como qualquer outro organismo. Na analogia da árvore, todos os brotos mais jovens são separados do tronco principal por um número semelhante de nós de divisão, sendo a única diferença o fato de apontarem em direções diferentes. Da mesma forma, no esquema evolucionário de Darwin, todos os organismos vivos hoje, incluindo os seres humanos, são os produtos de trajetórias semelhantes de evolução. Os humanos definitivamente não ocupam lugar excepcional ou único nesse esquema — eles não são os senhores da criação —, mas são a adaptação e o desenvolvimento de seus ancestrais na Terra. Esse foi o fim do "antropocentrismo absoluto". Todas as criaturas terrestres fazem parte da mesma grande família. Nas palavras do influente biólogo evolucionista Stephen Jay Gould, "a evolução darwiniana é um arbusto, e não uma escada". Em grande medida, o que alimentou a oposição a Darwin por mais de 150 anos foi precisamente o temor de que a teoria da evolução pudesse tirar o ser humano do pedestal sobre o qual ele se colocou. Darwin deu início a uma reformulação do pensamento sobre a natureza do mundo e dos seres humanos. Observe que, num quadro onde apenas o "mais apto" sobrevive (como logo discutiremos no contexto da seleção natural), poderíamos argumentar que os insetos claramente superaram os humanos, já que existem em número muito maior. Na verdade, ao geneticista britânico J. B. S. Haldane é atribuída (talvez de forma apócrifa) a observação de que

Deus "gosta muito de besouros".[28] Hoje, sabemos que até em termos do tamanho do genoma — a totalidade da informação genética — os humanos não chegam aos pés, acreditem ou não, de um ameboide de água doce chamado *Polychaos dubium*.[29] Com 670 bilhões de pares de bases registrados em seu DNA, o genoma desse micro-organismo pode ser mais de duzentas vezes maior do que o genoma humano!

A teoria de Darwin, portanto, satisfaz amplamente dois critérios aplicáveis (que, admitamos, são um tanto subjetivos) a uma teoria verdadeiramente bela. Não é de surpreender, então, que *A origem das espécies* tenha produzido o que pode ter sido a mudança mais dramática de pensamento já desencadeada por um tratado científico.

Retornando à teoria em si, Darwin não ficou satisfeito em apenas fazer afirmações sobre mudanças evolucionárias e a produção da diversidade. Ele achava que a sua principal tarefa era explicar *como* esses processos ocorreram. A fim de alcançar esse objetivo, precisava apresentar uma alternativa convincente para o criacionismo no que diz respeito ao que parecia ser um desenho inteligente presente na natureza. Sua ideia — a seleção natural — foi elogiada pelo filósofo Daniel C. Dennett, da Universidade Tufts, como não menos que "a melhor ideia que alguém já teve".

A seleção natural

Um dos desafios que o conceito da evolução apresentava estava relacionado à adaptação: a observação de que as espécies pareciam perfeitamente harmonizadas com seus ambientes e a capacidade de adaptação mútua dos traços dos organismos — partes do corpo e processos psicológicos — uns aos outros. Isso deu origem a um quebra-cabeça que confundia até mesmo os naturalistas predecessores de Darwin que pensavam de forma evolucionista: se as espécies encontram-se tão bem adaptadas, como poderiam se desenvolver e continuar assim? Darwin estava ciente desse enigma, e certificou-se de que seu princípio da seleção natural oferecesse uma solução satisfatória.

A ideia básica por trás da seleção natural é muito simples (depois de ser apontada!).³⁰ Como acontece às vezes com as descobertas cuja momento chegou, o naturalista Alfred Russel Wallace formulou ideias muito semelhantes por volta da mesma época, de forma independente. Wallace, não obstante, foi muito claro em relação a quem achava merecer a maior parte do crédito. Em uma carta para Darwin de 29 de maio de 1864, ele escreveu:

> Quanto à teoria da seleção natural, devo sempre manter que ela é sua e apenas sua. Você já a havia formulado em detalhes nos quais nunca pensei anos antes de eu ter sequer um raio de luz sobre o assunto, e meu artigo jamais teria convencido ninguém ou sido identificado como qualquer coisa além de especulação inteligente, ao passo que seu livro revolucionou o estudo da história natural.³¹

Tentemos seguir a linha de pensamento de Darwin: em primeiro lugar, ele notou, as espécies tendem a produzir uma prole maior do que seria possível sobreviver. Em segundo, os indivíduos dentro de uma dada espécie nunca são precisamente idênticos. Se alguns deles apresentam qualquer tipo de vantagem no tocante à habilidade de lidar com as adversidades do meio ambiente — e *supondo que essa vantagem seja hereditária e passada para os seus descendentes* — com o tempo a população gradualmente passará a ser formada por organismos que apresentarão uma adaptação melhor. Foi assim que Darwin colocou isso no capítulo 3 de *A origem das espécies*:

> Devido a essa luta pela vida, qualquer variação, por menor e por qualquer causa que seja, se for de alguma forma vantajosa para um indivíduo de qualquer espécie, em suas relações infinitamente complexas com outros seres orgânicos e com a natureza externa, tenderá à preservação desse indivíduo, e, em geral, será herdada por sua prole. Seus descendentes também terão uma chance maior de sobreviver, pois, entre os muitos indivíduos de quaisquer espécies que nascem periodicamente, apenas um pequeno número pode sobreviver. Chamei esse princípio, pelo qual cada pequena variação, caso útil, é preservada, pelo termo "seleção natural".³²

Usando a terminologia genética moderna (sobre a qual Darwin não sabia absolutamente nada), diríamos que a seleção natural é apenas a declaração de que aqueles indivíduos cujos genes são "melhores" (em termos de sobrevivência e reprodução) poderiam produzir uma prole maior, e que essa prole também teria genes melhores (falando relativamente). Em outras palavras, ao longo de várias gerações, mutações benéficas serão mantidas, enquanto as prejudiciais serão eliminadas, o que resulta na evolução com destino a uma melhor adaptação. Por exemplo, é fácil ver como tanto um predador quanto sua presa poderiam se beneficiar de maior velocidade nos movimentos. Assim, nas planícies abertas do Serengeti, na África oriental, a seleção natural produziu alguns dos animais mais rápidos da Terra.

Vários elementos se combinam para criar um quadro completo da seleção natural. Em primeiro lugar, a seleção natural ocorre em *populações* — comunidades de indivíduos que procriam entre si em determinadas localizações geográficas — e não em indivíduos. Em segundo lugar, as populações costumam apresentar um potencial de reprodução tão grande que, se não fossem controladas, poderiam aumentar exponencialmente. Por exemplo, a fêmea do peixe-lua, ou *Mola mola*, produz até 300 milhões de ovos por vez. Se apenas 1% desses ovos fosse fertilizado e sobrevivesse à vida adulta, teríamos oceanos cheios de *Mola mola* (e o peso médio de um peixe-lua adulto supera as 2,3 toneladas). Felizmente, devido à competição por recursos dentro das espécies, à luta com predadores e às outras adversidades do meio ambiente, para cada casal de qualquer espécie, uma média de apenas dois filhos sobrevive e se reproduz.

A descrição deixa claro que a palavra "seleção" da formulação de Darwin da seleção natural na verdade se refere mais a um processo de *eliminação* dos membros "mais fracos" (em termos de sobrevivência e reprodução) de uma população do que à seleção por uma natureza antropomórfica.[33] Metaforicamente, poderíamos pensar no processo da seleção como a passagem por uma peneira gigante. As partículas maiores (que correspondem aos que sobrevivem) permanecem na peneira, enquanto as que passam são eliminadas. O meio ambiente é o agente que agita a peneira. Por conseguinte, em uma carta escrita por Wallace para Darwin no dia 2 de julho de 1866, ele de fato sugeriu que Darwin deveria mudar o nome do princípio:

> Desejo, portanto, sugerir a possibilidade de evitar inteiramente essa fonte de equívoco... e acho que isso pode ser feito sem dificuldade e com muita eficiência pela adoção do termo de Spencer (que ele de forma geral prefere usar em vez de "seleção natural"), ou seja, "sobrevivência do mais apto". Esse termo é a expressão clara dos fatos; "seleção natural" é uma expressão metafórica dele, e até certo ponto indireta e incorreta, já que a natureza não costuma selecionar variações especiais, e sim exterminar as mais desfavoráveis.[34]

Darwin adotou essa expressão, cunhada em 1864 pelo polímata Herbert Spencer, como um sinônimo para a seleção natural na quinta edição de *A origem das espécies*. No entanto, os biólogos da atualidade raramente a usam, já que ela pode dar a impressão errada de que apenas o forte ou saudável sobrevive. Na verdade, "sobrevivência do mais apto" significava para Darwin exatamente o mesmo que "seleção natural". Isto é, aqueles organismos com *características seletivamente favoráveis e hereditárias* são os que as transmitem com mais facilidade para seus filhos. Nesse sentido, mesmo Darwin tendo admitido ter sido inspirado pelas ideias de radicais filosóficos como o economista político Thomas Malthus — um tipo de economia biológica em um mundo de livre concorrência — existem diferenças importantes.[35]

O terceiro ponto, de extrema importância, a ser observado na seleção natural é que, na realidade, ela é composta por duas etapas sequenciais, a primeira das quais envolve essencialmente a aleatoriedade ou o acaso, enquanto a segunda definitivamente não é aleatória. Na primeira etapa, uma *variação* hereditária é produzida. Na linguagem biológica moderna, compreendemos isso como uma variação genética introduzida por mutações aleatórias, reorganização genética e todos os processos associados à reprodução sexual e à criação de um ovo fertilizado. Na segunda etapa, a *seleção*, os indivíduos da população que estão mais aptos a competir — seja com membros da sua própria espécie, seja com membros de outras espécies — ou que possuem mais habilidade de lidar com o meio ambiente apresentam maior probabilidade de sobreviver e reproduzir. Ao contrário de algumas concepções erradas sobre a seleção natural, o acaso exerce um papel muito menor na segunda etapa. Não obstante, o processo da seleção ainda assim não é inteiramente determinista — genes bons não terão utilidade alguma para uma espécie de dinossauros varrida pelo impacto de um meteorito gigante, por exemplo. Para simplificar, portanto, a evolução na verdade é uma alteração ocorrida com o tempo na frequência dos genes.

Dois traços principais distinguem a seleção natural do conceito do "desenho". Em primeiro lugar, a seleção natural não tem nenhum "plano estratégico" de longo prazo ou objetivo final. (Ela não é teológica.) Em vez de avançar em direção a algum ideal de perfeição, ela apenas faz ajustes pela eliminação dos menos adaptados geração após geração, com frequência mudando de direção ou até provocando a extinção de linhagens inteiras. Não esperaríamos isso de um grande arquiteto. Em segundo lugar, como a seleção natural só pode ser aplicada ao que já existe, há limites para o que ela pode alcançar. A seleção natural tem início pela modificação de espécies que já evoluíram até certo estado, e não as recriando do início. É como se pedíssemos a um alfaiate para fazer algumas alterações em um vestido velho em vez de pedir a uma casa de moda de Versace para desenhar um novo. Assim, a seleção natural deixa muito a desejar em termos de projeto. (Não seria ótimo ter um campo visual de 360° ou quatro mãos? E será que ter nervos nos dentes ou uma próstata que cerca a uretra por completo foram mesmo boas ideias?) Dessa forma, mesmo que determinadas características confiram uma vantagem de aptidão, enquanto não houver uma variação hereditária que alcance esse resultado, a seleção natural não poderá produzir tais características. As imperfeições, na verdade, são as impressões digitais inconfundíveis da seleção natural.

É provável que você tenha percebido que a teoria da evolução de Darwin é, pela própria natureza, difícil de ser provada por evidências diretas, já que geralmente opera em escalas de tempo tão grandes que faz com que assistir à grama crescer pareça algo rápido. O próprio Darwin escreveu para o geólogo Frederick Wollaston Hutton em 20 de abril de 1861: "Na verdade, estou cansado de dizer às pessoas que não pretendo apresentar evidências da transformação de uma espécie em outra, mas acredito que esse ponto de vista, de modo geral, está correto, pois permite que muitos fenômenos sejam agrupados e explicados."[36] Ainda assim, biólogos, geólogos e paleontólogos reuniram um grande conjunto de evidências circunstanciais da evolução, a maioria das quais está além do escopo deste livro, já que não estão diretamente ligadas ao erro de Darwin. Observarei apenas o seguinte fato: os registros fósseis revelam uma evolução inconfundível de formas de vida simples para formas mais complexas. Para ser mais específico, ao longo de bilhões de anos na escala de tempo geológica, quanto mais antiga a camada geológica em que um fóssil é encontrado, mais simples são as espécies.

É importante mencionar brevemente algumas evidências que servem de base para a ideia da seleção natural, já que o aspecto mais perturbador da teoria para os contemporâneos de Darwin era a noção de que a vida podia se desenvolver e diversificar sem haver um objetivo para o desenvolvimento *em direção* a isso. Já mencionei uma indicação para a realidade da seleção natural: a resistência às drogas desenvolvida por diversos patógenos. A bactéria conhecida como *Staphylococcus aureus*, por exemplo, é a causa mais comum dos tipos de infecção conhecidos como infecções estafilocócicas, que afetam não menos que meio milhão de pacientes nos hospitais americanos a cada ano.[37] No início da década de 1940, todos os estafilococos conhecidos eram suscetíveis à penicilina. Com o passar dos anos, porém, devido às mutações que produziram resistência e por meio da seleção natural, a maioria dos estafilococos se tornou resistente à penicilina. Nesse caso, o processo inteiro da evolução foi dramaticamente comprimido no tempo (graças, em parte, à pressão seletiva exercida pelos humanos), já que as gerações de bactérias vivem pouco e são enormes. Desde 1961, um estafilococo em particular conhecido como SARM (*Staphylococcus aureus* resistente à meticilina) desenvolveu resistência não apenas à penicilina, mas também à meticilina, à amoxicilina, à oxacilina e a uma série de outros antibióticos. Dificilmente se encontra uma manifestação melhor da seleção natural em ação.

Outro exemplo fascinante (embora controverso) da seleção natural é a evolução da mariposa *Biston betularia*.[38] Antes da Revolução Industrial, as cores claras dessa mariposa (conhecida entre os biólogos como *Biston betularia betularia morpha typica*) serviam de camuflagem no seu hábitat, entre liquens e árvores. A Revolução Industrial na Inglaterra produziu níveis imensos de poluição que destruíram muitos liquens e deixaram muitas árvores negras, cobertas de fuligem. Desse modo, as mariposas brancas de repente foram expostas a uma predação maciça, o que quase provocou sua extinção. Ao mesmo tempo, a variedade preta da mariposa (*carbonaria*) começou a se multiplicar por volta de 1848 devido às suas características superiores de camuflagem. Como se para demonstrar a importância das práticas "verdes", as mariposas brancas reapareceram assim que padrões ambientais melhores passaram a ser adotados. Enquanto alguns estudos sobre a mariposa branca e o fenômeno descrito acima ("melanismo industrial") foram criticados por alguns criacionistas, até certos críticos concordam que se trata de um caso claro de seleção natural, argumentando apenas que isso não constitui prova da evolução, já que o resultado geral é apenas a transformação de um tipo de mariposa em outra, e não em uma espécie completamente nova.

Outra objeção mais comum, e mais filosófica, à seleção natural é que a definição feita dela por Darwin é circular, ou *tautológica*. Para colocar de forma simples, o julgamento adverso é mais ou menos este: seleção natural significa "sobrevivência do mais apto". Mas como definir o que é ser "mais apto"? Os mais aptos são identificados como os que sobrevivem melhor; daí a definição é uma tautologia. Esse argumento vem de uma compreensão equivocada, e é absolutamente falso. Darwin não usou "aptidão" para se referir àqueles que sobrevivem, mas sim aos que, comparados a outros membros das espécies, poderia se *esperar* que sobrevivessem, *pois estavam mais adaptados ao meio ambiente*. A interação entre um traço variável de um organismo e o meio ambiente desse organismo é crucial aqui. Como os organismos competem por recursos limitados, alguns sobrevivem, ao passo que outros não. Ademais, para que a seleção natural funcione, as características de adaptação precisam ser *hereditárias* — ou seja, capazes de serem geneticamente passadas.

Surpreendentemente, até o famoso filósofo da ciência Karl Popper levantou uma suspeita de tautologia contra a evolução por seleção natural (embora tenha sido mais sutil).[39] Popper basicamente questionou a definição da seleção natural com base no seguinte argumento: se determinadas espécies existem, isso significa que foram adaptadas ao seu ambiente (já que as que não se adaptaram foram extintas). Em outras palavras, afirmou Popper, a adaptação é simplesmente *definida* como a qualidade da existência garantida, e nada é descartado. Contudo, desde que Popper publicou esse argumento, uma série de filósofos tem demonstrado que ele é errôneo. Na realidade, a teoria da evolução de Darwin descarta mais cenários do que inclui. De acordo com Darwin, por exemplo, nenhuma nova espécie pode emergir sem uma espécie ancestral. Da mesma forma, na teoria de Darwin, quaisquer variações que não podem ser alcançadas em etapas graduais são descartadas. Na terminologia moderna, "poder ser alcançada" remete ao processo governado pelas leis da biologia molecular e da genética. Um ponto crucial aqui é a natureza estatística da adaptação — não podem ser feitas quaisquer previsões sobre indivíduos, mas apenas sobre probabilidades. Não se pode garantir que dois gêmeos idênticos produzirão o mesmo número de filhos, ou sequer que ambos sobreviverão. Popper, por sinal, reconheceu seu erro mais tarde, tendo declarado: "Mudei de ideia em relação à testabilidade e ao status lógico da seleção natural; e estou feliz por ter a oportunidade de me retratar."[40]

Por último, para fins de completude, devo mencionar que, embora a seleção natural seja o principal motor da evolução, outros processos podem provocar mudanças evolucionárias. Um exemplo (que Darwin não poderia ter conhecido) é fornecido pelo que foi chamado pelos biólogos evolucionistas modernos de *deriva genética*: uma alteração na frequência relativa com que uma variante de um gene (um *alelo*) aparece em uma população devido a erros fortuitos ou de amostragem.[41] Esse efeito pode ser significativo em populações pequenas, como demonstram os seguintes exemplos. Quando jogamos uma moeda, a expectativa é que dê cara 50% das vezes. Isso significa que se jogarmos uma moeda 1 milhão de vezes, o número de vezes que tiraremos cara será próximo a meio milhão. Se jogarmos uma moeda apenas quatro vezes, porém, há uma probabilidade considerável (de aproximadamente 6,2%) de dar cara nas quatro vezes, o que foge substancialmente à expectativa. Agora, imaginemos uma população muito grande de organismos em uma ilha, nos quais apenas um gene aparece em duas variantes (alelos): X ou Z. Os alelos apresentam a mesma frequência na população; isto é, a frequência de X e Z é ½ para cada um. Antes de esses organismos terem a chance de reproduzir, contudo, um enorme tsunami varre a ilha, deixando vivos apenas quatro organismos. Os quatro organismos sobreviventes só poderiam apresentar uma das dezesseis combinações de alelos: XXXX, XXXZ, XXZX, XZXX, ZXXX, XXZZ, ZZXX, XZZX, ZXXZ, XZXZ, ZXZX, XZZZ, ZZZX, ZXZZ, ZZXZ, ZZZZ. Perceba que, em dez dessas dezesseis combinações, o número de alelos X *não* é igual ao número de alelos Z. Em outras palavras, na população sobrevivente, há uma chance maior de deriva genética — uma mudança na frequência relativa dos alelos — do que de preservação do estado inicial de frequências iguais.

    A deriva genética pode resultar numa evolução relativamente rápida no *pool* genético de uma população pequena, o que independe da seleção natural. Um exemplo citado com frequência da deriva genética envolve a comunidade Amish do leste da Pensilvânia. Entre os Amish, a polidactilia (dedos extras nas mãos ou nos pés) é muito mais comum do que na população geral dos Estados Unidos. Essa é uma das manifestações da síndrome de Ellis-van Creveld.⁴² Doenças de genes recessivos como essa síndrome requerem duas cópias do gene para ocorrer. Isto é, o pai e a mãe devem ser portadores do gene recessivo. A razão para a frequência mais alta do que o normal desses genes nessa comunidade da Pensilvânia é que os Amish casam dentro do seu próprio grupo, e a própria população originou-se a partir de duzentos imigrantes alemães. O tamanho pequeno dessa comunidade permitiu que os pesquisadores rastreassem a síndrome de Ellis-van Creveld até um único casal, Samuel King e sua esposa, que chegaram em 1744.

Três pontos da deriva genética precisam ser enfatizados. Em primeiro lugar, as mudanças evolucionárias resultantes da deriva genética ocorrem inteiramente como resultado do acaso e de erros de amostragem — elas não são produzidas pela pressão da seleção. Em segundo lugar, a deriva genética não pode causar adaptação, que permanece inteiramente um terreno da seleção natural. Na verdade, sendo inteiramente aleatória, a deriva genética pode levar ao desenvolvimento de determinadas propriedades de utilidade pouco clara. Por fim, embora a deriva genética claramente ocorra em certo nível em todas as populações (visto que todas possuem um tamanho finito), seus efeitos são mais pronunciados em pequenas populações isoladas.

Esses são, muito concisamente, alguns dos principais pontos da teoria de Darwin da evolução pela seleção natural. Darwin revolucionou o pensamento biológico de duas formas importantes. Ele não apenas reconheceu que crenças mantidas por séculos podiam ser falsas, mas também demonstrou que a verdade científica pode ser alcançada pela acumulação paciente de fatos associada à formulação de hipóteses ousadas sobre a teoria que une esses fatos. Como você deve ter percebido, sua teoria foi soberba para explicar por que a vida na Terra é tão diversa e por que os organismos vivos têm as características que têm. A sufragista e botânica inglesa do século XIX Lydia Becker descreveu belamente a realização de Darwin:

Como são aparentemente desimportantes os movimentos dos insetos, entrando e saindo das flores à procura do néctar com que se alimentam! Se víssemos um homem perdendo seu tempo em contemplá-los e em observar com olhos curiosos enquanto esvoaçam, talvez fosse natural imaginarmos que ele estava se divertindo, se dando ao luxo de passar uma hora observando coisas que, embora curiosas, são insignificantes. Mas o quão enganados poderíamos estar por tal suposição! Pois que esses pequenos mensageiros alados trazem à mente do naturalista filosófico notícias de mistérios até então ocultos; e assim como Newton enxergou a lei da gravidade na queda de uma maçã, Darwin descobriu, na conexão entre moscas e flores, alguns dos fatos mais importantes que servem de base para a teoria que ele promulgou com respeito à modificação das formas específicas dos seres animados.[43]

De fato, Darwin foi para o século XIX o que Newton foi para o XVII e Einstein para o XX. É curioso que a teoria da *evolução* tenha constituído uma das *revoluções* mais dramáticas na história da ciência. Nas palavras do biólogo e historiador da ciência Ernst Mayr, ela "causou uma reviravolta maior no pensamento do homem do que qualquer outro avanço científico significativo desde o renascimento da ciência na Renascença". A questão, portanto, é: onde está o erro de Darwin?

3

SIM, TUDO O QUE EU HERDAR, HÁ DE SUMIR

> Talvez a vida seja o único enigma
> Diante do qual nos recusamos a desistir!
>
> WILLIAM SCHWENCK GILBERT,
> *THE GONDOLIERS*

O título deste capítulo foi tirado, em parte, de *A Tempestade*, de William Shakespeare, mas, como logo veremos, captura poeticamente a essência da mancada de Darwin. A fonte dessa mancada foi o fato de que a teoria prevalente da hereditariedade no século XIX estava fundamentalmente errada. O próprio Darwin estava ciente das falhas, como confessou com franqueza em *A origem das espécies*:

> As leis que governam a hereditariedade são desconhecidas; ninguém pode dizer por que a mesma peculiaridade em indivíduos diferentes da mesma espécie, e em indivíduos de espécies diferentes, às vezes é herdada e às vezes, não; por que a criança com frequência apresenta

características do avô ou da avó, ou de outro ancestral muito mais remoto; por que uma peculiaridade muitas vezes é transmitida de um sexo para ambos, ou apenas para um, e de forma mais comum, mas não exclusivamente, para o mesmo sexo.[1]

Dizer que as leis da hereditariedade eram "desconhecidas" provavelmente era a declaração mais atenuante do livro inteiro. Darwin fora instruído de acordo com a crença generalizada na época de que as características do pai e da mãe se misturam nos filhos — da mesma forma que acontece na mistura de tintas. Nessa "teoria da lata de tinta", a contribuição hereditária de cada ancestral era predita como 50% para cada geração, e se esperava que os filhos produzidos por quaisquer parceiros sexuais fossem intermediários.[2] Nas palavras do próprio Darwin: "Após doze gerações, a proporção do sangue, para usar uma expressão comum, de qualquer ancestral é de apenas 1 em 2.048."[3] Isto é, como acontece ao gim e à água tônica, se não pararmos de misturá-los, no final não sentiremos mais o gosto do gim. De alguma forma, apesar de parecer entender essa diluição inevitável, Darwin ainda assim esperava que a seleção natural funcionasse. Assim, em seu exemplo dos lobos caçando cervos, ele concluiu: "Se a menor mudança inata de hábito ou estrutura beneficiasse um lobo em particular, ele teria a maior chance de sobreviver e procriar. Alguns dos lobos mais jovens provavelmente herdariam os mesmos hábitos ou a mesma estrutura, e, pela repetição desse processo, uma nova variedade poderia ser formada." Mas o simples fato de que essa expectativa era absolutamente insustentável sob a suposição da teoria da hereditariedade por mistura não ocorreu a Darwin. A inconsistência foi notada pela primeira vez pelo engenheiro escocês Fleeming Jenkin.

Jenkin era um indivíduo polivalente cujos interesses iam de pintar quadros de transeuntes a projetar cabos submarinos de telégrafos.[4] Suas críticas a Darwin eram bastante diretas. Jenkin argumentava que a seleção natural seria completamente ineficaz na "seleção" de uma *única variação* (algo raro ocorrido por acaso que ele chamava de "desvio"; hoje, chamaríamos de mutação), pois qualquer uma dessas variações seria *poluída* e diluída por todos os tipos normais da população, e assim eliminada por completo após algumas gerações.

Darwin não podia ser culpado por não conhecer nada melhor do que a teoria da hereditariedade cientificamente aceita na época. Por conseguinte, não considero sua adoção da ideia da hereditariedade por mistura como um erro. Darwin deu sua mancada ao *ter ignorado completamente o fato (ao menos a princípio) de que seu mecanismo de seleção natural simplesmente não podia funcionar como ele imaginara, sob a suposição da hereditariedade por mistura*. Examinemos esse grave erro e suas consequências potencialmente devastadoras mais de perto.

Poluição

Fleeming Jenkin publicou suas críticas à teoria de Darwin como uma resenha anônima sobre a quarta edição de *A origem das espécies*.[5] O artigo foi publicado pelo *North British Review* em junho de 1867. Embora o ensaio atacasse a teoria da evolução em vários aspectos, devo me concentrar aqui no argumento que expôs a mancada de Darwin. A fim de demonstrar sua posição, Jenkin presumiu que cada indivíduo tem cem filhos, mas destes, em média, apenas um sobrevive para reproduzir. Depois, ele discutiu sobre um indivíduo com uma mutação rara ("desvio") que tinha a vantagem de ter uma chance duas vezes maior de reprodução e sobrevivência. Como o engenheiro rigoroso que era (ele registrou não menos que 37 patentes entre 1860 e 1886), a abordagem de Jenkin era quantitativa — ele queria calcular o efeito desse "desvio" na população em geral:

Ele crescerá e terá uma prole de, digamos, 100; agora, sua prole irá, no todo, ser intermediária entre o indivíduo comum e o desvio. [Como os desvios são raros, espera-se que um desvio tenha relações com um indivíduo comum.] As probabilidades a favor de um membro dessa geração da nova prole será, digamos, de 1,5 para 1 [sob a suposição da mistura] em comparação com o indivíduo comum; as probabilidades a seu favor, portanto, serão menores do que a do seu progenitor; entretanto, devido ao seu grande número, a probabilidade é de que 1,5 deles sobreviva. A não ser que se relacionem, um evento mais improvável, seus descendentes mais uma vez tenderiam ao indivíduo comum; haveria 150 deles [1,5 vezes 100], e sua superioridade apresentaria, digamos, uma proporção de 1,25 para 1 [mais uma vez por causa da mistura]; a probabilidade agora seria que quase dois deles sobrevivessem [1% de 1,25 vezes 150] e tivessem 200 filhos, com um oitavo de superioridade. Bem mais que dois desses indivíduos sobreviveriam; mas a superioridade seria novamente reduzida, até que, após algumas gerações, não seria mais observada, e não teria nenhum efeito a mais na luta pela vida do que qualquer uma das 100 vantagens insignificantes presentes nos órgãos comuns.[6]

Jenkin argumentou que nem sob a forma de seleção mais extrema poderíamos esperar a conclusão da transformação completa de uma característica bem estabelecida, como a cor da pele, em outra, caso essa nova característica houvesse sido introduzida na população apenas uma vez. Para ilustrar o efeito da poluição, Jenkin escolheu o exemplo assustadoramente preconceituoso de um homem branco com características superiores que após um naufrágio se vê em uma ilha habitada por negros. O tom racista e imperialista da passagem hoje é chocante para nós, mas com certeza era comum na Grã-Bretanha do fim da era vitoriana: mesmo se essa pessoa "matasse muitos negros na luta pela existência" e "tivesse muitas esposas e filhos", e "na primeira geração houvesse algumas dúzias de mulatos jovens inteligentes", argumentava Jenkin, "seria possível acreditar que a ilha pudesse gradualmente adquirir uma população branca, ou sequer amarela?"

Como se viu, Jenkin cometeu um erro sério em seus cálculos. Ele presumiu que cada par sexual tivesse uma prole de cem, dos quais, em média, apenas *um* sobrevivesse para reproduzir. Entretanto, como apenas fêmeas podem reproduzir, de cada casal que reproduzisse, *dois* filhos deveriam sobreviver em média (um macho e uma fêmea); de outra forma, o tamanho da população seria reduzido pela metade a cada geração — receita para uma rápida extinção. Por mais surpreendente que possa parecer, apenas Arthur Sladen Davis, professor assistente de matemática da Leeds Grammar School, identificou esse erro óbvio, explicando-o em uma carta para a revista *Nature* em 1871.[7]

Davis mostrou que quando uma correção é feita para manter a população mais ou menos num tamanho constante, o efeito de um desvio não desaparece (como Jenkin argumentava), mas, na verdade, embora diluído, é distribuído por toda a população. Por exemplo, um gato preto introduzido em uma população de gatos brancos produziria (sob a suposição da teoria da hereditariedade por mistura) em média dois gatinhos cinza, quatro netos mais claros, e assim por diante. As gerações sucessivas se tornariam cada vez mais brancas, mas o tom escuro jamais desapareceria por completo. Davis também concluiu que "embora qualquer desvio favorável ocorrido uma vez, para nunca mais se repetir, exceto pela hereditariedade, produza mudanças muito pequenas na raça, ainda assim esse desvio, aparecendo independentemente em diferentes gerações, ainda que apenas uma vez em cada uma, pode produzir uma mudança bastante considerável".

Apesar do erro matemático de Jenkin, no geral sua crítica estava correta: supondo que a hereditariedade se dê por mistura, mesmo sob as condições mais favoráveis, um gato preto que aparece uma única vez não poderia transformar uma população inteira de gatos brancos em pretos, não importa o quão vantajosa a cor preta pudesse ser para eles.

Antes de analisarmos a questão de como Darwin pode ter ignorado essa falha aparentemente fatal da teoria da seleção natural, seria útil entender a teoria da hereditariedade por mistura da perspectiva da genética moderna.

A mancada de Darwin e as sementes da genética

No contexto da compreensão atual da genética, a molécula conhecida como DNA (*ácido desoxirribonucleico*) fornece o mecanismo responsável pela hereditariedade em todos os organismos vivos. Para uma explicação muito superficial, o DNA é composto de *genes*, que contêm as informações codificadas em proteínas, e de algumas regiões onde não há codificação. Fisicamente, o DNA está localizado em elementos chamados *cromossomos*, dos quais cada organismo das espécies com reprodução sexuada possui dois conjuntos, um herdado da mãe (a fêmea) e outro do pai (o macho). Consequentemente, cada indivíduo tem dois conjuntos de todos os seus genes, onde as duas cópias de um gene podem ser idênticas ou ligeiramente diferentes. As formas diferentes de um gene que podem estar presentes em um local específico de um cromossomo são as variantes que chamamos de alelos.

A teoria moderna da genética se originou na mente de um explorador improvável: um padre morávio do século XIX chamado Gregor Mendel.[8] Ele realizou uma série de experimentos aparentemente simples, nos quais efetuou polinização cruzada de milhares de ervilhas que produzem apenas sementes verdes com plantas que produzem apenas sementes amarelas. Para a sua surpresa, a primeira geração produzida apresentava apenas sementes amarelas. A geração seguinte, porém, apresentava uma proporção de 3:1 de sementes amarelas para sementes verdes. A partir desses resultados curiosos, Mendel pôde extrair uma teoria *particulada*, ou *atômica*, da hereditariedade. Em um contraste categórico com a mistura, a teoria de Mendel afirma que os genes (que ele chamava de "fatores") são entidades discretas que não apenas são preservadas durante o desenvolvimento, mas também são transmitidas *absolutamente intactas* para a geração seguinte. Mendel ainda acrescentou que cada filho herda esse gene ("fator") de cada progenitor, e que uma determinada característica pode não se manifestar em um filho, mas ainda assim ser transmitida para as gerações seguintes. Essas deduções, como os próprios experimentos de Mendel, eram brilhantes. Ninguém chegara a conclusões semelhantes em quase 10 mil anos de agricultura. Os resultados de Mendel eliminaram de vez a noção da mistura, já que logo na primeira geração nenhuma semente era a mistura de suas progenitoras.

Um exemplo simples ajudará a mostrar as principais diferenças entre a hereditariedade mendeliana e a hereditariedade por mistura no que diz respeito aos seus efeitos para a seleção natural.[9] Apesar de a hereditariedade por mistura claramente nunca ter usado o conceito dos genes, ainda assim podemos empregar essa linguagem e ao mesmo tempo preservar a essência do processo da mistura. Imagine que os organismos que possuem um gene *A* em particular são pretos, enquanto os que possuem o gene *a* são brancos. Começaremos com dois indivíduos, um preto e um branco, cada um com duas cópias do respectivo gene (conforme visto na imagem 1 do miolo, abaixo).

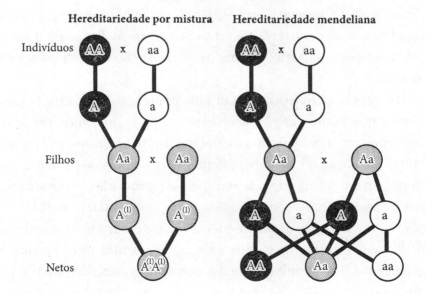

1. Modelos de hereditariedade

Se nenhum gene é dominante em relação ao outro, então tanto na hereditariedade por mistura quanto na hereditariedade mendeliana os filhos desse casal serão cinza, já que teriam a combinação genética (ou *genótipo*) *Aa*. Agora, contudo, vem a diferença essencial. Na teoria da mistura, o *A* e o *a* iriam se misturar fisicamente para criar um novo tipo de gene que daria ao seu portador a cor cinza. Podemos chamar esse gene de $A^{(1)}$.

Essa mistura não ocorreria na hereditariedade mendeliana, em que cada gene manteria sua identidade. Como mostra a imagem 1, na geração dos netos, todos seriam cinza de acordo com a hereditariedade por mistura, enquanto poderiam ser pretos (*AA*), brancos (*aa*) ou cinza (*Aa*) de acordo com a hereditariedade mendeliana. Em outras palavras, a genética mendeliana admite a transmissão de tipos genéticos opostos de uma geração para a outra, dessa forma mantendo eficientemente a variação genética. Já na hereditariedade por mistura a variação é obrigatoriamente perdida, já que todos os tipos opostos desaparecem rapidamente para dar lugar a um meio intermediário. Como Jenkin observou com precisão, e o exemplo seguinte (bastante simplificado) demonstrará com clareza, esse traço da hereditariedade por mistura era catastrófico para as ideias de Darwin sobre a seleção natural.

Imagine que começamos com uma população de dez indivíduos. Nove apresentam a combinação genética *aa* (e, portanto, são brancos), enquanto um apresenta a combinação *Aa* (digamos, por alguma mutação), o que o torna cinza. Suponha ainda que ser preto é uma vantagem em termos de sobrevivência e reprodução, e que até mesmo ter uma cor mais escura é melhor do que ser inteiramente branco (embora a vantagem diminua quanto menos escuro for o indivíduo). A imagem seguinte na página 53 tenta apresentar um esquema da evolução dessa população de acordo com a hereditariedade por mistura.

2. Hereditariedade por mistura

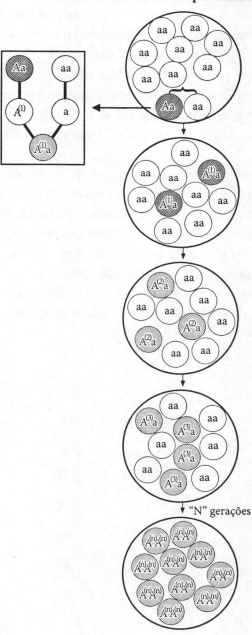

Na primeira geração, a mistura de A com a produzirá o novo "gene" $A^{(1)}$, que, ao se combinar com aa, dará origem a $A^{(1)}a$, que se mistura outra vez para produzir o gene $A^{(2)}$, o qual corresponde a uma cor ainda mais clara e desvantajosa. É fácil ver que, após um grande número (n) de gerações, o máximo que pode acontecer é a população ser transformada em algo com as combinações $A^{(n)}A^{(n)}$, sendo apenas levemente mais escura do que a população branca original. A cor preta em particular será extinta logo depois da primeira geração, já que a mistura eliminará seu gene.

Mas de acordo com a hereditariedade mendeliana (seguinte), como o gene A é preservado de uma geração para a outra, no final das contas dois Aa's se relacionarão e produzirão a variedade preta AA. Se o preto confere uma vantagem no meio ambiente, então, com tempo suficiente, a seleção natural poderia até tornar a população inteira preta.

A conclusão é simples: para que a evolução pela seleção natural de Darwin funcionasse, ele precisava da hereditariedade mendeliana.[10] Contudo, na ausência da genética ainda não descoberta, como Darwin respondeu às críticas de Jenkin?

3. Hereditariedade mendeliana

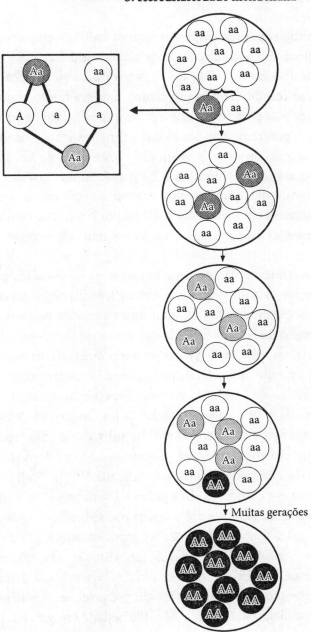

O que não nos mata nos torna mais fortes

Darwin era um gênio em muitos aspectos, mas definitivamente não era um bom matemático. Em sua autobiografia, ele admitiu: "Tentei a matemática, e até mesmo fui no verão de 1828 para Barmouth com um professor particular (um homem muito chato), mas era muito lento. O trabalho era repugnante para mim, principalmente pelo fato de eu não conseguir enxergar nenhum significado nas primeiras etapas da álgebra... Não acredito que jamais teria avançado muito além de um nível primário."[11] Sendo assim, os argumentos de *A origem das espécies* em geral são qualitativos, e não quantitativos, em especial quando o assunto é a produção da mudança evolucionária. Nos poucos trechos em que Darwin tentou fazer cálculos simples, ele ocasionalmente conseguiu comprometê-los.

Não é de surpreender, portanto, que em uma de suas cartas para Wallace, depois de ler as críticas matemáticas de Jenkin, ele tenha confessado: "Eu estava cego e pensei que uma única variação pudesse ser preservada com muito mais frequência do que agora vejo ser possível ou provável."[12] Todavia, teria sido inacreditável pensar que Darwin estivera totalmente alheio ao efeito potencial da poluição na hereditariedade por mistura até ler o artigo de Jenkin. E, na verdade, ele não estava. Já em 1842, 25 anos antes da publicação da resenha de Jenkin, Darwin observara: "Se em qualquer país ou distrito todos os animais de uma espécie pudessem cruzar livremente, qualquer pequena tendência de variação presente neles seria constantemente neutralizada."[13] Na realidade, Darwin até recorreu em certa medida à poluição para produzir a integridade populacional diante da tendência dos indivíduos de se afastarem do seu ancestral devido às variações.[14] Como, então, ele pôde não compreender como seria difícil um "desvio" (uma única variação) superar a força niveladora da mistura? A mancada de Darwin e sua demora em reconhecer a questão levantada por Jenkin provavelmente refletem, por um lado, suas dificuldades com a hereditariedade em geral e, por outro, sua ligação residual à ideia de que as variações tinham que ser escassas. Este último fator pode ter sido em parte a consequência da sua teoria geral da reprodução e do desenvolvimento, na qual ele presumia que apenas o estresse evolucionário era capaz de desencadear variações. A confusão de Darwin diante da hereditariedade ia muito mais fundo, como pode ser visto a partir da seguinte inconsistência. Em certo ponto de *A origem das espécies*, Darwin observou:

> Quando um atributo que foi perdido em dado momento reaparece após um grande número de gerações, a hipótese mais provável não é que o indivíduo o tenha herdado de um ancestral de gerações atrás, mas sim que, a cada geração sucessiva, tenha havido uma tendência de reproduzir o atributo em questão, que no final, sob condições favoráveis desconhecidas, adquire um predomínio.[15]

Essa noção de uma "tendência" latente estava muito distante da hereditariedade por mistura, e de muitas formas se aproximava em espírito da hereditariedade mendeliana.[16] Contudo, aparentemente não ocorreu a Darwin, ao menos a princípio, a possibilidade de invocar essa ideia de latência em seu esforço para responder a Jenkin. Em vez disso, Darwin decidiu mudar a ênfase do papel que havia atribuído anteriormente a variações únicas para dá-la agora às *diferenças individuais* (o amplo espectro das diferenças minúsculas que ocorrem com frequência, as quais deveriam ser distribuídas de forma contínua entre a população) no tocante ao fornecimento da "matéria-prima" para a ocorrência da seleção natural. Em outras palavras, Darwin agora recorria a um contínuo inteiro de variações para a produção da evolução pela seleção natural ao longo de várias gerações.

Em uma carta para Wallace de 22 de janeiro de 1869, chateado, Darwin escreveu: "Fui interrompido no meu trabalho regular na preparação da nova edição de 'Origem', que me exigiu muito esforço e que espero ter melhorado consideravelmente em dois ou três pontos importantes. Sempre achei que as diferenças individuais fossem mais importantes que variações únicas, mas agora cheguei à conclusão de que elas [as diferenças individuais] são de suprema importância, e nisso acredito concordar com você. Os argumentos de Fleeming Jenkin me convenceram."[17] Para refletir essa nova ênfase, na quinta edição e nas edições seguintes de *A origem das espécies*, Darwin substituiu o singular pelo plural nas referências aos indivíduos, de forma que "qualquer variação" se transformou em "variações", e "um indivíduo" em "diferenças individuais". Ele também acrescentou alguns novos parágrafos à quinta edição — dois dos quais, particularmente, são de grande interesse. Em um, ele admitia abertamente:

> Também vi que a preservação em um estado da natureza de qualquer desvio ocasional de estrutura, como uma monstruosidade, seria um evento raro; e que, se preservado, ele geralmente seria perdido por cruzamentos subsequentes com indivíduos simples. Todavia, até ter lido um artigo competente e valioso no *North British Review* (1867), eu não havia apreciado com que raridade variações únicas, sejam leves ou fortemente marcadas, poderiam ser perpetradas.[18]

No outro parágrafo, Darwin apresentou seu próprio resumo conciso do argumento da poluição de Jenkin. Esse parágrafo é fascinante por duas diferenças aparentemente pequenas, e mesmo assim extremamente significativas, em relação ao texto original de Jenkin. Primeiro, Darwin supõe que um par de animais tem duzentos filhos, dos quais *dois* sobrevivem para reproduzir.[19] Apesar de não ter formação matemática, portanto, Darwin parece ter antecipado já em 1869 a correção apontada para Jenkin na carta de A. S. Davis para a *Nature* em 1871: para que a população não desapareça, dois filhos, em média, devem sobreviver. Em segundo lugar, o que é ainda mais intrigante, Darwin supõe em seu resumo que apenas metade dos filhos do "desvio" herda a variação favorável. Observemos, porém, que essa suposição contraria as predições da hereditariedade por mistura! Infelizmente, Darwin ainda não conseguiria apresentar maiores detalhes das possíveis consequências de uma teoria que não envolvesse a mistura, e ele aceitou as conclusões de Jenkin sem maiores discussões.

Todavia, alguns sinais indicam que Darwin já estava insatisfeito com a hereditariedade por mistura havia um bom tempo. Em uma carta escrita em 1857 para o biólogo Thomas Henry Huxley, seu amigo e defensor na arena pública, ele explicou:

> Abordando o tema [da evolução] pelo lado que mais me atrai, ou seja, a hereditariedade, tenho me sentido inclinado a especular, ainda que de forma crua e indistinta, que a propagação pela verdadeira fertilização no final das contas é um tipo de combinação, e não fusão, de dois indivíduos distintos, ou inúmeros indivíduos, já que cada progenitor tem seus pais e ancestrais. Não consigo entender sob nenhuma outra perspectiva como formas cruzadas retornam a formas ancestrais tão anteriores. Mas tudo isso, é claro, é infinitamente cru.[20]

Crua ou não, essa observação foi muito perspicaz. Darwin reconheceu aqui que a combinação da hereditariedade materna e paterna era algo mais parecido com a combinação de dois baralhos do que com a mistura de tintas.

Embora as ideias apresentadas por Darwin nessa carta possam ser consideradas definitivamente precursoras impressionantes da genética mendeliana, Darwin no final foi levado pela sua frustração com a hereditariedade por mistura a desenvolver uma teoria completamente errada conhecida como *pangênese*. Na pangênese de Darwin, o corpo inteiro lançaria instruções para as células reprodutoras. "Presumo", ele escreveu no livro *The Variation of Animals and Plants Under Domestication* [Variações em plantas e animais sob domesticação],

> que as células, antes da sua conversão em "material formado" ou completamente passivo, liberam grânulos ou átomos minúsculos que circulam livremente pelo organismo, e quando supridos com a nutrição apropriada se multiplicam pela autodivisão, em seguida se desenvolvendo em células como aquelas a partir das quais se formaram... Assim, falando de forma estrita, não são os elementos reprodutivos... que geram novos organismos, mas as próprias células espalhadas pelo corpo.[21]

Para Darwin, a grande vantagem oferecida pela pangênese sobre a mistura era que, se alguma mudança adaptativa ocorresse durante a vida de um organismo, os grânulos (ou "gêmulas", como ele os chamava) poderiam perceber a mudança se alojar nos órgãos reprodutivos e garantir que ela fosse transmitida para a próxima geração. Infelizmente, a pangênese estava levando a hereditariedade precisamente na direção oposta da que a genética moderna estava prestes a levá-la — é o óvulo fertilizado que instrui o desenvolvimento do corpo inteiro, e não o contrário. Confuso, Darwin agarrou-se a essa teoria equivocada com uma convicção similar à que exibira quando se agarrara à teoria correta da seleção natural. Apesar dos ataques veementes da comunidade científica, Darwin escreveu em 1868 para Joseph Dalton Hooker, em quem tinha grande apoio: "Acredito completamente que cada célula de fato libera um átomo ou gêmula de seu conteúdo; mas, de qualquer forma, essa hipótese serve como uma ligação útil para várias grandes classes de fatos fisiológicos que no presente encontram-se completamente isolados." Ele também acrescentou com confiança que, mesmo "se a pangênese não for aceita agora, ela reaparecerá, com a graça de Deus, em algum momento no futuro, gerada por outro pai e batizada com outro nome". Esse foi o exemplo perfeito de uma ideia brilhante — a herança particulada — que fracassou por ter sido incorporada ao mecanismo errado para a sua implementação: a pangênese.

Darwin não articularia em nenhum lugar mais claramente suas ideias atomísticas, essencialmente mendelianas, do que na sua correspondência de 1866 com Wallace. Primeiro, em uma carta escrita no dia 22 de janeiro, ele observou: "Conheço muitas boas variedades, pois assim devem ser chamadas, que não se misturam nem se mesclam, mas produzem filhos semelhantes a um dos progenitores."[22] Não entendendo o que Darwin quis dizer, Wallace respondeu no dia 4 de fevereiro: "Se você conhece 'variedades que não se misturam nem se mesclam, mas produzem filhos semelhantes a um dos progenitores', não é esse exatamente o teste fisiológico de uma espécie que está faltando para a *prova cabal* da 'origem das espécies'?"[23]

Percebendo o mal-entendido, Darwin corrigiu Wallace na carta seguinte:

> Acho que você não entendeu o que eu quis dizer ao me referir a certas variedades que não se misturam. Isso não está relacionado à fertilidade. Darei um exemplo. Fiz o cruzamento entre as ervilhas-de-cheiro dama pintada e lilás, variedades com cores muito diferentes, e obtive, mesmo usando as da mesma vagem, ambas as variedades perfeitas, mas nenhuma intermediária. Acredito que algo desse tipo deve ocorrer a princípio com as suas borboletas e com as três formas de *Lythrum*; embora esses casos sejam tão maravilhosos na aparência, não sei se são mais do que cada fêmea do mundo, produzindo filhos machos e fêmeas distintos.[24]

Essa carta é notável em dois aspectos. Em primeiro lugar, Darwin descreve aqui os resultados de dois experimentos semelhantes aos que foram conduzidos por Mendel — na verdade, exatamente os experimentos que levaram Mendel à fórmula da hereditariedade. Darwin chegou muito perto de descobrir a proporção 3:1 mendeliana. Depois de ter cruzado a boca-de-dragão comum (com simetria bilateral) com a forma pelórica (formato de estrela), a primeira geração da prole era inteiramente composta do tipo comum, enquanto a segunda possuía uma proporção de 88 comuns para 37 pelóricas (uma proporção de 2:4:1). Em segundo lugar, Darwin aponta para o fato óbvio de que a própria observação segundo a qual toda a prole é composta por machos ou fêmeas, sem nenhum hermafrodita intermediário, contraria a mistura da "lata de tinta"![25] Assim, as evidências da forma apropriada da hereditariedade estavam bem diante dos olhos da Darwin. Como ele já observara em *A origem das espécies*: "O leve grau de variabilidade nos híbridos da primeira cruza ou na primeira geração, em contraste com sua extrema variabilidade nas gerações subsequentes, é um fato curioso e merece atenção." Observemos também que toda a troca de cartas entre Darwin e Wallace acima apresentada se deu *antes* da publicação da resenha de Jenkin. De qualquer modo, mesmo tendo chegado muito perto da descoberta de Mendel, Darwin não percebeu sua generalidade universal, e assim não reconheceu sua importância vital para a seleção natural.

Para entender a atitude de Darwin em relação à herança particulada, há algumas outras questões incômodas que precisam ser resolvidas. Gregor Mendel leu o artigo seminal que descreveu seus experimentos e sua teoria sobre a genética — "Versuche über Pflanzen-Hybriden" ("Experimentos com a Hibridização de Plantas") — para a Sociedade de História Natural de Brünn (Morávia) em 1865. É possível que Darwin tenha lido esse artigo em algum momento?[26] Teriam sido as cartas que ele escreveu para Wallace em 1866 inspiradas (ao menos até certo ponto) pelo trabalho de Mendel, e não fruto das suas próprias ideias? Se ele leu o artigo, por que não viu que os resultados de Mendel forneciam a resposta definitiva para as críticas de Jenkin?

Curiosamente, não menos que três livros publicados entre 1982 e 2000 afirmavam que cópias do artigo de Mendel haviam sido encontradas na biblioteca de Darwin,[27] e um quarto livro (publicado em 2000) chegava a afirmar que Darwin havia fornecido o nome de Mendel para inclusão na *Enciclopédia Britânica* sob a entrada intitulada "hibridismo".[28] É óbvio que se esta última afirmação fosse comprovada como verdadeira, isso significaria que Darwin estava inteiramente ciente do trabalho de Mendel.

Andrew Sclater, do Projeto Correspondência de Darwin, da Universidade de Cambridge, forneceu uma resposta definitiva para todas essas questões em 2003.[29] No final das contas, o nome de Mendel (mesmo como autor) não aparece sequer uma vez em toda a lista dos livros e artigos que Darwin tinha. Isso não surpreende, já que o artigo original de Mendel apareceu nos trabalhos um tanto obscuros da Sociedade de História Natural de Brünn, para a qual Darwin nunca tinha subscrito. Ademais, o trabalho de Mendel passou quase 34 anos sem ser lido até ser redescoberto em 1900, quando os botânicos Carl Correns, da Alemanha, Hugo de Vries, da Holanda, e Eric von Tschermak-Seysenegg, da Áustria, publicaram, de forma independente, evidências que lhe serviram de apoio. Não obstante, dois dos livros encontrados em posse de Darwin se referiam ao trabalho de Mendel. Darwin em *The Effects of Cross and Self Fertilisation in the Vegetable Kingdom* [Fertilização cruzada e autofecundação no reino vegetal] até mesmo citou um desses livros: *Untersuchungen zur Bestimmung des Wertes von Spezies und Varietät* [Exames para determinar o valor das espécies e da variedade], de Hermann Hoffmann, publicado em 1869. No entanto, Darwin nunca citou o trabalho de Mendel, e tampouco fez anotações nas menções de Mendel encontradas no livro de Hoffmann. Mais uma vez, isso não surpreende, já que nem Hoffman compreendeu a importância do trabalho de Mendel, resumindo as conclusões deste com a simples frase: "Híbridos possuem a tendência nas gerações subsequentes de retornarem à espécie mãe." Os experimentos com ervilhas de Mendel foram mencionados em outro livro que Darwin tinha: *Die Pflanzen-Mischlinge* [Os híbridos de plantas], de Wilhelm Olbers Focke. A imagem 4 do encarte mostra o frontispício do livro, em que Darwin escreveu seu nome. Como vi com meus próprios olhos, esse livro apresenta um fato que atribui ainda menos distinção às menções a Mendel: as páginas que descrevem o trabalho dele sequer foram lidas por Darwin, já que nunca foram cortadas! (Nas encadernações antigas, as páginas eram conectadas nas extremidades e precisavam ser abertas.) A imagem 5 do encarte mostra uma foto da cópia de Darwin, feita a meu pedido, exibindo as páginas que não foram cortadas. Entretanto, ainda que Darwin tivesse lido essas páginas, ele não teria tido nenhum grande esclarecimento, já que Focke não entendeu os princípios de Mendel.

Há ainda uma questão: Darwin realmente sugeriu o nome de Mendel à *Enciclopédia Britânica*? Sclater não deixou dúvidas quanto à resposta: não. Em vez disso, quando requisitado pelo naturalista George Romanes a ler um esboço sobre o hibridismo para a enciclopédia e fornecer referências, Darwin lhe mandou sua cópia do livro de Focke (com as páginas intactas), tendo dito a Romanes que o livro poderia "ajudá-lo muito mais do que eu posso!".

Ao contrário da total falta de familiaridade de Darwin com o trabalho de Mendel, as teorias do primeiro claramente tinham uma grande influência sobre as ideias do último, embora não em 1854-55, quando Mendel deu início aos seus experimentos com ervilhas.[30] Mendel tinha a segunda edição alemã de *A origem das espécies*, publicada em 1863. Em sua cópia, ele marcou algumas passagens com linhas na margem e outras sublinhando trechos do texto. Essas marcações demonstram grande interesse em tópicos como o surgimento repentino de novas variedades, a seleção artificial e a seleção natural, e as diferenças entre as espécies. Não há dúvidas de que a leitura de *A origem das espécies* já tivera um grande efeito sob os escritos de Mendel em 1866, já que seu artigo reflete em várias passagens aspectos dos conceitos de Darwin. Por exemplo, ao discutir a origem da variação hereditária, Mendel escreveu:

> Se a mudança nas condições da vegetação fosse a única causa para a variabilidade, se poderia esperar que as plantas cultivadas, que cresceram por séculos em condições quase constantes, retornariam à estabilidade. Como sabemos bem, esse não é o caso, pois é precisamente entre essas plantas que encontramos não apenas as formas mais variadas, mas as mais variáveis.[31]

Podemos comparar essa linguagem à usada em um dos parágrafos de Darwin de *A origem das espécies*: "Não há caso registrado de um organismo variável ter deixado de variar sob cultivo. As plantas que cultivamos há mais tempo, como o trigo, ainda geram novas variedades; os animais que domesticamos há mais tempo ainda são capazes de rápidos aprimoramentos ou modificações."[32] O mais importante, contudo, é que parece que Mendel pode ter percebido que a sua teoria da hereditariedade poderia resolver o principal problema de Darwin: um suprimento adequado de variações hereditárias para que a evolução tenha influência. Era precisamente nesse ponto que a herança por mistura falhava, como observado por Jenkin. Mendel escreveu:

> Se for aceito que o desenvolvimento de híbridos ocorre de acordo com a lei estabelecida para as *Pisum* [ervilhas], cada experimento deve ser realizado com muitos indivíduos [...] Com a *Pisum*, foi provado por experimentos que híbridos produzem óvulos e grãos de pólen de constituições diferentes, e que esta é a razão para a variabilidade observada na sua prole.[33]

Em outras palavras, variação herdada sem nenhuma mistura. Além disso, Mendel tentou várias vezes criar variações em plantas removendo-as do seu hábitat natural para o seu jardim no monastério. Como isso não provocou nenhuma mudança, Mendel disse ao seu amigo Gustav von Niessl: "Isso já parece deixar claro para mim que a natureza não modifica a espécie dessa forma, então deve haver alguma outra força em ação." Mendel, portanto, aceitou determinadas partes da teoria da evolução. Isso, contudo, dá margem a outra questão intrigante: se Mendel concordava com os conceitos de Darwin, e talvez tenha até reconhecido a importância dos resultados que ele próprio obteve para a evolução, por que não mencionou Darwin em seus textos? Para responder a essa pergunta, precisamos entender as circunstâncias históricas especiais de Mendel. Em 14 de setembro de 1852, o imperador austríaco Francisco José I deu autoridade ao príncipe-bispo Rauscher para que ele o representasse na obtenção de uma concordata com o Vaticano. Essa concordata foi assinada em 1855 e, em reação aos ventos da mudança na Europa em 1848, continha regulações rigorosas, como: "Toda a instrução escolar das crianças católicas deve estar de acordo com o ensino da Igreja católica... Os bispos têm o direito de condenar livros ofensivos à religião e à moral, e de proibir os católicos de lê-los."

Como resultado dessas restrições, por exemplo, o paleontólogo Antonén Frič sequer pôde dar uma palestra em Praga, Tchecoslováquia, sobre as impressões resultantes de um encontro científico ocorrido em Oxford no ano de 1860, durante o qual Huxley apresentou a teoria de Darwin. Embora o próprio Vaticano tenha demorado muitas décadas para fazer um pronunciamento oficial sobre a teoria de Darwin, um conselho de bispos católicos alemães declarou em 1860: "Nossos primeiros ancestrais foram formados diretamente por Deus, portanto declaramos que a opinião daqueles que não temem afirmar que esse ser humano [...] proveio de mudanças espontâneas contínuas da natureza imperfeita até a perfeição se opõe claramente às Sagradas Escrituras e à Fé."³⁴ Nessa atmosfera extremamente opressiva, Mendel, ordenado padre em 1847 e eleito abade do monastério em 1868, provavelmente não considerava prudente expressar qualquer apoio explícito às ideias de Darwin.

Poderíamos nos perguntar o que teria acontecido se Darwin tivesse lido o artigo de Mendel antes de 21 de novembro de 1866, quando ele concluiu seu capítulo sobre a pangênese. É claro que jamais saberemos, mas meu palpite é que nada teria mudado. Darwin não estava pronto para pensar que a variação afetava apenas uma parte de um organismo, e não as outras; tampouco sua habilidade matemática era suficiente para que ele pudesse acompanhar e entender completamente a abordagem probabilística de Mendel. O desenvolvimento de um mecanismo universal específico para casos isolados de uma proporção de 3:1 na transmissão de algumas propriedades de uma planta em particular não era o forte de Darwin. Mais do que isso, a defesa persistente de Darwin da sua teoria da pangênese demonstra que, naquele ponto de sua vida, ele pode ter sido vítima do que os psicólogos modernos chamam de *ilusão da confiança*: estado comum em que as pessoas sobrestimam suas habilidades. Embora esse princípio em geral se aplique a pessoas sem talento, mas inconscientes disso, ele pode afetar a todos em algum nível. Por exemplo, estudos mostram que jogadores de xadrez, em sua maioria, acham que podem jogar muito melhor do que o seu nível formal sugere. Se Darwin de fato tinha a ilusão da confiança, isso seria muito irônico, já que foi o próprio Darwin que fez a observação perspicaz de que "a ignorância na maioria das vezes gera mais confiança do que o conhecimento".³⁵

Foram necessários setenta anos para que as complexidades do desenvolvimento de uma abordagem quantitativa para o fenômeno da variação e da proporção de sobrevivência e a completa integração entre a seleção darwiniana e a genética mendeliana fossem resolvidas. A princípio, nos anos que se seguiram à redescoberta, em 1900, do artigo pioneiro de 1865 de Mendel, suas leis da hereditariedade eram consideradas *opostas* ao darwinismo. A genética argumentava que as mutações — a única forma aceitável de variação hereditária — eram abruptas e prontas, e não gradualmente seletivas. Essa oposição diminuiu na década de 1920, depois de uma série de projetos de pesquisa seminais. Em primeiro lugar, experimentos de reprodução com a mosca *Drosophila* realizados pelo biólogo Thomas Hunt Morgan e seu grupo demonstraram claramente que os princípios de Mendel eram universais. Em segundo, o geneticista William Ernest Castle conseguiu mostrar que podia produzir a mudança hereditária pela ação da seleção em pequenas variações nos traços de uma população de ratos. Por fim, o geneticista inglês Cyril Dean Darlington descobriu o mecanismo da troca cromossômica de material genético. Todos esses estudos, e outros semelhantes, mostraram que mutações ocorriam raramente, e na maioria das vezes eram desvantajosas. Nas raras ocasiões em que surgiam mutações vantajosas, a seleção natural foi identificada como o único mecanismo capaz de permitir sua propagação entre a população. Depois, os biólogos passaram a compreender que um grande número de genes atuando separadamente poderia produzir uma variação contínua em uma característica. O gradualismo de Darwin ganhou o dia, com a seleção natural operando sobre diferenças pequeninas para causar a adaptação.

A mancada de Darwin e as críticas de Jenkin tiveram outra consequência inesperada: essencialmente pavimentaram o caminho para a teoria matemática da genética das populações desenvolvida por Ronald Fisher, J. B. S. Haldane e Sewall Wright. Esse foi o trabalho responsável pela prova cabal de que a genética mendeliana e a seleção darwiniana eram complementares e indispensáveis uma para a outra. Considerando que Darwin se equivocou no tocante ao fato fundamental da genética, é absolutamente incrível o quanto ele acertou.

A história da evolução, portanto, não é uma narrativa simples que nos levou do mito ao conhecimento, mas uma coleção de desvios, erros e caminhos sinuosos. No final das contas, todos esses fios se interligaram e convergiram para uma conclusão: a compreensão da vida requer o entendimento de processos químicos muito intricados que envolvem algumas moléculas muito complexas. Retornaremos a esse ponto nos capítulos 6 e 7, quando discutiremos a descoberta da estrutura molecular das proteínas e do DNA.

Mencionei antes o fato de que o artigo de Jenkin suscitou algumas outras objeções à teoria da evolução de Darwin. Em particular, Jenkin recorreu aos cálculos do seu amigo e parceiro, o famoso físico William Thomson (mais tarde, Lord Kelvin), que mostrou que a idade da Terra era muito menor do que os grandes períodos de tempo necessários para que a teoria da evolução de Darwin funcionasse. A controvérsia resultante nos dá uma ideia fascinante não apenas das diferenças entre as metodologias de vários ramos da ciência, como também (ainda que de forma muito mais especulativa) da operação da mente humana.

4

QUAL É A IDADE DA TERRA?

No início, Deus criou o Céu e a Terra...
Que início de tempo, de acordo com a nossa cronologia, diz respeito à entrada da noite anterior ao 23º dia de outubro do ano do calendário juliano 710.

JAMES USSHER, 1658

Os seres humanos demonstram uma curiosidade de conhecer a idade da Terra desde que a história começou a ser registrada. E, com frequência, isso não se deve apenas ao fato de que um número — a idade da Terra — pode ter importantes implicações para áreas tão diversas quanto a teologia, a geologia, a biologia e a astrofísica. Considerando que cada uma dessas disciplinas teve sua porção de indivíduos de opiniões fortes, não deveríamos nos surpreender se descobríssemos que, no século XIX, as tentativas de se estimar a idade da Terra levaram a inúmeras controvérsias acaloradas.

O conceito de um tempo universal linear não apareceu de imediato. Na antiga tradição hindu, por exemplo, o tempo essencialmente não tinha fronteiras, e, como o antigo símbolo do ouroboros — a cobra que morde a própria cauda —, supunha-se que o universo passava por ciclos contínuos de destruição e regeneração. Não obstante, os sábios hindus da Antiguidade chegaram a um número bastante "preciso" da idade da Terra, que em 2013 seria de 1.972.949.114 anos.[1] Na tradição ocidental, Platão e Aristóteles estavam muito mais preocupados com *por que* e *como* surgiu a ordem existente da natureza do que com *quando*, mas até eles brincaram com a ideia dos ciclos recorrentes que seguiam os movimentos celestes. No mundo cristão, por outro lado, o tempo circular foi rejeitado em favor de uma linha reta única e sem repetição, levando da criação ao Juízo Final. Nesse contexto religioso, as determinações da idade da Terra por séculos haviam sido terreno exclusivo dos teólogos. Em uma das primeiras estimativas, Teófilo, o sexto bispo de Antioquia, concluiu no ano 169 que o mundo teria sido criado cerca de 5.698 anos antes.[2] Ele declarou que a motivação para o cálculo da idade da Terra não fora "fornecer mera matéria de muita discussão", mas "lançar uma luz sobre o número de anos desde a fundação do mundo". Embora Teófilo tenha admitido uma margem de erro em seu cálculo, ele não achou que o erro excederia duzentos anos.

Muitos dos cronologistas que o sucederam tendiam a simplesmente acrescentar intervalos de tempo entre eventos bíblicos cruciais, a morte de certos indivíduos seguindo a ordem das Escrituras ou a duração das gerações. Entre esses estudiosos da Bíblia se destacavam John Lightfoot, o vice-reitor da Universidade de Cambridge, e James Ussher, que se tornou arcebispo de Armagh em 1625.[3] Embora o título do livro curto de 1642 de Lightfoot tenha sido cuidadosamente formulado como *A Few and New Observations upon the Book of Genesis: The Most of Them Certain, the Rest Probable, All Harmless, Strange, and Rarely Heard of Before* [Algumas novas observações sobre o Livro do Gênesis: a maioria delas certa, o resto provável, todas inofensivas, estranhas e raramente já ouvidas], ele não hesitou em declarar que a criação do primeiro humano — Adão — ocorreu precisamente às 9 horas da manhã! Quanto à data da criação do mundo, Lightfoot a estabeleceu como 3928 a.C.

O cálculo de Ussher era um pouco mais sofisticado do que os cálculos bíblicos devido a alguns dados astronômicos e históricos. Sua conclusão exata: o mundo surgiu na tarde anterior a 23 de outubro, no ano de 4004 a.C. Essa data em particular tornou-se bem conhecida no mundo cuja língua oficial é o inglês, já que foi acrescentado como uma observação marginal na Bíblia em inglês em 1701.[4]

Naturalmente, a visão cristã da época ia na esteira da tradição judaica, que também se baseava essencialmente em uma leitura literal do livro do Gênesis. No contexto de um drama divino, no qual o povo judeu tinha o papel principal, ter uma história era claramente crucial. De acordo com essa herança, o mundo foi criado cerca de 5.773 anos atrás (considerando o ano de 2013). Profeticamente, um dos estudiosos judeus mais influentes da Idade Média — Maimônides (Moshe ben Maimon) — era contra uma interpretação literal do texto bíblico. Como se previsse o que Galileu Galilei diria mais de quatro séculos depois, Maimônides argumentava que sempre que descobertas científicas precisas entram em conflito com as Escrituras, os textos bíblicos devem ser reinterpretados. O filósofo judeu holandês Baruch de Spinoza tinha o mesmo pensamento: "O conhecimento... de quase tudo contido nas Escrituras deve ser buscado apenas nas próprias Escrituras, da mesma forma que o conhecimento da natureza é procurado na própria natureza."[5] Na verdade, Maimônides sequer foi o primeiro a sugerir que as passagens do Gênesis haviam sido escritas apenas com intuito alegórico. No primeiro século, o filósofo judeu helenístico Fílon, o Judeu, de Alexandria, escreveu com presciência:

> Seria sinal de grande ingenuidade pensar que o mundo foi criado em seis dias, ou sequer em qualquer período de tempo; pois que o tempo não é nada senão uma sequência de dias e noites, e essas coisas estão necessariamente conectadas ao movimento do Sol sobre e abaixo da Terra. Mas o Sol faz parte do céu, então o tempo deve ser reconhecido como algo posterior ao mundo. Assim, seria correto dizer não que o mundo foi criado no tempo, mas que o tempo deve sua existência ao mundo.[6]

Como veremos no capítulo 10, a última frase de Fílon está de acordo com as ideias de Einstein em sua teoria da relatividade geral.

O grande filósofo alemão Immanuel Kant foi o primeiro a fazer uma análise crítica do equilíbrio entre a interpretação bíblica e as leis das ciências naturais. O próprio Kant estava decisivamente inclinado à física. Ele apontou em 1754 o perigo de confiar no tempo de existência do homem ao se estimar a idade da Terra. Kant escreveu: "O homem comete seu maior erro ao tentar usar a sequência das gerações humanas que se passaram em um [período de] tempo em particular como uma medida da idade da grandeza das obras de Deus."[7] Referindo-se a uma passagem sarcástica escrita pelo francês Bernard le Bovier de Fontenelle em 1686, na qual rosas ponderam metaforicamente a idade do seu jardineiro, Kant acrescentou uma "citação" das rosas: "Nosso jardineiro é um homem muito velho; na memória das rosas, ele é apenas o mesmo que sempre foi; ele não morre nem jamais muda."[8]

Por volta da mesma época que Kant refletia sobre a natureza da existência, o diplomata e geólogo francês Benoît de Maillet fez uma das primeiras tentativas ousadas de usar a verdadeira observação e o raciocínio científico metódico para determinar a idade da Terra.[9] De Maillet tirou proveito da sua posição como cônsul francês em vários lugares do Mediterrâneo para fazer observações geológicas que o convenceram de que a Terra não poderia ter sido criada por completo em um instante. Em vez disso, ele chegou à conclusão de que teria sido uma longa história de processos geológicos graduais. Como estava completamente ciente dos riscos envolvidos no desafio do domínio da ortodoxia da Igreja, de Maillet formulou sua teoria da história da Terra em uma série de manuscritos que foram compilados, editados e publicados sob o título de *Telliamed* ("de Maillet" escrito ao contrário) apenas em 1748, dez anos depois da sua morte. A obra foi escrita como uma sequência fictícia de conversas entre um filósofo indiano (chamado Telliamed) e um missionário francês. Embora as ideias de Benoît de Maillet tenham sido um pouco diluídas pelas alterações feitas pelo editor, o capelão Jean Baptiste le Mascrier, ainda é possível discernir o argumento básico. Em termos modernos, trata-se de uma teoria do que agora é conhecido como sedimentação. Conchas fossilizadas em rochas sedimentares perto dos topos das montanhas levaram de Maillet a concluir que, em sua juventude, a Terra era inteiramente coberta por água. Essa hipótese ofereceu uma solução em potencial para uma questão que já atormentava Leonardo da Vinci dois séculos antes: "Por que os ossos dos peixes grandes, ostras e corais, e várias outras conchas e caracóis do mar, são encontrados nos topos de elevadas montanhas localizadas perto do mar da mesma forma que são encontradas nas profundezas do mar?"[10] De Malliet combinou sua ideia da Terra coberta por água à teoria do sistema solar de René Descartes — em que o Sol residia em um vórtice ao redor do qual os planetas giravam — para dizer que a Terra estava perdendo sua água no vórtice. Tendo observado em vários portos antigos como Acre, Alexandria e Cartago uma taxa de declínio do nível do mar de cerca de três polegadas por século, de Maillet conseguiu estimar a idade da Terra em aproximadamente 2,4 bilhões de anos.

Para sermos precisos, os cálculos feitos por de Maillet e a teoria na qual eles se baseavam estavam errados em vários aspectos. Em primeiro lugar, a Terra nunca foi inteiramente coberta por água — de Maillet não se deu conta de que não era apenas o nível da água que diminuíra, mas o da terra também havia subido. Em segundo lugar, sua compreensão da formação das rochas era muito parca. Seus argumentos foram ainda mais enfraquecidos pelo fato de ele às vezes se aventurar no território da fantasia. Por exemplo, a fim de dar fundamento à sua alegação de que todas as formas de vida vieram do mar (ideia que, na verdade, está de acordo com o pensamento atual), de Maillet recorreu a contos de sereias e homens com caudas. Ainda assim, sua estimativa da idade da Terra marcou uma grande mudança no pensamento acerca desse problema. Pela primeira vez, não era a idade do homem que determinava a idade da Terra, mas sim o ritmo de processos naturais.

De Maillet humildemente dedicou seu livro ao dramaturgo francês Cyrano de Bergerac, que morreu menos de um ano antes do seu nascimento.[11] A dedicatória começa assim: "Espero que não te importes que eu dedique a presente obra a ti, já que eu não poderia ter escolhido um Protetor dos Voos Românticos da Imaginação aqui contidos mais digno." Hoje, podemos apreciar o fato de a obra de Benoît de Maillet ter sido mais do que "voos românticos da imaginação" — ela continha as sementes da geocronologia. A determinação da idade da Terra por meio de métodos científicos estava prestes a se tornar um desafio intelectual de peso.

A Terra e o ganho de vida na história

Em sua obra-prima *Principia* [Princípios matemáticos da filosofia natural], publicada pela primeira vez em 1687, Isaac Newton observou que "um globo de ferro quente igual à nossa Terra — isto é, de cerca de 40 milhões de pés de diâmetro — esfriaria muito pouco em um número igual de dias, ou em mais de 50 mil anos".[12] Percebendo o quão difícil seria conciliar esse resultado com as crenças religiosas, Newton acrescenta: "Mas suspeito que a duração do calor possa, em razão de causas latentes, aumentar em uma proporção ainda menor do que a do diâmetro; e eu ficaria feliz se a verdadeira proporção fosse investigada por experimentos."

Newton foi o único cientista do século XVII a ter pensado nesse problema. Os famosos filósofos Descartes e Gottfried Wilhelm Leibniz também discutiram o resfriamento da Terra a partir do seu estado inicial derretido. Entretanto, a primeira pessoa que parece ter levado a recomendação de Newton sobre uma investigação experimental — além de ter sido criativo o bastante para tentar usar o problema do resfriamento para estimar a idade da Terra — foi o matemático e naturalista Georges-Louis Leclerc, conde de Buffon.

Buffon foi um personagem incrivelmente prolífico que era não apenas um cientista talentoso, mas também um homem de negócios bem-sucedido. Ele provavelmente é mais conhecido pela clareza e pelo vigor com que apresentou um novo método para abordar a natureza. Sua monumental obra principal, *Histoire Naturelle, Générale et Particulière* [História natural, geral e particular] — da qual 36 volumes foram concluídos durante sua vida (enquanto outros oito foram publicados postumamente) —, foi lida pela maioria das pessoas cultas na Europa e na América do Norte da época. O objetivo de Buffon era lidar sucessivamente com os tópicos: sistema solar, Terra, raça humana e os diferentes reinos dos seres vivos.

Nessa excursão mental pelo passado físico da Terra, Buffon presumiu que o início da Terra se deu como uma esfera de material derretido depois de ela ter sido ejetada do Sol devido à colisão com um cometa.[13]

Depois, no verdadeiro espírito de um experimentalista, ele não ficou satisfeito com um cenário puramente teórico — Buffon começou imediatamente a produzir esferas de diferentes diâmetros e a medir precisamente o tempo que elas levavam para esfriar. A partir desses experimentos, ele estimou que o globo terrestre se solidificou em 2.905 anos e chegou à sua temperatura atual em 74.832 anos, embora suspeitasse que o tempo de resfriamento poderia ser muito maior.

No final das contas, contudo, não foi a pura física newtoniana que chamou atenção para o problema da idade da Terra. A onda de estudos com fósseis no século XVIII convenceu naturalistas como Georges Cuvier, Jean-Baptiste Lamarck e James Hutton de que tanto os registros paleontológicos quanto os geológicos requeriam a operação de forças geológicas durante períodos extremamente longos de tempo — tão longos, na verdade, que, como Hutton colocou, ele não encontrou "nenhum vestígio de um início, nem perspectiva de um fim".[14]

Diante da dificuldade de tentar compactar a história inteira da Terra em alguns meros milhares de anos do tempo bíblico, alguns naturalistas mais inclinados para a religião (mas não apenas estes) optaram por recorrer a catástrofes como enchentes para o papel de agentes de mudanças rápidas. Se era necessário descartar grandes períodos de tempos, as catástrofes pareciam ser o único veículo capaz de moldar a superfície da Terra de forma significativa quase instantaneamente. Para confirmar isso, a distribuição dos fósseis marinhos oferecia evidências claras da ação das enchentes e da glaciação no passado geológico da Terra, mas muitos dos catastrofistas ardentes eram, ao menos em parte, motivados pela sua lealdade inabalável ao texto bíblico, e não à comprovação científica. Richard Kirwan — um dos mais conhecidos químicos da época — articulava essa posição claramente. Kirwan jogou Hutton diretamente contra Moisés quando descreveu como ficou chocado ao observar "o quão fatal a suspeita da grande antiguidade do globo foi para o crédito da história mosaica, e, consequentemente, para a religião e a moralidade".[15]

A situação começou a mudar dramaticamente com a publicação da obra de três volumes de Charles Lyell *Principles of Geology* [Princípios de geologia] nos anos de 1830-33.[16] Lyell, que também era amigo íntimo de Darwin, deixou claro que a doutrina do catastrofismo era fraca demais para durar como compromisso entre ciência e teologia. Ele decidiu deixar de lado a questão da origem da Terra e se concentrar na sua evolução. Lyell argumentou que as forças que esculpiram a Terra — o vulcanismo, a sedimentação, a erosão e processos similares — permaneciam essencialmente inalteradas ao longo da história da Terra, tanto na resistência quanto na natureza. Essa foi a ideia do uniformitarianismo que inspirou o conceito de Darwin do gradualismo na evolução das espécies. A premissa básica era simples: se havia uma coisa necessária para que essas forças geológicas lentas tivessem um efeito considerável, essa coisa era o tempo. Muito tempo. Os seguidores de Lyell praticamente abandonaram por completo a noção de uma idade definida em favor do vago tempo "impensadamente vasto". Em outras palavras, a Terra de Lyell encontrava-se quase em um *estado estacionário*, com mudanças em ritmo de lesma ao longo de um tempo quase infinito. Esse princípio representava um enorme contraste em relação às estimativas teológicas de cerca de 6 mil anos.

Até certo ponto, a visão do mundo de uma idade geológica imensuravelmente prolongada permeou *A origem das espécies*, apesar de as próprias tentativas de Darwin de estimar a idade da Weald* acabarem por ser desastrosamente erradas, e ele no final das contas ter se retratado. Darwin visualizou para a evolução uma longa sequência de fases, que teriam durado, cada uma, até 10 milhões de anos. Havia, contudo, uma importante diferença entre o ponto de vista de Darwin e o dos geólogos. Embora defendesse longos períodos de tempo para possibilitar a evolução, ele insistia em uma "flecha do tempo" direcional; ele não se satisfazia com um estado estacionário ou um progresso cíclico, já que o conceito da evolução dava ao tempo uma tendência clara. Mas uma controvérsia começava a surgir. Não era particularmente entre Darwin e Lyell, nem mesmo entre a geologia e a biologia de forma geral, mas

---

* Palavra que se refere à famosa floresta inglesa, hoje praticamente extinta, que se estendia pelos condados de Sussex e Kent. [*N. da T.*]

entre um defensor da física, de um lado, e alguns geólogos e biólogos, de outro. Entra em cena um dos físicos mais eminentes da sua época: William Thomson, mais tarde conhecido como Lord Kelvin.

O resfriamento da Terra

Em 1897, o *Vanity Fair Album*, um compêndio dos destaques da revista britânica semanal, publicou um elogio a Lord Kelvin.[17] Segue-se um trecho:

> Seu pai era professor de matemática em Glasgow. Ele nasceu em Belfast 72 anos atrás, e foi educado na Universidade de Glasgow em St Peter's, Cambridge — universidade da qual, depois de ter sido nomeado *Second Wrangler* e ganhado o prêmio Smith's, ele se tornou *Fellow*.*[18] Ao contrário do que costuma acontecer aos escoceses, ele atualmente se encontra de volta a Glasgow — como professor de filosofia natural; e desde então ele inventou tantas coisas e, apesar do seu conhecimento matemático, fez tantas coisas boas que seu nome — que é William Thomson — não é apenas conhecido em todo o mundo civilizado, mas também em todos os mares. Posto que quando ele era um mero cavaleiro, inventou a bússola marítima de Sir William Thomson e também o batímetro, que, infelizmente, é menos conhecido. Ele também prestou muitos serviços elétricos no mar: como engenheiro de vários cabos do Atlântico, como inventor do galvanômetro de espelho e do registrador automático de sifão, além de diversas outras coisas que são não apenas científicas, mas úteis. Na verdade, ele é um homem tão bom que quatro anos atrás foi agraciado com o título nobiliárquico de barão Kelvin de Largs; no entanto, ele continua sendo um poço de sabedoria, visto que seu pariato não lhe subiu à cabeça... Ele sabe tudo que há para se saber sobre o calor, tudo que já foi descoberto sobre magnetismo e tudo que pôde descobrir mais sobre eletricidade. É um grande, honesto e humilde cientista que escreveu muito e fez mais.

---

* Em instituições e sociedades acadêmicas inglesas, o título *fellow* é concedido a membros que tenham oferecido alguma contribuição considerada relevante à construção do conhecimento. Os *fellows* integram um grupo privilegiado, envolvido tanto em atividades de pesquisa e ensino, quanto em atividades administrativas dentro da instituição. [N. da T.]

Por mais engraçada que pareça, a descrição das inúmeras conquistas do homem chamado por um de seus biógrafos de "vitoriano dinâmico" é precisa. Em 1892, ele ganhou o título de nobreza barão Kelvin de Largs, por causa do rio Kelvin, que passava perto do seu laboratório na Universidade de Glasgow. O prêmio Second Wrangler significava que Kelvin havia ficado (para sua decepção) em segundo lugar nas honras finais* da faculdade de matemática em Cambridge. Conta a história que, na manhã em que os resultados dos exames deveriam ser divulgados, ele enviou o criado para descobrir "quem é o Second Wrangler?", e ficou devastado quando veio a resposta: "É o senhor!" Não há dúvidas de que Kelvin, mostrado na imagem 6 do encarte, foi a principal figura histórica da época que testemunhou o fim da física clássica e o nascimento da física moderna. Apropriadamente, após sua morte, em 1907, colocaram-no em um túmulo ao lado do de Isaac Newton na abadia de Westminster. O que a homenagem não capturou, contudo, foi o subsequente colapso do prestígio de Kelvin nos círculos científicos. Na velhice, ele desenvolveu uma reputação de obstrucionista da física moderna. Muitas vezes retratado como alguém que se agarrava com teimosia a velhas opiniões, ele resistiu a novas descobertas sobre átomos e a radioatividade. Mais surpreendentemente, embora James Clerk Maxwell tenha recorrido a algumas das aplicações de Kelvin dos princípios da energia, ao desenvolver sua impressionante teoria do eletromagnetismo, Kelvin mesmo assim objetou à teoria, afirmando: "Só posso comentar a única coisa nela que me parece inteligível: ela não é admissível."[19] Apesar do seu considerável conhecimento técnico, Kelvin fez declarações igualmente impressionantes sobre a tecnologia, tais como: "Não tenho nem a menor molécula de fé em qualquer outro tipo de navegação aérea que não seja o balonismo." Foi esse homem enigmático — brilhante como cientista na juventude, e aparentemente distante da realidade na velhice — que tentou desacreditar os pontos de vista dos geólogos sobre a idade da Terra.

---

* No sistema de classificação do desempenho acadêmico final na Grã-Bretanha, um aluno pode se formar "first class honours" [honras de primeira classe], "second class honours" [honras de segunda classe], ou "third class honours" [honras de terceira classe]. [*N. da T.*]

No dia 28 de abril de 1862, Kelvin (na época ainda Thomson) leu para a Real Sociedade de Edimburgo um artigo intitulado "On The Secular Cooling of the Earth" [Sobre o resfriamento secular da Terra].[20] Esse artigo seguia de perto a linha de outro estudo publicado apenas um mês antes com o título "On The Age of the Sun's Heat" [Sobre a idade do calor do Sol].[21] Thomson deixava claro desde a primeira frase que aquele não seria apenas mais um ensaio técnico facilmente esquecido. Ali estava um ataque linha-dura à suposição dos geólogos sobre a natureza imutável das forças que haviam moldado a Terra:

> Por dezoito anos, não me sai da cabeça que os princípios essenciais da termodinâmica foram ignorados pelos geólogos, que se opõem com intransigência a quaisquer hipóteses paroxísticas e insistem não apenas que agora temos exemplos diante de nós, na Terra, de todas as ações diferentes pelas quais sua crosta foi modificada ao longo da história geológica, mas que essas ações jamais, ou não completamente, foram mais violentas no passado do que são no presente.[22]

Embora a frase "não me sai da cabeça" fosse um pouco exagerada, certamente era verdade que os primeiros artigos de Kelvin sobre os tópicos da condução térmica e a distribuição do calor pelo corpo da Terra haviam sido escritos já em 1844 (quando ele era um estudante de 20 anos) e 1846, respectivamente.[23] Mesmo antes do seu aniversário de 17 anos, Thomson identificou um erro em um artigo sobre o calor de um professor de Edimburgo.

O argumento de Kelvin era simples: as temperaturas das minas e das fontes indicavam que o calor fluía do interior para a superfície da Terra, sugerindo que a Terra havia sido um planeta mais quente que estava esfriando. Por consequência, Kelvin argumentava, a não ser que alguém conseguisse mostrar que algumas fontes de energia internas ou externas compensavam as perdas de calor, estava claro que era impossível que a Terra estivesse sempre em um estado estacionário sem variações ou passasse por ciclos geológicos idênticos. Charles Lyell na verdade tinha ciência desse problema, e em sua obra *Princípios de geologia* propôs um mecanismo autossuficiente pelo qual acreditava que a energia química, elétrica e termodinâmica podia ser trocada ao longo de ciclos no interior da Terra. Basicamente, Lyell visualizou um cenário em que reações químicas geravam calor, o qual originava correntes elétricas, que, por sua vez, dissociavam os compostos químicos em seus componentes originais, com isso dando início a um novo processo idêntico. Kelvin mal podia omitir seu desprezo. Ele demonstrou, inequivocamente, que tal processo equivalia a um tipo de máquina de movimento perpétuo, violando o princípio da dissipação (e da conservação) da energia — pelo qual a energia mecânica é irreversivelmente transformada em calor, como no caso da fricção. O mecanismo de Lyell, portanto, violava as leis básicas da termodinâmica. Para Kelvin, essa era a prova cabal de que os geólogos ignoravam por completo os princípios da física, e ele observou ironicamente:

> Propor, como fez Lyell por meio da adoção da hipótese química, que as substâncias, combinadas, podem ser novamente separadas por eletrólise por correntes termoelétricas devido ao calor gerado pela sua combinação, e, por conseguinte, que a ação química e o seu calor prosseguiriam em um ciclo interminável, é violar os princípios da filosofia natural exatamente da mesma forma, e com a mesma proporção, que acreditar que um relógio construído com um movimento automático pode cumprir a expectativa de seu engenhoso inventor de funcionar para sempre.[24]

O cálculo de Kelvin da idade da Terra era direto. Ele explicou que, como a Terra estava resfriando, era possível usar a ciência da termodinâmica para calcular a sua idade geológica finita: o tempo que fora necessário para a Terra chegar ao seu estado atual desde a formação da crosta sólida. A ideia em si não era completamente nova: o físico francês Joseph Fourier havia desenvolvido a teoria matemática da condutividade térmica e do processo de resfriamento da Terra no início do século XIX.[25] Percebendo o potencial da teoria, Kelvin em 1849 deu início a uma série de medições das temperaturas subterrâneas (junto com o físico James David Forbes), e em 1855 instou para que uma pesquisa geotérmica completa fosse conduzida, exatamente para permitir o cálculo da idade da Terra.

Kelvin supunha que o mecanismo que transportava o calor do interior para a superfície era o mesmo tipo de condução que transfere o calor de uma frigideira de ferro sobre o fogo para o seu cabo. Não obstante, a fim de aplicar a teoria de Fourier ao resfriamento da Terra, ele precisava conhecer três propriedades físicas: (1) a temperatura interna inicial da Terra, (2) a taxa de mudança da temperatura de acordo com a profundidade e (3) o valor da condutividade térmica da crosta rochosa da Terra (que determina o quão rápido o calor pode ser transportado).

Kelvin achava que tinha uma boa base em duas dessas propriedades. As medições feitas por uma série de geólogos mostraram que, embora os resultados variassem de lugar para lugar, na média, com a aproximação do centro da Terra, a temperatura aumentava mais ou menos 1 grau $1^{o}F$ para cada 50 pés de descida (essa quantidade é conhecida como gradiente de temperatura). No que diz respeito à condutividade térmica, Kelvin recorreu à sua própria medição de dois tipos de rochas e areia para obter o que considerava uma média aceitável. A terceira propriedade física — a temperatura interna da Terra — era extremamente problemática, já que não podia ser medida diretamente. Entretanto, Kelvin não era o tipo de homem que poderia ser facilmente detido por tais dificuldades. Colocando sua mente analítica para trabalhar, ele por fim conseguiu deduzir uma estimativa para a temperatura interna desconhecida. As complexas manobras intelectuais que ele teve de fazer para alcançar esse resultado representam o melhor de Kelvin — mas também o seu pior. Por um lado, o seu domínio virtuoso da física e a sua habilidade em examinar alternativas em potencial com uma lógica afiada não tinham paralelos. Por outro, como veremos no próximo capítulo, devido ao seu excesso de confiança, ele de vez em quando podia ser completamente surpreendido por possibilidades imprevistas.

Kelvin deu início à sua abordagem do problema da temperatura interna da Terra analisando uma variedade de possíveis modelos para o seu resfriamento. A suposição geral era que o estado inicial da Terra era derretido, resultado do calor gerado por alguma colisão — com alguns corpos menores, como meteoros, ou com um corpo de massa quase igual à sua. A evolução subsequente dessa esfera feita de material fundido dependia de uma propriedade das rochas que não era conhecida com certeza: depois da solidificação, ou as rochas fundidas se expandiram (como no caso da água quando congela) ou se contraíram (como acontece aos metais). No primeiro caso, se poderia esperar que a crosta sólida flutuasse sobre um interior líquido, como se observa em relação ao gelo na superfície dos lagos no inverno. No segundo, as rochas sólidas mais densas que se formaram perto da superfície mais fria da Terra teriam afundado, formando, talvez, uma plataforma sólida capaz de suportar a crosta da superfície. Embora as evidências empíricas fossem escassas, todas as experiências com granito, ardósia ou traquito fundido pareciam apontar na direção da contração das rochas fundidas tanto após o resfriamento quanto após a solidificação. Kelvin usou essas informações para traçar um novo cenário. Ele propôs que, antes da ocorrência da solidificação completa, o líquido mais frio na superfície havia afundado em direção ao centro, com isso conservando correntes de convecção semelhantes às geradas no óleo em uma frigideira. Nesse modelo, a convecção possibilitaria a manutenção de uma temperatura quase uniforme. Dessa forma, Kelvin presumiu que, no ponto de solidificação, a temperatura em todos os lugares era aproximadamente igual à temperatura na qual a rocha derrete, e ele assumiu esta como a temperatura interna da Terra (supondo que o núcleo não havia esfriado muito desde então). Esse modelo implicava que a Terra era quase homogênea em suas propriedades físicas. Infelizmente, nem mesmo esse esquema engenhoso resolvia o problema, já que o valor da temperatura da fusão da rocha era desconhecido na época de Kelvin. Ele foi, portanto, forçado a adotar um palpite bem fundado de uma variação de 7 mil a 10 mil °F. (De acordo com análises de ondas sísmicas feitas em 2007, a temperatura de uma região localizada a cerca de 1.860 milhas abaixo da superfície terrestre era de cerca de 6.700 ºF.)

Reunindo todas essas informações, Kelvin por fim calculou uma idade para a crosta da Terra: 98 milhões de anos. Estimando as incertezas das suas suposições e os dados que tinha à sua disposição, Kelvin acreditava poder afirmar com alguma confiança que a idade da Terra tinha de estar entre 20 e 400 milhões de anos.[26]

Em muitos aspectos, apesar das suposições incertas, o cálculo era brilhante. Quem teria pensado que seria possível calcular a idade da Terra? Kelvin pegou um problema que parecia impossível de solucionar e o decifrou. Ele usou princípios físicos razoáveis tanto na formulação do problema quanto no método de cálculo, e combinou as duas coisas às melhores medidas quantitativas disponíveis na época (algumas das quais realizou ele próprio!). Se comparadas à sua determinação, as estimativas dos geólogos não pareciam ser nada além de palpites crus e especulações baseadas em processos mal compreendidos, como a erosão e a sedimentação.

O número encontrado por Kelvin — aproximadamente 100 milhões de anos — era consistente com um palpite anterior que ele apresentou sobre a idade do Sol. Isso era muito importante, já que mesmo alguns contemporâneos de Kelvin viam que a força do seu argumento sobre a idade da Terra derivava, ao menos em parte, da credibilidade do seu cálculo solar. A premissa básica de Kelvin no artigo "On the Age of the Sun's Heat" [Sobre a idade do calor do Sol], e também em alguns artigos posteriores semelhantes, não diferia muito da tese central da sua análise da idade da Terra. A principal suposição era que a *única* fonte de energia que o Sol tinha à sua disposição era a *energia gravitacional* mecânica. Esta era supostamente alimentada ou pela queda de meteoros — ideia que Kelvin a princípio considerara, mas depois rejeitara — ou, como Kelvin proporia mais tarde e reiteraria enfaticamente em 1887, pela contração e dissipação contínuas de energia gravitacional do Sol na forma de calor. Já que, contudo, o suprimento de energia claramente não era infinito, e o Sol perdia energia incessantemente com a radiação, Kelvin concluiu com toda justificação que o Sol não poderia permanecer eternamente imutável. A fim de calcular sua idade, ele pegou elementos emprestados de teorias para a formação do sistema solar propostas pelo físico francês Pierre-Simon Laplace e pelo filósofo alemão Immanuel Kant. Em seguida, ele complementou esses elementos com ideias importantes sobre a possível contração do Sol extraídas do trabalho de seu contemporâneo, o físico alemão Hermann von Helmholtz. Misturando todos esses ingredientes para formar um quadro coerente, Kelvin conseguiu obter uma estimativa da idade do Sol.[27] O último parágrafo do seu artigo refletia o reconhecimento das várias incertezas envolvidas.

> Parece, portanto, com toda probabilidade, que o Sol não iluminou a Terra por 100 milhões de anos, e é quase certo que ele não o fez por 500 milhões de anos. Quanto ao futuro, podemos dizer, com igual certeza, que os habitantes da Terra não poderão continuar gozando da luz e do calor essenciais à sua vida por muitos milhões de anos, a não ser que as fontes agora desconhecidas estejam preparadas no grande depósito da criação.[28]

Como descreverei no próximo capítulo (e explicarei com detalhes no capítulo 8), a última frase provou-se uma verdadeira previsão.

O fato de as idades calculadas para o Sol e para a Terra serem compatíveis — embora as estimativas tenham sido determinadas de forma independente — tornou os cálculos de Kelvin ainda mais convincentes, já que havia toda razão para suspeitar que o sistema solar inteiro havia se formado por volta da mesma época. Entretanto, um número considerável de geólogos britânicos ainda não estava convencido. Era quase como se, para alguns deles, fosse mais conveniente explicar tudo não pelas leis da física, mas pelo que o geólogo americano Thomas Chamberlin chamou cinicamente em 1899 de "saques ousados no banco do tempo". A melhor ilustração da sua atitude cética em relação às descobertas de Kelvin é um diálogo fascinante que Kelvin teve em 1867 com o geólogo escocês Andrew Ramsay. A ocasião era uma palestra do geólogo Archibald Geikie sobre a história geológica da Escócia. Kelvin mais tarde descreveu o diálogo que teve com Ramsay imediatamente após a palestra, observando que quase todas as palavras dela permaneciam "estampadas na minha mente":

> Perguntei a Ramsay quanto tempo ele sugeria para aquela história. Ele respondeu que não podia sugerir um limite para ela. Eu disse: "Você não supõe que a história geológica passou de 1.000.000.000 [1 bilhão] de anos?" "É certo que suponho!" "10.000.000.000 [10 bilhões] de anos?" "Sim!" "O Sol é um corpo finito. É possível dizer quantas toneladas ele pesa. Você acha que ele brilha há um milhão de milhões de anos?" "Sou tão incapaz de estimar e compreender as razões que vocês físicos têm para limitar o tempo geológico quanto vocês são incapazes de entender as razões geológicas para as nossas estimativas ilimitadas." Respondi: "Você poderá compreender o raciocínio físico perfeitamente se aplicar a devida concentração a isso."[29]

Kelvin estava absolutamente certo. Ignorando-se por um momento a questão do quão sólidas suas suposições físicas eram e os detalhes matemáticos dos seus cálculos, o ponto central levantado por Kelvin era acessível. Ele argumentava que, como o Sol e a Terra estão ambos perdendo energia e não possuem nenhuma fonte capaz de substituir essas perdas, o passado geológico da Terra deveria ter sido mais ativo do que o presente. Um Sol mais quente teria causado mais evaporação, com a taxa mais alta da erosão associada pela precipitação. Ao mesmo tempo, uma Terra mais quente teria experimentado uma atividade vulcânica elevada. Consequentemente, Kelvin concluiu, a suposição do uniformitarianismo de uma Terra em um estado indefinido quase estático era indefensável.

Não surpreende, portanto, que em 1868, quando Kelvin fez uma palestra diante da Sociedade Geológica de Glasgow, ele tenha escolhido como alvo de suas críticas ácidas o primeiro texto que apresentara o princípio do uniformitarianismo (formulado por James Hutton) para um público mais amplo.³⁰ Estamos falando do livro de 1802 *Illustrations of the Huttonian Theory of the Earth* [Ilustrações da teoria huttoniana da Terra], do cientista escocês John Playfair. Kelvin citou a seguinte passagem impressionante do livro, que, para ele, representava o epítome da opinião ortodoxa dos geólogos da época.

> A frequência com que essas vicissitudes de deterioração e renovação foram repetidas não nos cabe determinar; elas constituem uma série da qual, como observou o autor dessa teoria [Hutton], não vemos nem o início nem o fim, circunstância que está de acordo com o que é conhecido em relação a outras partes da economia do mundo... nos movimentos planetários sobre os quais a geometria colocou os olhos até então, tanto no futuro quanto no passado, não descobrimos nenhuma marca, seja do começo ou do término da presente ordem. *Na verdade, seria irracional supor que essas marcas deveriam existir em qualquer lugar* [ênfase nossa]. O Autor da natureza não deu leis ao universo que, como as instituições dos homens, carregam em si mesmas os elementos da própria destruição. Ele não permitiu em Suas obras quaisquer sintomas de infância ou de velhice, ou qualquer sinal pelo qual poderíamos estimar fosse o seu futuro, fosse a sua duração anterior. Ele pode pôr fim, como, sem dúvida, deu um início ao presente sistema, em um momento determinado; mas podemos concluir com segurança que a grande *catástrofe* não será causada por quaisquer das leis existentes na atualidade, e que ela não é indicada por nada que percebemos.

A reação de Kelvin a esse trecho foi impiedosa. "Nada", ele disse, "poderia estar mais longe da verdade." Explicando mais uma vez seu argumento em termos leigos, ele observou:

> A Terra, se a perfurarmos em qualquer lugar, é quente, e se pudéssemos aplicar o teste profundamente o bastante, sem dúvida a acharíamos muito quente. Suponha que vocês tivessem diante de si um globo de arenito, e ao perfurá-lo o achassem quente, ao perfurá-lo em outro lugar o achassem quente, e assim por diante, seria razoável dizer que o

globo de arenito tem sido assim por mil dias? Vocês diriam: "Não; esse arenito tem estado em chamas, e não foi aquecido há apenas horas." Seria igualmente razoável pegar um recipiente de água quente, como o usado nas carruagens, e dizer que a garrafa sempre esteve assim — quanto foi para Playfair afirmar que a Terra poderia ter sempre sido como é agora, e que não exibe traços de início nem progresso em direção a um fim.[31]

Para fortalecer ainda mais seu argumento, Kelvin decidiu não recorrer apenas ao seu velho raciocínio sobre a Terra e o Sol. Ele produziu uma terceira linha de evidências baseada na rotação da Terra ao redor do seu eixo. O conceito em si era inteligente e fácil de entender. Uma Terra inicialmente fundida teria assumido, devido à rotação, um formato levemente oblato: mais achatado nos polos e mais saliente no equador. Quanto mais rápido o giro inicial, menos esférico o formato resultante. Kelvin deduziu que esse formato teria sido preservado após a solidificação da Terra. Medidas precisas desse desvio da esfericidade poderiam, portanto, ser usadas para determinar a taxa original de rotação. Como era esperado que as marés produzidas pela gravidade da Lua atuassem como uma fricção e reduzissem a velocidade da rotação, era possível estimar quanto tempo seria necessário para reduzir a taxa de rotação inicial presente a cada 24 horas.[32]

Embora a ideia fosse fascinante, transformá-la em um número propriamente dito para a idade da Terra era extremamente difícil. O próprio Kelvin admitiu: "É impossível, com os dados imprecisos que temos sobre as marés, calcular o seu efeito na diminuição da rotação da Terra."[33] Não obstante, Kelvin achava que o mero fato de que *se poderia* estabelecer um limite para a idade da Terra, não importava o quão incerto, era o suficiente para refutar a noção do uniformitarianismo de um tempo inconcebivelmente longo. Referindo-se à sua própria estimativa numérica de um retardamento de 22 segundos por século no período de rotação da Terra, ele concluiu: "[Seja] o tempo perdido pela Terra de 22 segundos, ou consideravelmente mais ou menos do que 22 segundos, por século, o princípio é o mesmo. Não pode haver uniformidade. A Terra está cheia de evidências de que não esteve sempre no estado atual, e de que existe um progresso de eventos em direção a um estado muito diferente do atual."

Para a decepção de Kelvin, a estimativa baseada na taxa de rotação da Terra não durou muito, pelo menos não de forma quantitativa. Por ironia do destino, ninguém menos que George Howard Darwin, o quinto filho de Charles Darwin, mostrou que o argumento era inútil para uma estimativa de idade. George era um físico com uma destreza matemática considerável.[34] Ele atacou o problema da rotação da Terra com infinita paciência e atenção aos detalhes. Em uma série de artigos publicados principalmente entre 1877 e 1879, o Darwin mais jovem conseguiu demonstrar que, ao contrário das expectativas de Kelvin, a Terra poderia ter seu formato alterado gradualmente mesmo enquanto a velocidade da sua rotação diminuía. Isso era consequência do fato de que mesmo uma Terra solidificada não era inteiramente rígida. O ponto principal era inquestionável.[35] Darwin mostrou que, dadas as muitas incertezas em relação ao interior da Terra, não havia uma forma confiável de calcular a idade do planeta a partir da sua rotação.

Não é necessário dizer que Charles Darwin ficou felicíssimo ao descobrir que seu próprio filho conseguiu "abalar" o grande Kelvin, e exclamou: "Um viva para as entranhas da Terra, e para a sua viscosidade, e para a Lua, e para os corpos celestes, e para o meu filho George."[36]

Mas o trabalho de George Darwin não afetou as principais afirmações de Kelvin — ele apenas mostrou que o seu terceiro argumento (o que dizia respeito à rotação da Terra) não poderia ser usado como base para o *valor* da estimativa da idade da Terra. O trabalho de Darwin, porém, foi revelador em outro sentido: ele mostrou que nem o augusto Lord Kelvin era infalível. Como veremos no próximo capítulo, isso pode ter ajudado a abrir as portas para mais críticas.

Impacto profundo

Descrever a controvérsia da idade da Terra como uma batalha mortal entre a física e a geologia seria um erro. Embora de fato houvesse tensão entre os limites das disciplinas, Kelvin se via de tal forma imerso na tendência predominante da geologia britânica que, durante a palestra feita no encontro da Sociedade Geológica de Glasgow em 1878, ele não hesitou em declarar: "*Nós, os geólogos* [ênfase nossa], erramos ao não termos exigido experiências físicas sobre as propriedades da matéria."[37] Essa autoidentificação "flexível" refletia o mundo científico menos compartimentado do século XIX. Os cientistas vitorianos exerciam a liberdade de comparecer a reuniões de sociedades que representavam formalmente outros ramos da ciência. Em vez de uma disputa entre disciplinas, portanto, o debate da idade da Terra era em grande parte um conflito entre Kelvin e a doutrina de *alguns* geólogos.

Talvez alguém se pergunte o que motivou Kelvin a examinar esse problema. A resposta na verdade é muito simples. Mesmo um exame superficial deixa poucas dúvidas de que a publicação de *A origem das espécies* por Darwin em 1859 proporcionou a Kelvin o ímpeto principal para o seu ataque direto às estimativas das idades tanto do Sol quanto da Terra. Para ser claro, Kelvin não objetava à teoria da evolução em si. Em seu discurso presidencial de 1871 na Associação Britânica para o Avanço da Ciência, por exemplo, ele expressou um apoio moderado a algumas das conclusões de Darwin em *A origem das espécies*. Por outro lado, rejeitou completamente a seleção natural, pois "sempre achei que essa hipótese não contém a verdadeira teoria da evolução, se é que houve evolução, na biologia".[38] Por que não? Porque, Kelvin explicou, ele estava "profundamente convencido de que o argumento do desenho foi em grande parte perdido nas especulações zoológicas recentes".[39] Em outras palavras, mesmo esse físico e matemático comprometido, que declarou apaixonadamente que a "essência da ciência... consiste em inferir condições antecedentes e antecipar futuras evoluções de fenômenos que foram submetidos à observação", ainda acreditava que "há provas muito fortes de um desenho inteligente e benevolente por todos os lados". Na verdade, Kelvin acreditava que as próprias leis da termodinâmica faziam parte do desenho universal. Não obstante, deveríamos lembrar que, mesmo que Kelvin sentisse certa ligação emocional ao conceito do "desenho", não há dúvidas de que ele fundamentava suas duras críticas às práticas dos geólogos na física genuína, e não em crenças religiosas.

Qual foi o impacto de Kelvin sobre a geologia? Até a década de 1860, os geólogos estavam muito mais preocupados com discussões sobre o interior da Terra ser sólido ou fluido do que com a sua cronologia. Na metade da década, porém, um número considerável de geólogos influentes começou a prestar atenção nas afirmações de Kelvin.[40] Entre estes, destacam-se John Phillips, Archibald Geikie e James Croll. Baseado em estudos sobre sedimentos, o próprio Phillips havia sugerido em 1860 uma idade de cerca de 96 milhões de anos para a Terra. Em 1865, ele apoiava publicamente Kelvin. Geikie, o novo diretor da Pesquisa Geológica para a Escócia, assumiu o papel de ponte e de mediador entre a física e a geologia. Entretanto, ele criticava a afirmativa de Kelvin de que o passado geológico da Terra havia sido mais ativo, citando evidências que pareciam mostrar que "a intensidade... tem, de modo geral, aumentado". Contudo, em um artigo publicado em 1871, ele essencialmente abandonou o uniformitarianismo e afirmou que, com base em pesquisas físicas, "cerca de 100 milhões de anos é o tempo proposto no qual toda a história geológica deve estar compreendida". Croll, um incrível físico e geólogo autodidata, estava inteiramente convencido pelo cálculo de Kelvin do resfriamento da Terra e, apesar do seu ceticismo em relação à estimativa de Kelvin da idade do Sol, aceitava o cálculo de 100 milhões de anos para a idade da Terra.

Com frequência, podemos julgar o impacto de uma teoria científica pela veemência com a qual os pesos-pesados que têm algo a perder anunciam suas objeções a ela. No caso de Kelvin, o sinal claro de que a oposição havia sido incomodada veio quando o biólogo Thomas Huxley atacou os cálculos de Kelvin em fevereiro de 1869.

Huxley ganhara o título de "Buldogue de Darwin" por causa do seu apoio agressivo à teoria da evolução e da sua avidez em debater em sua defesa. Huxley adorava controvérsias tanto quanto Darwin as detestava. Talvez ele seja mais conhecido pelo seu rápido e agitado encontro com Samuel Wilberforce, bispo de Oxford, no dia 30 de junho de 1860.[41] O evento teve lugar na biblioteca New Museum da Universidade de Oxford como parte da conferência anual da Associação Britânica para o Avanço da Ciência. A história é contada em detalhes, ainda que provavelmente em parte imaginados, na edição de outubro de 1898 da *Macmillan's Magazine*.[42] O escritor contou:

> Tive a grande felicidade de estar presente na memorável ocasião em Oxford na qual o senhor Huxley confrontou o bispo Wilberforce... Então, o bispo levantou-se, e, com um leve tom de zombaria, floreado e fluente, ele nos garantiu que não havia nada na teoria da evolução; os pombos-das-rochas são o que sempre foram. Então, virando-se para o seu antagonista com uma insolência divertida, ele pediu para saber se era da parte do seu avô ou da sua avó que ele descendia de um macaco. Com isso, o senhor Huxley levantou-se lenta, mas decididamente. Figura magra e alta, austera e pálida, muito quieto e muito grave, ele se postou diante de nós e falou estas tremendas palavras — palavras de que ninguém parece certo agora, nem eu acho que poderiam ser lembradas logo depois de terem sido faladas, posto que o seu significado nos deixou sem fôlego, embora também sem dúvidas quanto ao que ele representava. Ele não tinha vergonha de ter um macaco por ancestral; mas teria vergonha de ter qualquer ligação com um homem que usava grandes dons para obscurecer a verdade. Ninguém duvidava do que ele queria dizer, e o efeito foi tremendo. Uma senhora desmaiou e precisou sair carregada.

Apesar de haver muitas versões para as palavras precisas proferidas nessa conversa inesperada, o talento de Huxley para a oratória e os sentimentos que se acumulavam contra a interferência dos homens da Igreja na ciência ajudaram essa lenda a se espalhar.[43] O historiador da ciência James Moore chegou ao ponto de afirmar: "Nenhuma batalha do século XIX, desde Waterloo, é mais famosa."[44]

Huxley decidiu sair em defesa dos geólogos em seu discurso presidencial de 1869 para a Sociedade Geológica de Londres. Primeiro, ele tirou vantagem do fato de a condenação de Kelvin por acaso ser direcionada ao texto consideravelmente antigo de Playfair para fazer a afirmação questionável: "Não suponho que, no presente, qualquer geólogo possa conservar absolutamente o uniformitarianismo."[45] Ele continuou perguntando retoricamente se algum geólogo já atribuíra mais de 100 milhões de anos para a ação da geologia. Isso era um truque de prestidigitação, já que o próprio "mestre de Huxley", Darwin, havia estimado erroneamente uma idade de 300 milhões de anos para a Weald. Por fim, após mais algumas afirmações dúbias, embora eloquentes, Huxley apresentou sua própria ementa do caso, afirmando que "o argumento contra [a geologia e a biologia] foi inteiramente derrubado".

O discurso de Huxley gerou uma reação furiosa de um dos partidários mais convictos de Kelvin: Peter Guthrie Tait. O matemático, que nunca perdia uma oportunidade para uma boa briga, escreveu uma resenha dos discursos de Kelvin e Huxley na qual resumiu os insultos dirigidos a Huxley em algumas frases educadas. Depois, para um golpe ainda mais punitivo, Tait decidiu citar um número para a idade da Terra que não apenas não tinha nenhuma justificativa física, mas era ainda menor do que as estimativas mais extremas de Kelvin.

> Achamos que podemos, com uma probabilidade considerável, dizer que a filosofia natural já aponta para um período máximo de cerca de 10 ou 15 milhões de anos para o propósito do geólogo e do paleontólogo; e que não é improvável que, com dados experimentais melhores, esse período possa ser ainda mais reduzido.[46]

O resultado geral das afirmações provocativas de Tait foi uma atmosfera cada vez mais densa de descontentamento entre os geólogos, que achavam que, apesar dos seus esforços para aceitar as limitações de Kelvin, os físicos não estavam correspondendo a eles com nenhuma concessão às evidências geológicas. Apesar desses detalhes, contudo, não havia como questionar que, ao menos conceitualmente, Kevin ganhara a batalha, e a noção de um tempo limitado, e não imensurável, para a idade da Terra havia triunfado. No final do século XIX, a ideia de que a Terra poderia ter conservado um estado constante deu lugar à percepção de que o cálculo da idade da Terra por meio de princípios físicos fazia parte do próprio propósito da geologia.

Talvez você tenha pensado que esses imensos ganhos para a geologia, combinados a uma miríade de outras contribuições de Kelvin para a ciência (ele publicou mais de seiscentos artigos), poderiam tê-lo elevado ao patamar daqueles que produziram impactos duradouros — figuras como Galileu e Newton. Infelizmente, a realidade é bem diferente, e sequer o fato de Kelvin estar bem estabelecido tanto no mundo acadêmico quanto no técnico ajudou. Em 1999, a revista *Physics World* e o *Physics Web* (uma publicação feita pela Internet pelo Instituto Britânico de Física) conduziram pesquisas nas quais pediram a cem físicos de renome que apontassem os dez maiores físicos de todos os tempos.[47] O nome de Kelvin não apareceu em nenhuma lista. Ao menos uma das razões da subsequente deterioração do status de Kelvin está relacionada ao debate sobre a idade da Terra: sabemos hoje que a idade da Terra é de cerca de 4,54 bilhões de anos.[48] *Isso é cerca de quinze vezes a estimativa de Kelvin!* Como ele poderia ter cometido um erro tão grande em cálculos supostamente baseados nas leis da física?

5

A CERTEZA GERALMENTE
É UMA ILUSÃO

> A ciência se torna perigosa apenas quando imagina ter alcançado o seu propósito.
>
> GEORGE BERNARD SHAW

O debate acerca da idade da Terra entre Kelvin e Thomas Huxley suscitou um considerável interesse tanto científico quanto público. Se existia alguma certeza, poucos discordavam de que a posição de Kelvin havia sido fortalecida por essa guerra de mundos. Huxley levantou uma questão, contudo, que representava uma percepção particularmente aguçada. Com efeito, ela identificava o ponto crucial do erro de Kelvin:

> A matemática pode ser comparada a um moinho complexo, que mói coisas em qualquer espessura; mas, o que você tira depende do que você coloca dentro; e, como nem o maior moinho do mundo é capaz de extrair farinha de trigo de ervilha, tampouco páginas de fórmulas extrairão um resultado definitivo de dados vagos.[1]

De fato, Kelvin tinha tamanho domínio sobre a matemática que era possível garantir que, se ele houvesse cometido qualquer erro, não teria sido nos cálculos. Era seu grupo de *suposições*, que haviam fornecido as informações de entrada para os cálculos, que precisava ser analisado.

O pupilo ousado

A primeira pessoa que, embora com relutância, tentou encontrar uma falha nos postulados originais de Kelvin foi seu ex-pupilo e assistente, o engenheiro John Perry.[2] Por acaso, Perry estudou engenharia com James Thomson, o irmão mais velho de Kelvin, mas mais tarde passou um ano no laboratório de Glasgow do próprio Kelvin. Ainda que a maior parte da produção científica de Perry tenha se concentrado em engenharia elétrica e física aplicada, talvez ele hoje seja mais conhecido por sua breve incursão na geologia.

Em agosto de 1894, Robert Cecil, terceiro marquês de Salisbury, fez um discurso presidencial no 64º encontro da Associação Britânica para o Avanço da Ciência. Salisbury usou a estimativa de Kelvin da idade da Terra (100 milhões de anos) para argumentar que a evolução pela seleção natural não poderia ter ocorrido.[3] Como acontece com frequência a mensagens muito dogmáticas, contudo, esse discurso teve precisamente o efeito oposto das suas intenções, ao menos para John Perry. A refutação de Salisbury da teoria da evolução convenceu Perry de que deveria haver algo errado nos cálculos de Kelvin. Impressionado com o acúmulo de dados geológicos e paleontólogos, Perry escreveu para um amigo físico que "assim que se tornou claro para minha mente que essa falha necessariamente existia [nas estimativas de Kelvin], sua descoberta não foi mais do que puro acaso".[4]

Perry concluiu a primeira versão da sua investigação do problema do resfriamento da Terra em 12 de outubro, e na semana seguinte enviou cópias do artigo para uma série de físicos (incluindo Kelvin) à espera de comentários.⁵ Conservando uma atitude de respeito mesmo em suas críticas, Perry assinou desta forma a carta para Kelvin: "Com afeto, seu pupilo." Embora cerca de meia dúzia de físicos tenham expressado concordância com a conclusão de Perry, Kelvin não se deu ao trabalho de responder. Perry teve uma segunda chance ao ser convidado para um jantar no Trinity College, em Cambridge — jantar ao qual Kelvin também deveria comparecer. A oportunidade de conversar pessoalmente com Kelvin era boa demais para ser perdida. Perry descreveu o evento com animação para um amigo no dia seguinte:

> Sentei-me ao seu lado [de Kelvin] na noite passada em Trinity, e ele teve que ouvir. Eu já sabia que ele não leria meus documentos, e ele não leu, mas lhe dei muito no que pensar, e seu sorriso piedoso pela minha ignorância se apagou em cerca de 15 minutos. Acho que ele agora começará a considerar a questão. Geikie [o geólogo Archibald Geikie] estava à nossa frente, seus olhos brilhando de prazer.⁶

O periódico científico *Nature* publicou o artigo de Perry em 3 de janeiro de 1895.⁷ Ele começava em tom apologético: "Já fui requisitado por amigos interessados pela geologia a criticar os cálculos de Lord Kelvin da provável idade da Terra. Eu costumava dizer que era inútil esperar que Lord Kelvin houvesse cometido um erro nos cálculos." Em seguida, Perry expressa suas reservas pessoais em relação à metodologia usada na geologia da época: "Não gosto de considerar qualquer problema quantitativo formulado por um geólogo. Em quase todos os casos, as condições dadas são muito vagas para que a questão se torne em qualquer sentido satisfatória, e um geólogo não parece se importar com alguns milhões de anos em questões relacionadas ao tempo." Por fim, Perry explica o que, não obstante, o havia convencido a assumir a tarefa hercúlea de desafiar Kelvin: "Seus cálculos [de Kelvin] neste exato momento estão sendo usados para desacreditar as evidências diretas de geólogos e biólogos, e foi por isso que considerei ser meu dever questionar as condições de Lord Kelvin."

Perry se concentrou principalmente em uma das suposições básicas de Kelvin: a de que a condutividade da Terra era *a mesma* em todas as camadas de qualquer nível de profundidade. Em outras palavras, Kelvin presumira que o calor era transportado com uma eficiência uniforme, fosse a uma profundidade de uma milha ou a uma profundidade de mil milhas. Essa hipótese era crucial. Assim como um investigador forense pode determinar o tempo da morte medindo a temperatura do cadáver, Kelvin usou essa suposição para determinar o tempo de resfriamento da Terra, medindo quanto a temperatura no interior da Terra aumentava a cada pé de profundidade. Os cálculos de Kelvin mostravam que, se a Terra tivesse mais de 100 milhões de anos, a temperatura aumentaria mais lentamente no seu interior do que era de fato observado, já que a superfície fria seria mais espessa.

Perry se perguntou: e se, em vez de ser o mesmo em qualquer lugar, o transporte do calor no interior profundo da Terra fosse mais eficiente do que perto da superfície? Claramente, nesse caso, a base da superfície da Terra poderia ser mantida mais quente por muito mais tempo. Em particular, Perry mostrou que, se o interior da Terra porventura fosse em parte fluido, então, da mesma forma que acontece à água aquecida em uma panela funda, o calor provavelmente seria *conduzido* para a crosta da superfície com tamanha eficiência (pelo próprio fluido) que a estimativa da idade poderia ser estendida a até 3 bilhões de anos. Em seguida, ele conclui seu artigo abordando os argumentos baseados na idade do Sol e na rotação da Terra, mas não havia nenhuma novidade na sua discussão desses tópicos. No que diz respeito à questão do retardamento do ritmo de rotação da Terra produzido pelas marés, Perry chamou atenção principalmente para a demonstração de George Darwin de que, mesmo que a Terra fosse sólida, ela ainda poderia alterar seu formato.

A princípio, o artigo de Perry (no formato que circulou antes da publicação) não atraiu uma resposta de Kelvin, mas de seu autonomeado "buldogue": Peter Guthrie Tait. Tait escreveu uma carta cheia de desprezo para Perry no dia 22 de novembro de 1894:

[...] meu fracasso absoluto em capturar o *objetivo* do seu artigo. Pois que me parece que você não objeta à matemática de Lord Kelvin. Por que, portanto, envolver a matemática, já que é inteiramente óbvio que, quanto melhor for o interior como condutor em relação à superfície, mais tempo deve fazer que o todo esteve a 7.000 °F [o ponto de derretimento que Kelvin supusera para as rochas]: o estado da superfície na mesma condição que no presente? Não acho que Lord Kelvin se perturbaria com uma demonstração *disso*.[8]

Ao que parece, Tait não entendeu nada. Como ninguém na época podia dizer com certeza quais eram as condições das camadas mais profundas, o que se *presumia* para o propósito dos cálculos era uma questão de mera conjectura. A intenção de Perry era simplesmente mostrar que, se alguém fizesse uma suposição diferente da de Kelvin sobre o interior da Terra — de que o calor nas profundezas da Terra era transportado com mais facilidade do que na sua superfície —, os cálculos baseados em princípios físicos poderiam ser ajustados para se tornarem compatíveis com a idade requerida por geólogos e biólogos. O erro de Kelvin foi *não perceber que a latitude permitida pelas observações existentes podia introduzir uma incerteza muito maior em suas estimativas do que ele estava disposto a admitir*.

Em resposta a Tait, Perry tentou ser educado, observando: "Você diz que estou certo, e pergunta o meu objetivo.[9] Sem dúvida, não há chance de Lord Kelvin estar certo, basta alguém mostrar que há *possíveis* [ênfase nossa] condições para o estado interno da Terra que isso implicará uma idade muito maior do que o seu limite e o dele." Em uma linguagem que provavelmente reflete a admiração de um ex-assistente, ele acrescentou em seguida: "O que me incomoda é que não consigo encontrar o menor sinal de razão no seu lado, e, todavia, acostumei-me de tal modo a admirá-lo e a Lord Kelvin que acredito ser uma espécie de idiota para duvidar quando você e ele estavam tão 'convictos'."

Tait aparentemente não observou o tom conciliatório, já que ele continuou respondendo com desprezo: "Eu gostaria de obter suas respostas para *duas* questões: (1) Que fundamento você tem para supor que os materiais internos da Terra apresentam uma condutividade maior do que a superfície?"[10] A segunda "questão" não era exatamente uma questão, mas uma observação desdenhosa sobre as expectativas insaciáveis dos geólogos: "(2) Você percebe que qualquer um dos *avançados* geólogos lhe agradecerão por ter substituído os 100 milhões por 10 bilhões? A última hipótese deles é de um trilhão: — apenas para *parte* do período secundário!" (A imagem 7 do encarte mostra uma cópia desse bilhete.) Mas Perry não desistiu: "Cabe a Lord Kelvin provar que o interior não possui uma condutividade melhor", ele insistiu.[11]

Não precisamos dizer que Perry estava correto em sua análise. Na ausência de qualquer evidência experimental definitiva quanto às condições internas precisas da Terra, o fato de ele ter conseguido mostrar que Kelvin *poderia* estar errado em um grande fator foi suficiente.

Quando, afinal, decidiu responder, Kelvin foi muito menos agressivo do que Tait. Ele afirmou: "Acredito não podermos presumir de nenhuma forma provável as enormes diferenças de condutividade e capacidade térmica em profundidades diferentes que você [Perry] usa nos seus cálculos."[12] Contudo, também observou de maneira atipicamente conciliatória: "Achei que a minha extensão de 20 a 400 milhões provavelmente era ampla o bastante, mas é deveras possível que eu devesse ter estabelecido um limite superior muito maior, talvez de 4 mil em vez de 400." Possivelmente em nenhuma outra ocasião Kelvin tenha demonstrado tamanho respeito por opiniões que contradiziam a sua. É mais provável que essa magnanimidade expressasse seu senso de obrigação de conservar uma boa relação com um ex-aluno. Ele apressou-se a insistir, contudo, que sua estimativa da idade do Sol continuava "recusando a luz solar por mais de um período ou alguns poucos períodos de um milhão de anos no passado".[13] Como veremos ainda neste capítulo, Kelvin na época não tinha razão para revisar seus cálculos para a idade do Sol.

O desafio de Perry levou Kelvin a passar os dois meses seguintes conduzindo experiências com basalto, mármore, halita e quartzo aquecidos.[14] Essas experiências pareciam mostrar, de acordo com os novos resultados obtidos pelo geólogo suíço Robert Weber, que a condutividade ou não mudava muito, ou até diminuía um pouco com o aumento da temperatura. Infelizmente para Perry, os novos resultados de Weber iam de encontro aos das suas experiências anteriores — exatamente as experiências que Perry usara como base para os seus argumentos. Exultante, Kelvin publicou os resultados na *Nature* em 7 de março de 1895, dando a notícia de que o "professor Perry e eu não precisamos esperar muito... para saber que não há base para a suposição de uma condutividade maior em rochas a temperaturas mais elevadas".[15] Kelvin também citou uma conclusão do geólogo americano Clarence King, que (sem considerar a possibilidade de convecção por um fluido) afirmou: "Não temos garantia para estender a idade da Terra além de 24 milhões de anos." Kelvin declarou alegremente que não era "levado a discordar muito da sua estimativa [de King] de 24 milhões de anos."

Perry, porém, não se convenceu. Concentrando-se nas *possíveis* condições internas em vez de tentar, como Kelvin, adivinhar quais poderiam ser as condições mais *prováveis*, ele observou que a conclusão de King ainda assim era limitada pela suposição de que a Terra era sólida e homogênea. Em um artigo publicado na *Nature* em 18 de abril de 1895, Perry resumiu seus pontos de vista sobre o impasse: "Agora, está evidente que se tomarmos qualquer provável lei de temperatura de equilíbrio convectivo no início e supusermos que a condutividade pode ser maior no interior do que na superfície das rochas, o engenhoso teste do senhor King para a liquidez não limitará praticamente nenhuma idade maior." A lógica de Perry era clara: seu objetivo era demonstrar que a Terra poderia ser mais velha do que a estimativa de Kelvin, ainda que ele não conseguisse identificar precisamente a falha no argumento de Kelvin, devido às incertezas relacionadas à estrutura interna da Terra. As medidas da condutividade de rochas aquecidas podem ter refutado um dos meios pelos quais o calor poderia ser transportado com mais rapidez em profundidades maiores, mas ainda havia outras possibilidades em aberto. A convecção por massas fluidas era uma alternativa particularmente atrativa.

No final das contas, a intuição de Perry foi visionária. Ele continuou insistindo que a falha do modelo de Kelvin em produzir idades maiores era uma consequência direta de sua suposição de que a Terra era homogênea em sua condutividade, e que essa limitação poderia ser superada se fosse admitido que o manto da Terra conduzia calor. Foram necessárias algumas décadas para que os geólogos do século XX provassem que Perry estava certo. A compreensão de que a convecção era possível, mesmo no interior do que parecia um manto sólido, teve um papel importante na eventual aceitação da ideia (introduzida pela primeira vez em 1912 pelo cientista alemão Alfred Wegener) das placas tectônicas e da deriva continental. O calor não apenas pode ser transportado por movimentos fluidos, como continentes inteiros podem se mover horizontalmente durante longos períodos de tempo. As condições precisas da interface entre o núcleo e a parte mais externa da Terra ainda hoje continuam sendo um tópico controverso.

Perry concluiu seu último artigo sobre o tópico da idade da Terra com uma declaração clara:

> Com base nos três argumentos físicos [o retardo da rotação da Terra produzido pelas marés; o resfriamento da Terra; e a idade do Sol], os limites superiores de Lord Kelvin são 1.000, 400 e 500 milhões de anos. Demonstrei que temos razões para acreditar que, partindo dos três, a idade pode ter sido consideravelmente subestimada. Deve-se observar que, se excluirmos tudo, a não ser os meros argumentos da física, a idade *provável* da vida na Terra é muito menor do que qualquer uma das alternativas acima; mas se os paleontólogos tiverem boas razões para apontar para períodos muito maiores, não vejo nada do ponto de vista do físico que os impeça de considerar períodos quatro vezes maiores do que essas estimativas.[16]

Perry não via nada errado na atribuição de 4 bilhões de anos à idade da Terra, o que está muito próximo da determinação atual de 4,5 bilhões de anos.

O trabalho de Perry produziu a primeira falha nos cálculos aparentemente inabaláveis de Kelvin ao desafiar os postulados que este apresentou em relação à solidez e à homogeneidade da Terra. Havia, contudo, outra hipótese crucial na estimativa de Kelvin da idade da Terra: a de que não existia nenhuma fonte interna ou externa de energia que pudesse compensar as perdas de calor. Eventos ocorridos perto do final do século XIX derrubaram também essa premissa.

A radioatividade

Na primavera de 1896, o físico francês Henri Becquerel descobriu que a desintegração de núcleos atômicos instáveis é acompanhada por uma emissão espontânea de partículas e radiação. O fenômeno tornou-se conhecido como *radioatividade*.[17] Sete anos depois, os físicos Pierre Curie e Albert Laborde anunciaram que a desintegração de partículas de rádio fornecia uma fonte antes desconhecida de calor. Depois do anúncio de Curie e Laborde, levou menos de quatro meses para que o astrônomo amador William E. Wilson chegasse à especulação de que essa propriedade do rádio "talvez contenha uma dica da fonte de energia do Sol e das estrelas".[18] Wilson estimou que apenas "3,6 gramas de rádio por metro cúbico do volume do Sol forneceria toda a emissão". Embora o bilhete curto de Wilson para a *Nature* não tenha recebido muita atenção da comunidade científica, as implicações em potencial de uma fonte imprevista de energia não passaram despercebidas por George Darwin.[19] Esse físico e matemático, que buscava incessantemente formas de libertar a geologia da camisa de força imposta pela cronologia de Kelvin, declarou enfaticamente em setembro de 1903: "A quantidade de energia disponível [em materiais radioativos] é tão grande a ponto de tornar impossível dizer há quanto tempo o calor do Sol existe, ou por quanto tempo ele durará no futuro." O físico e geólogo irlandês John Joly abraçou esse anúncio com entusiasmo e imediatamente o aplicou ao problema da idade da Terra.[20] Em uma carta para a *Nature* publicada no dia 1º de outubro, Joly apontou que "uma fonte de suprimento de calor [os minerais radioativos] em cada elemento material" seria o equivalente a uma transferência elevada de calor a partir do interior da Terra. Isso era precisamente o que Perry havia mostrado ser preciso para aumentar as estimativas de idade. Em outras palavras, no cenário de Kelvin, a Terra estava apenas perdendo calor da sua reserva original. A descoberta de uma nova fonte de calor interno parecia minar toda a base desse esquema.

Uma das principais figuras na pesquisa frenética sobre a radioatividade que se seguiu foi o jovem físico neozelandês Ernest Rutherford, que mais tarde se tornou conhecido como o "pai da física nuclear".[21] Na época, Rutherford estava trabalhando na Universidade McGill, em Montreal (ele depois se mudaria para o Reino Unido), onde concluiu, com base nos resultados das experiências, que os átomos de todos os elementos radioativos continham imensas quantidades de energia latente que poderia ser liberada como calor. Um periódico deu as boas-vindas à declaração de Rutherford de que a Terra sobreviveria muito mais tempo do que Kelvin estimara com a manchete "APOCALIPSE ADIADO".

De sua parte, Kelvin demonstrou um grande interesse pelas descobertas acerca do rádio e da radioatividade, mas ainda assim não se convenceu de que elas alterariam a idade estimada para a Terra.[22] Recusando-se a admitir, ao menos a princípio, que a fonte da energia dos elementos radioativos poderia vir de dentro, ele escreveu: "Arrisco sugerir que ondas de alguma forma etéreas podem fornecer a energia para o rádio enquanto ele libera calor para a matéria ponderável ao seu redor."[23] Em outras palavras, Kelvin propôs que os átomos simplesmente coletavam energia do éter (acreditava-se que o éter permeava todo o espaço) apenas para liberá-la de volta após sua desintegração. Em 1904, no entanto, com uma grande coragem intelectual, ele abandonou essa ideia na reunião da Associação Britânica, embora nunca tenha publicado uma retratação em impresso.[24] Infelizmente, por alguma razão que não está clara, ele voltou a se desconectar com a comunidade da física em 1906, quando rejeitou a noção de que a desintegração radioativa transformava um elemento em outro, mesmo Rutherford e outros tendo acumulado evidências experimentais sólidas do fenômeno. Durante esse período, o ex-colaborador de Rutherford, Frederick Soddy, perdeu a paciência. Em uma amarga correspondência com Kelvin nas páginas do *Times* de Londres, ele declarou sem respeito: "Seria uma pena se o público fosse levado a supor erroneamente que aqueles que não trabalharam com corpos radioativos [referindo-se a Kelvin] têm direito a uma opinião de igual peso à daqueles que trabalharam." Mesmo antes da altercação, no livro que havia publicado em 1904, Soddy não hesitou em asseverar que "as limitações relacionadas à história passada e futura do universo foram consideravelmente estendidas".[25]

Rutherford foi um pouco mais generoso. Muitos anos depois, ele contou e recontou uma passagem relacionada a uma palestra sobre a radioatividade que dera em 1904 na Real Instituição:

> Entrei na sala, que estava na penumbra, e imediatamente avistei Lord Kelvin na plateia, e então percebi que teria problemas na última parte da palestra, que falava da idade da Terra, pois meus pontos de vista estavam em desacordo com os dele. Para o meu alívio, ele adormeceu, mas, quando cheguei ao ponto crucial, vi a velha raposa endireitar-se no assento, abrir um olho e me dirigir um olhar sinistro! Em seguida, me veio uma súbita inspiração, e eu disse que Lord Kelvin limitara a idade da Terra *porque nenhuma fonte de calor havia sido descoberta*. Tal declaração referia-se ao que estamos considerando esta noite: o rádio! Pasmem! O velho amigo sorriu para mim.[26]

No final das contas, a *datação radiométrica* tornou-se uma das técnicas mais confiáveis para determinar as idades de minerais, rochas e outros elementos geológicos, incluindo a própria Terra.[27] De forma geral, um elemento radioativo se desintegra em outro elemento radioativo a um ritmo determinado pela sua *meia-vida*: o período de tempo necessário para que a quantidade inicial de material radioativo seja reduzida pela metade. A cadeia de desintegração prossegue até chegar a um elemento estável. Medindo e comparando as abundâncias relativas dos isótopos naturalmente presentes e todos os produtos da sua desintegração, e combinando esses dados às meias-vidas conhecidas, os geólogos conseguiram determinar a idade da Terra com alta precisão. Rutherford foi um dos pioneiros dessa técnica, como documenta a seguinte história: Rutherford estava andando pelo *campus* com uma pequena pedra negra na mão quando encontrou o colega geólogo canadense Frank Dawson Adams.[28] "Adams", ele perguntou, "qual é a idade da Terra?" Adams respondeu que vários métodos haviam produzido uma estimativa de 100 milhões de anos. Rutherford, então, comentou tranquilamente: "Sei que esse pedaço de pechblenda tem 700 milhões de anos."

A maioria, se não todas as descrições, da controvérsia da idade da Terra nos faria acreditar que o erro dramático da estimativa de Kelvin foi uma consequência direta do fato de que ele ignorava a radioatividade. Se isso fosse toda a verdade, o erro de Kelvin não teria sido qualificado como uma mancada neste livro, já que Kelvin não poderia ter considerado uma fonte de energia ainda não descoberta. Contudo, na realidade seria incorreto atribuir a determinação errônea da idade da Terra inteiramente à radioatividade. É verdade que a desintegração radioativa ocorrida em todo o volume do manto da Terra (até uma profundidade de cerca de 1.800 milhas) realmente produz calor a uma taxa aproximadamente igual à metade da taxa do fluxo de calor pelo planeta. Mas nem todo esse calor pode ser acessado de imediato. Um exame meticuloso do problema revela que, dadas as suposições de Kelvin, mesmo que houvesse incluído o aquecimento radioativo, ele realmente deveria ter considerado apenas o calor gerado dentro da camada externa de 60 milhas da Terra. A razão é que Kelvin mostrou que apenas o calor desse nível de profundidade poderia ser efetivamente reduzido pela *condução* em cerca de 100 milhões de anos. Os geólogos Philip England, Peter Molnar e Frank Richter demonstraram em 2007 que, quando esse fato é levado em conta, a inclusão do depósito de calor radioativo não teria alterado a estimativa de Kelvin para a idade da Terra de nenhuma forma significativa.[29] A maior mancada de Kelvin não foi não ter conhecimento da radioatividade (apesar de que, depois da sua descoberta, não havia justificativa para ignorá-la), mas inicialmente ter ignorado e depois rejeitado a possibilidade da convecção no interior do manto da Terra levantada por Perry. Esta era a verdadeira fonte da inaceitavelmente baixa estimativa de idade.

Como um homem de tamanho dom intelectual como Kelvin poderia estar tão seguro de que estava certo mesmo quando estava completamente errado? Como todos os seres humanos, Kelvin precisava usar a ferramenta localizada entre suas orelhas — o cérebro —, e o cérebro tem limitações, mesmo quando se trata do cérebro de um gênio.

Sobre a sensação de saber

Como não podemos nem entrevistar Kelvin nem fazer ressonâncias magnéticas de áreas do seu cérebro em funcionamento, jamais saberemos a razão precisa da sua teimosia equivocada. Sabemos, é claro, que pessoas que passaram a maior parte da sua vida profissional defendendo certas suposições não gostam de admitir que estavam erradas. Entretanto, não deveria ter sido diferente com Kelvin, sendo o grande cientista que era? Mudar as próprias teorias com base em novas evidências experimentais não faz parte do propósito dos cientistas? Felizmente, a psicologia e a neurociência modernas estão começando a lançar alguma luz sobre o que foi chamado de "sensação de saber", que quase com certeza moldou em parte o raciocínio de Kelvin.

Em primeiro lugar, devemos observar que, em sua abordagem da ciência e em sua cruzada em busca do conhecimento, Kelvin estava mais próximo de ser um engenheiro do que um filósofo. Sendo ele, por um lado, um físico com grande domínio sobre a matemática e, por outro, um experimentalista talentoso, sempre buscava uma premissa com a qual pudesse calcular ou medir algo em vez de uma oportunidade para contemplar possibilidades diferentes. No nível mais básico, portanto, a mancada de Kelvin foi consequência da sua crença de que ele sempre seria capaz de determinar o que era *provável*, não percebendo o constante perigo de ignorar algumas possibilidades.

Em um nível mais profundo, a mancada de Kelvin provavelmente vinha de um traço psicológico facilmente identificado: quanto mais comprometidos estamos com determinada opinião, menos dispostos estamos a abandoná-la, mesmo quando confrontados por uma enxurrada massiva de evidências contrárias. (A frase "armas de destruição em massa" não lembra alguma coisa?) A teoria da *dissonância cognitiva*, originalmente desenvolvida pelo psicólogo Leon Festinger, aborda justamente as sensações de desconforto experimentadas quando as pessoas se veem diante de informações inconsistentes com suas crenças.[30] Inúmeros estudos mostram que, em muitos casos, para aliviar a dissonância cognitiva, em vez de reconhecerem um erro de julgamento, as pessoas tendem a reformular seus pontos de vista de forma a justificar sua velha opinião.

O fluxo messiânico dentro do judaísmo chassídico conhecido como *chabad* fornece um exemplo excelente, ainda que esotérico, para esse processo de reorientação.[31] A crença de que o líder do *chabad*, rabino Menachem Mendel Schneerson, era o messias judeu ganhou força durante a década que antecedeu sua morte, em 1994. Depois que o rabino sofreu um derrame em 1992, muitos seguidores do movimento *chabad* ficaram convencidos de que ele não morreria, mas "emergiria" como o messias. Diante do choque da sua eventual morte, porém, dúzias desses seguidores mudaram de atitude e argumentaram (mesmo durante o funeral) que sua morte na verdade havia sido uma parte *necessária* do processo do seu retorno como messias.

Uma experiência conduzida em 1955 pelo psicólogo Jack Brehm, na época na Universidade de Minnesota, demonstrou uma manifestação diferente de dissonância cognitiva.[32] No estudo, 225 estudantes do sexo feminino do segundo ano (as típicas cobaias de experiências de psicologia) primeiramente foram requeridas a classificar oito artigos forjados de acordo com o quão desejáveis os consideravam em uma escala de 1,0 ("nem um pouco desejável") a 8,0 ("extremamente desejável"). Na segunda etapa, as estudantes puderam escolher um de dois artigos oferecidos para levar para casa. Seguia-se uma segunda rodada de classificação de todos os oito itens. O estudo mostrou que, na segunda rodada, as estudantes tendiam a aumentar a nota dada ao artigo que haviam escolhido e a reduzir a dada ao artigo rejeitado. Essas e outras descobertas estão de acordo com a ideia de que nossas mentes tentam reduzir a dissonância entre a cognição "Eu escolhi o item número 3" e a cognição "Mas o número 7 também tem características atraentes". Em outras palavras, as coisas parecem melhores depois que as escolhemos — conclusão corroborada por estudos de neuroimagiologia que mostram um aumento da atividade do núcleo caudado, a região do cérebro envolvida na experiência de "sentir-se bem".

O caso de Kelvin parece cair como uma luva na teoria da dissonância cognitiva. Depois de ter repetido os argumentos sobre a idade da Terra por mais de três décadas, Kelvin não estava disposto a mudar de opinião apenas porque alguém sugeriu a *possibilidade* da convecção. Observemos que Perry não conseguiu provar que a convecção de fato acontecia, tampouco foi sequer capaz de mostrar que a convecção era provável. Quando a radioatividade entrou em cena, uma década depois, Kelvin provavelmente estava ainda menos inclinado a publicar uma admissão de derrota. Em vez disso, ele preferiu se dedicar a um elaborado esquema de experiências e explicações no intuito de demonstrar que suas velhas estimativas estavam certas.

Por que é tão difícil abandonar opiniões, mesmo perante evidências contrárias que qualquer observador independente consideraria convincentes? A resposta talvez possa ser encontrada no modo de operação de um sistema de recompensa. Já na década de 1950, os pesquisadores James Olds e Peter Milner, da Universidade McGill, identificaram centros de prazer nos cérebros dos ratos.[33] Eles observaram que os ratos apertavam a alavanca que acionava os eletrodos colocados nos locais que produziam prazer mais de 6 mil vezes por hora! A potência desses estímulos prazerosos foi ilustrada dramaticamente na metade dos anos 1960, quando experiências mostraram que, quando forçados a escolher entre a obtenção de comida e água ou o estímulo do prazer da recompensa, os ratos preferiam a inanição.

Neurocientistas das últimas duas décadas desenvolveram técnicas de imagem sofisticadas que lhes permitem ver com detalhes que partes do cérebro humano se acendem em resposta a sabores agradáveis, músicas, sexo ou vencer uma aposta. As técnicas mais usadas são a tomografia de emissão de pósitrons, na qual traçadores radioativos são injetados e depois acompanhados no cérebro, e a ressonância magnética funcional, que monitora o fluxo de sangue para os neurônios ativos. Estudos mostraram que uma importante parte do sistema de recompensa é uma coleção de células nervosas originadas perto da base do cérebro (em uma região chamada de área ventral tegmental) e que se comunicam com o núcleo accumbens — uma área abaixo do córtex frontal.[34] Os neurônios da área ventral tegmental se comunicam com o núcleo accumbens despachando um neurotransmissor químico chamado dopamina. Outras áreas do cérebro fornecem o conteúdo emocional e relatam a experiência para as memórias e para a geração de respostas. O hipocampo, por exemplo, "toma notas", enquanto a amígdala "classifica" o prazer envolvido.

E de que forma isso está relacionado ao trabalho emocional? A fim de embarcar e persistir em algum processo de pensamento de longo prazo, o cérebro precisa ao menos de alguma promessa de prazer durante o caminho. Seja o prêmio Nobel, a inveja dos vizinhos, um aumento de salário ou a mera satisfação de concluir um quebra-cabeça sudoku classificado como "difícil", o núcleo accumbens do nosso cérebro precisa de alguma dose de recompensa para seguir em frente. Entretanto, se o cérebro libera recompensas frequentes durante um período muito longo de tempo, então, como no caso dos ratos que se autoinfligiram inanição, ou dos dependentes de drogas, os caminhos neurais que conectam a atividade mental à sensação de realização sofrem adaptações graduais. Os dependentes de drogas precisam de mais drogas para obter o mesmo efeito. Já no que diz respeito às atividades intelectuais, isso pode resultar em uma necessidade maior de estar certo o tempo todo e, ao mesmo tempo, em uma dificuldade cada vez maior de admitir erros. O neuro-cientista e autor Robert Burton sugeriu especificamente que a insistência em estar certo pode ter semelhanças psicológicas a outros tipos de dependência.³⁵ Se isso for verdade, Kelvin sem dúvida se encaixaria no perfil de um dependente da sensação de estar certo. Quase meio século do que ele seguramente considerava batalhas vitoriosas contra os geólogos teria fortalecido suas convicções a um ponto em que as ligações neurais não poderiam mais ser dissolvidas. Contudo, possa a sensação de estar certo causar dependência ou não, estudos realizados com ressonância magnética funcional mostraram que o que é conhecido como raciocínio motivado — quando o cérebro converge sobre julgamentos para maximizar os estados afetivos positivos associados à identificação de motivos — não está relacionado à atividade neural ligada a tarefas de raciocínio frio.³⁶ Em outras palavras, o raciocínio motivado é regulado por emoções, e não pela análise imparcial, desprovida de emoções, e seu objetivo é minimizar ameaças ao *self*. Não é inconcebível que em uma fase avançada da vida a "mente emocional" de Kelvin tenha inundado sua "mente racional".

Mais cedo, mencionei o cálculo de Kelvin para a idade do Sol. Não considero sua estimativa uma mancada. Como isso é possível? Afinal de contas, sua estimativa de menos de 100 milhões de anos apresentava um erro da mesma proporção do da idade que ele atribuiu à Terra.

Fusão

Em um artigo sobre a idade da Terra escrito em 1893, três anos antes da descoberta da radioatividade, o geólogo americano Clarence King escreveu: "A conformidade dos resultados entre as idades do Sol e da Terra certamente fortalece o argumento físico e deixa o ônus da prova para aqueles que se apegam à idade vagamente vasta derivada da geologia sedimentária."³⁷ O argumento de King foi bem aceito. Enquanto a idade do Sol fosse estimada em apenas algumas dezenas de milhões de anos, quaisquer estimativas de idade baseadas na sedimentação seriam limitadas, já que, para que a sedimentação ocorresse, a Terra precisava ser aquecida pelo Sol.

Lembremos que o cálculo de Kelvin da idade do Sol dependia inteiramente da liberação de energia gravitacional na forma de calor pela contração do Sol. A ideia de que a energia gravitacional podia ser a fonte da energia do Sol vinha do físico escocês John James Waterston, originada em 1845. A princípio ignorada, a hipótese foi retomada por Hermann von Helmholtz em 1854, e depois entusiasticamente endossada e popularizada por Kelvin. Com a descoberta da radioatividade, muitos supuseram que a liberação radioativa de calor seria confirmada como a verdadeira fonte da energia do Sol. Mas isso estava incorreto. Mesmo quando a maioria supunha que o Sol era composto principalmente de urânio e dos produtos da sua desintegração radioativa, a energia gerada não teria sido suficiente para a luminosidade solar observada (ao menos enquanto as reações em cadeia não conhecidas na época de Kelvin não fossem incluídas). A estimativa de Kelvin para a idade do Sol havia servido para fortalecer sua objeção a uma revisão dos cálculos para a idade da Terra — enquanto o problema da idade do Sol existisse, a discrepância com as estimativas propostas pela geologia não poderia ser completamente resolvida.[38] A resposta para a questão da idade do Sol só veio algumas décadas depois. Em agosto de 1920, o astrofísico Arthur Eddington sugeriu que a *fusão* do núcleo de hidrogênio para formar hélio poderia ser a origem da fonte de energia do Sol.[39] Trabalhando a partir desse conceito, os físicos Hans Bethe e Carl Friedrich von Weizsäcker analisaram uma variedade de reações nucleares para explorar a viabilidade da hipótese. Por fim, na década de 1940, o astrofísico Fred Hoyle (cujo trabalho pioneiro investigaremos no capítulo 8) propôs que reações de fusões nos núcleos das estrelas podiam sintetizar os núcleos entre carbono e ferro. Como observei no capítulo anterior, Kelvin, portanto, estava certo ao declarar em 1862: "Quanto ao futuro, podemos dizer, com igual certeza, que os habitantes da Terra não poderão continuar gozando da luz e do calor [do Sol] essenciais à sua vida por muitos milhões de anos, *a não ser que as fontes agora desconhecidas estejam preparadas no grande depósito da criação* [ênfase nossa]." A solução para o problema da idade do Sol requereria não menos que a combinação da genialidade de Einstein, que mostrou que massa podia ser convertida em energia, com os principais astrofísicos do século XX, que identificaram as reações da fusão nuclear que poderiam levar a essa conversão.

Apesar de os cálculos de Kelvin para a idade da Terra terem sido uma mancada, continuo considerando-os absolutamente brilhantes. Kelvin havia transformado completamente a geocronologia de vaga especulação em uma ciência propriamente dita com base nas leis da física. Seu trabalho pioneiro desencadeou um diálogo fundamental entre geólogos e físicos — diálogo que teve continuidade até a resolução da discrepância. Ao mesmo tempo, o trabalho paralelo de Kelvin no cálculo da idade do Sol apontou claramente para a necessidade de se identificarem novas fontes de energia.

O próprio Charles Darwin estava bastante ciente da importância de eliminar o obstáculo à sua teoria apresentado pelos cálculos de Kelvin. Em sua revisão final de *A origem das espécies*, Darwin escreveu:

> No que diz respeito ao lapso de tempo não ter sido suficiente desde que o nosso planeta foi consolidado para a quantidade assumida de mudanças orgânicas, e à objeção levantada por Sir William Thomson [Kelvin], provavelmente uma das mais graves já propostas, só posso dizer, em primeiro lugar, que não sabemos a que ritmo as espécies mudam em termos de anos e, em segundo, que muitos filósofos ainda não estão dispostos a admitir que sabemos o bastante sobre a constituição do universo e o interior do nosso globo para especularmos com segurança sobre a sua duração passada.[40]

Darwin não viveu para ver como a ideia de Perry para uma Terra convectiva, a descoberta da radioatividade e a compreensão das reações da fusão nuclear no interior das estrelas varreram todos os limites de idade estabelecidos por Kelvin. O fato, no entanto, é que foram os cálculos de Kelvin — ainda que errados — que identificaram o problema a ser resolvido.

Da nossa perspectiva como humanos, um dos principais benefícios de a Terra ter gozado de 4,5 bilhões de anos de energia provinda do Sol foi o surgimento de formas de vida complexas no planeta. Mas os tijolos de todas as formas de vida são as células, e nos anos 1880 os cientistas que usavam a ótica, na época em amplo desenvolvimento, para examinar a estrutura interna das células cunharam o termo "cromossomo" para os corpos fibrosos encontrados no núcleo das células. Pouco depois, o trabalho de Mendel com genes ("fatores", como ele os chamava) foi redescoberto, e o trabalho pioneiro de Thomas Hunt Morgan e seus alunos na Universidade Columbia permitiu o mapeamento das posições dos genes nos cromossomos. Em 1944, uma molécula em particular — o DNA — localizada nos cromossomos começou a chamar atenção. Em pouco tempo, os biólogos perceberam que todas as células recebem suas instruções não das proteínas, mas de duas moléculas, os ácidos nucleicos DNA e RNA. Os biólogos identificaram as moléculas de DNA como os chefes de toda a atividade frenética ocorrida nas células e nas moléculas que conseguem produzir cópias de si mesmas. Foi observado que as moléculas de RNA (ácido ribonucleico) eram as responsáveis por transmitir as instruções dadas pelas moléculas de DNA para o resto da célula. Juntas, essas moléculas contêm toda a informação necessária para fazer uma macieira, uma cobra, uma mulher ou um homem funcionar. As descobertas das estruturas moleculares das proteínas e do DNA estão entre as histórias mais fascinantes da busca pela origem e pelos mecanismos da vida. Ainda assim, estas descobertas também envolveram mancadas de marca maior.

6
INTÉRPRETE DA VIDA

> Nos campos da observação, o acaso favorece apenas a mente preparada.
>
> Louis Pasteur

O auditório do prédio do Laboratório Kerckhoff, do Caltech, raramente estivera tão cheio quanto naquele dia em dezembro de 1950.[1] De acordo com rumores, o famoso químico Linus Pauling estava prestes a revelar algo verdadeiramente dramático — talvez até a solução para um dos maiores mistérios da vida. Quando Pauling finalmente chegou, um de seus assistentes de pesquisa carregava um objeto semelhante a uma grande escultura, coberto por um pano amarrado com uma corda. A palestra em si demonstrou mais uma vez o domínio irrepreensível que Pauling tinha sobre a química, associado ao seu talento para o espetáculo. Depois de manter a audiência ansiosa durante algum tempo, Pauling por fim usou seu canivete para cortar a corda e, como um mágico que tira um coelho da cartola, revelou o que se tornara conhecido como *alfa-hélice*: um modelo tridimensional composto por bastões e bolas da principal característica estrutural de muitas proteínas.

Uma das pessoas que logo depois ouviu falar sobre a apresentação pirotécnica de Pauling, ainda que na época ele estivesse a milhares de milhas de distância em Genebra, Suíça, foi James Watson, que apenas três anos depois descobriria (junto com Francis Crick) a estrutura do DNA. Watson visitava o biólogo molecular suíço Jean Weigle, que por acaso havia acabado de voltar de uma temporada de inverno no Caltech.[2] Apesar de Weigle não poder determinar se o modelo multicolorido de madeira de Pauling estava correto, seu relato sobre a palestra estonteante foi o suficiente para intrigar e motivar Watson. Retornaremos a essa história emocionante ainda neste capítulo.

Em setembro de 1951, o relato da realização científica de Pauling havia ganhado espaço até mesmo nas páginas da revista *Life*, onde uma foto de Pauling, sorrindo e apontando para o seu modelo da alfa-hélice, foi publicada com a manchete "Químicos resolvem um grande mistério: é determinada a estrutura da proteína".[3] O artigo da *Life* não passava de um resumo breve apresentado em termos leigos do que havia sido um ano milagroso na longa carreira de Pauling. Basta observar que a edição de maio de 1951 da *Proceedings of the National Academy of Sciences* continha não menos que sete artigos de Pauling e do seu colaborador, o químico Robert Corey, sobre a estrutura das proteínas, com tópicos que iam do colágeno (a proteína mais abundante nos mamíferos) às hastes das penas. Essa publicação marcou a culminação de quinze anos de pesquisas pioneiras de Pauling.

A estrada para a alfa-hélice

Pauling começou a pensar em proteínas na década de 1930.[4] Seus primeiros artigos sobre o assunto propuseram uma teoria para a hemoglobina — a proteína que contém ferro presente nas células vermelhas.[5] Ele sugeriu que cada um dos quatro átomos de ferro da molécula formava uma ligação química com uma molécula de oxigênio. Trabalhando com o tópico, Pauling foi pioneiro em uma técnica experimental. Ele teve a ideia de que a medição das propriedades magnéticas de algumas proteínas podia fornecer informações importantes sobre a natureza das ligações formadas por átomos de ferro com os grupos ao seu redor. O método de fato provou-se uma ferramenta útil na química estrutural. Pauling usou as características magnéticas com bons resultados, por exemplo, para determinar as intensidades de várias reações químicas.

Por volta da mesma época, Alfred Mirsky, um importante especialista em proteínas, foi para Pasadena a fim de passar um ano trabalhando com o grupo de Pauling.[6] Essa colaboração casual entre dois cientistas tornou-se o ponto de partida para uma jornada de imenso sucesso. Mirsky e Pauling primeiro propuseram[7] que uma proteína nativa — isto é, uma proteína inalterada em seu estado natural dentro da célula — fosse composta por cadeias de aminoácidos chamados de *polipeptídios*, dobrados de forma regular.[8] Pouco depois, Pauling percebeu que uma questão crucial era a natureza precisa dessas dobras. Felizmente, algumas pistas começavam a surgir no início da década de 1930 a partir das experiências com a difração de raios X. Nessa eficiente técnica, os cientistas fazem um feixe de raios X passar por um cristal. Com isso, podem tentar reconstruir a estrutura do cristal (em termos de distâncias entre os átomos e suas orientações mútuas) com base na medida dos raios de difração que saem da amostra. Pauling tinha padrões de difração de raios X à sua disposição, obtidos pelo físico William Astbury de cabelos, lã, chifres e unhas (proteínas conhecidas como *alfa-queratina*).[9] Porém, as imagens de raios X eram difusas e não permitiam determinações confiáveis da estrutura. Ainda assim, essas imagens pareciam indicar que a unidade estrutural se repetia ao longo do eixo do cabelo a cada 5,1 angstrons. (Um angstrom é uma unidade de comprimento equivalente a 100 milionésimos de centímetro.) Dada a qualidade relativamente pobre dos padrões de raios X, Pauling decidiu lidar com o problema do modo oposto: usar a química estrutural — a interação esperada entre átomos — para prever as dimensões e a forma da cadeia polipeptídica, e depois para checar qual das várias configurações em potencial era consistente com as informações deduzidas das imagens de raios X.

Pauling mergulhou de cabeça no trabalho sobre esse enigma no início do verão de 1937, quando finalmente estava livre dos deveres de professor.[10] A imagem 8 do encarte mostra um desenho esquemático do tipo de estrutura geral que ele estava analisando.[11] Ao analisar meticulosamente a ligação química entre o átomo de carbono (representado por "C" na imagem) e o átomo de nitrogênio adjacente (representado por "N"), Pauling concluiu que o carbono, o nitrogênio e os quatro átomos vizinhos (coletivamente chamados de grupo peptídico) tinham que ficar *no mesmo plano*. Essa característica particular era extremamente importante, pois restringia consideravelmente o número de estruturas possíveis, e Pauling, portanto, esperava ser capaz de determinar a configuração correta. A ciência, contudo, raramente toma precisamente o rumo esperado. Apesar de várias semanas de trabalho intenso, Pauling não conseguiu encontrar uma maneira de dobrar as cadeias peptídicas de forma a reproduzir a repetição a cada 5,1 angstrons ao longo do eixo da fibra que os resultados dos raios X parèciam indicar. Frustrado, ele desistiu.

Quando uma hipótese promissora não funciona da forma esperada, os cientistas com frequência tentam melhorar a qualidade dos dados experimentais disponíveis, já que informações de qualidade superior podem revelar indicadores antes indiscerníveis. Nesse espírito, Pauling convenceu Robert Corey a embarcar em um trabalho de longo prazo no intuito de determinar a estrutura de alguns peptídeos simples e aminoácidos — os tijolos das proteínas — usando a cristalografia de raios X.[12] Corey dedicou-se completamente ao estudo, e, em 1948, ele e seus colaboradores do Caltech conseguiram extrair a arquitetura exata de cerca de doze desses compostos. Observando que todas as descobertas de Corey sobre os comprimentos da ligação química e os ângulos entre diferentes partes das moléculas, bem como a *planaridade* (os átomos que se encontravam no mesmo plano) do grupo peptídico, estavam precisamente de acordo com suas próprias fórmulas anteriores, Pauling decidiu revisitar o problema da estrutura da proteína alfa-queratina. Em um relato ditado em 1982 no seu (na época já antigo) ditafone, Pauling relembrou as circunstâncias:

> Na primavera de 1948, eu me encontrava em Oxford, Inglaterra, trabalhando como George Eastman professor do ano e como *fellow* da Balliol College. Peguei um resfriado e precisei ficar de cama por uns três dias. Após dois dias, cansei de ler histórias de detetives e de ficção científica, e comecei a pensar na estrutura das proteínas.[13]

Pauling deu início a essa nova investida para resolver a charada com a suposição de que todos os aminoácidos da alfa-queratina deveriam se encontrar em uma posição estruturalmente semelhante no que dizia respeito à cadeia polipeptídica. Ainda de cama, ele pediu à esposa, Ava Helen, que lhe trouxesse um lápis, uma régua e papel. Mantendo cada grupo peptídico no plano do papel, usando linhas fortes e fracas para indicar os relacionamentos tridimensionais, e circulando ao redor das duas ligações simples com os átomos de carbono (o ângulo da rotação era o mesmo de um grupo peptídico para o próximo), Pauling criou uma *hélice*, estrutura semelhante a uma escada em espiral, na qual a espinha dorsal polipeptídica formava o núcleo da hélice e os aminoácidos se projetavam para fora.[14]

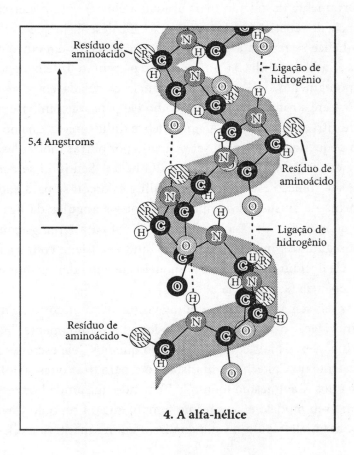

4. A alfa-hélice

A fim de estabilizar a construção, Pauling formou ligações de hidrogênio entre as curvas da hélice, paralelas ao eixo. Ver a imagem 4 do miolo: uma ligação de hidrogênio é aquela em que um átomo de hidrogênio de uma molécula é atraído para um átomo de outra molécula.) Na verdade, ele chegou a duas estruturas que poderiam funcionar, chamando uma de alfa-hélice e a outra de gama-hélice. O fato de Pauling ter conseguido encontrar soluções para o problema com ferramentas tão primitivas atesta o quão crucial havia sido sua descoberta anterior da planaridade do grupo peptídico. Sem ela, o número de possíveis conformações teria sido muito maior. Entusiasmado, Pauling pediu à esposa que lhe trouxesse uma régua de cálculo (há um bom tempo obsoleta, ela era a ferramenta de cálculo mais usada na época) para poder calcular a distância de repetição ao longo do eixo. Ele descobriu que a estrutura da alfa-hélice se repetia a cada dezoito aminoácidos em cinco curvas. Isto é, a alfa-hélice tinha 3,6 aminoácidos por curva. Infelizmente, para o desapontamento de Pauling, a distância calculada entre as curvas era de 5,4 angstrons, e não de 5,1, como ele pensara com base nos padrões de difração de raios X. A gama-hélice tinha uma lacuna no centro que era pequeno demais para ser ocupado por outras moléculas, então Pauling concentrou sua atenção na alfa-hélice. Sentindo-se confiante em que sua solução estava correta, Pauling esforçou-se para encontrar uma forma de ajustar os comprimentos ou os ângulos da ligação no intuito de reduzir a distância calculada de 5,4 para 5,1 angstrons, mas não conseguiu. Assim, apesar de estar muito satisfeito com a sua alfa-hélice, ele decidiu não publicar o modelo até entender melhor a razão da discrepância na distância.

Umas seis semanas depois, Pauling visitou o Laboratório Cavendish, em Cambridge, e o que viu lá o impressionou profundamente. "Eles têm umas cinco vezes mais equipamentos do que nós", ele escreveu para o seu assistente no Caltech, "com instalações para tirar quase trinta imagens de raios X ao mesmo tempo."[15] Temendo que ainda houvesse algo errado no seu modelo e, ao mesmo tempo, que o grupo do Cavendish pudesse ser mais rápido na sua análise, Pauling manteve a alfa-hélice em segredo. Mesmo durante uma discussão com o famoso cientista Max Perutz, na qual este lhe mostrou resultados excitantes sobre a estrutura do cristal de hemoglobina, Pauling decidiu manter suas ideias para si.[16]

O problema, porém, continuava a persegui-lo. Depois de voltar para Pasadena, Pauling pediu ao professor visitante de física Herman Branson que avaliasse cuidadosamente seus cálculos. Pauling estava particularmente interessado em saber se Branson poderia encontrar uma terceira estrutura helicoidal que satisfizesse as restrições de uma ligação peptídica plana e do máximo de ligações de hidrogênio requerido para a estabilidade.[17] Branson e um dos assistentes de pesquisa de Pauling, Sidney Weinbaum, passaram um pente fino nos cálculos de Pauling durante cerca de um ano e concluíram que na verdade havia apenas duas estruturas — a alfa-hélice e a gama-hélice — que satisfaziam todas as restrições. Branson e Weinbaum também confirmaram que a alfa-hélice, a qual era a mais estreita das duas, caracterizava-se por uma distância de 5,4 angstrons entre as curvas.

Pauling agora tinha a opção de simplesmente ignorar a incongruidade com os dados dos raios X e publicar o modelo ou adiar a publicação até que o enigma fosse completamente solucionado. Um artigo enviado para publicação pelo *Proceedings of the Royal Society of London* em 31 de março de 1950 o ajudou a tomar uma decisão.

Eu queria ter deixado você furioso antes

O artigo, intitulado "Polypeptide Chain Configuration in Crystalline Proteins" [Configuração da cadeia polipeptídica em proteínas cristalinas], foi escrito por um trio ilustre: Lawrence Bragg, que ganhou o prêmio Nobel de física em 1915, e dois biólogos moleculares que juntos em 1962 ganhariam o prêmio Nobel de química, John Kendrew e Max Perutz, todos do Laboratório Cavendish, em Cambridge.[18] Na época, esse famoso laboratório era o principal centro do mundo em cristalografia de raios X, Esse método de análise de cristais era em grande parte uma cria de Bragg; ele e seu pai, Sir William Henry Bragg, desvendaram juntos a matemática por trás do fenômeno físico e desenvolveram a técnica experimental.

A ideia por trás da cristalografia de raios X era genial em sua simplicidade.[19] Os físicos já sabiam desde o início do século XIX que se passassem uma luz por uma grade com espaços pequenos, a luz que passava formava um padrão de difração de pontos claros e escuros sobre uma tela do outro lado. Os pontos claros marcavam os locais onde as ondas de luz de aberturas diferentes da grade se combinavam para ampliar uma à outra, enquanto os pontos escuros se formavam onde as diferentes ondas sofriam uma interferência destrutiva (como quando a crista de uma onda era sobreposta em um canal por outra). Os físicos também sabiam, contudo, que a formação desse padrão de difração requeria que os espaços entre as fendas fossem da mesma ordem que o comprimento da onda de luz (a distância entre duas cristas sucessivas). Embora fosse relativamente fácil produzir essas grades finas para a luz visível, era impossível produzi-las para raios X, já que o comprimento da onda dos raios X é alguns milhares de vezes mais fino do que os comprimentos das ondas na parte visível do espectro. A primeira pessoa a se dar conta de que os cristais periódicos naturais poderiam atuar como grades para as experiências com difração de raios X foi Max von Laue. O físico alemão percebeu que as distâncias interatômicas dos cristais eram precisamente da ordem das supostas distâncias das ondas dos raios X. Seguindo os passos de Laue, Lawrence Bragg formulou a lei matemática descrevendo a difração de raios X em uma estrutura cristalina. Surpreendentemente, ele obteve esse importante resultado durante seu primeiro ano como estudante de pesquisa em Cambridge. A equipe de pai e filho construiu o espectrômetro de raios X que lhe permitiu analisar a estrutura de muitos cristais. Lawrence Bragg até hoje é a pessoa mais jovem a ter ganhado um prêmio Nobel. (Ele o ganhou aos 25 anos!)

Dado esse formidável legado, podemos imaginar que, quando Pauling viu o título do artigo de Bragg, Kendrew e Perutz, seu coração pulou. Os primeiros dois parágrafos do artigo de fato davam a impressão de que a equipe de Bragg poderia tê-lo vencido: "As proteínas são formadas por longas cadeias de resíduos de aminoácidos... Neste artigo, será feita uma tentativa de se colher o máximo possível de informações sobre a natureza da cadeia a partir dos estudos com raios X das proteínas cristalinas e de se avaliar os possíveis tipos de cadeias consistentes com as evidências disponíveis."[20] Pauling leu rapidamente as 37 páginas do artigo e ficou aliviado ao descobrir que, embora os pesquisadores de Cavendish descrevessem cerca de vinte estruturas, a alfa-hélice não estava entre elas. Ademais, eles concluíram que nenhuma das estruturas analisadas era aceitável como modelo para a alfa-queratina. Pauling concordou alegremente com essa conclusão, em especial porque achava que a equipe de Bragg não havia aplicado a restrição mais importante para a sua configuração, mas impusera um limite que ele considerou completamente desnecessário. Por um lado, nenhum dos modelos de Bragg presumia a planaridade do grupo peptídico, algo de que Pauling estava inteiramente seguro. Por outro, a equipe de Cavendish parecia estar presa à noção de que, em cada curva completa das suas estruturas helicoidais, era necessário haver um *número inteiro* de aminoácidos. A alfa-hélice de Pauling rompia com a tradição e tinha cerca de 3,6 aminoácidos por curva, e ele não via nada de errado nisso. Com uma experiência na cristalografia de raios X, Bragg também aderia religiosamente à aparente distância de 5,1 angstrons entre as curvas sugeridas pelos dados de Astbury. Perutz mais tarde descreveria que, para dar início ao trabalho da equipe, Bragg martelou pregos representando resíduos de aminoácidos em um cabo de vassoura seguindo um padrão helicoidal com uma distância axial entre as sucessivas curvas de 5,1 centímetros.[21]

Pauling sempre foi extremamente competitivo.[22] Apesar de ter ficado satisfeito ao ver que a equipe de Cambridge havia deixado passar alguns pontos cruciais, a publicação do artigo de Bragg o motivou pelo medo de ser superado. Em outubro de 1950, ele e Corey enviaram um bilhete curto descrevendo a alfa-hélice e a gama-hélice para o *Journal of the American Chemical Society*.[23] Por volta da mesma época, alguns resultados encorajadores provinham de outro grupo de pesquisa britânico dos Laboratórios Courtaulds Research. Clement Bamford, Arthur Elliot e seus colaboradores obtiveram sucesso na produção de fibras de polipeptídios sintéticos. Para o prazer de Pauling, imagens de difração de raios X dessas fibras mostravam claramente que a distância de repetição ao longo do eixo era de 5,4 angstrons — o que estava de acordo com as descobertas de Pauling — em vez de 5,1 angstrons. Isso levantou a suspeita de que a última característica das imagens de raios X de cabelos poderia simplesmente ser um artefato produzido por reflexões sobrepostas, e não uma dica importante sobre a estrutura. Cada vez mais convencido de que essa interpretação era verdadeira, Pauling mandou um artigo assinado por ele, Corey e Branson que continha uma explicação detalhada sobre a alfa-hélice e a gama-hélice.[24] A data do envio do artigo não poderia ter sido mais apropriada — o dia do 50º aniversário de Pauling, 28 de fevereiro de 1951.

Por acaso, há uma história interessante sobre o uso do termo "hélice" que ouvi do químico Jack Dunitz, que na época fazia pós-doutorado com Pauling. Dunitz lembrou que, em 1950, Pauling usava o termo "espiral" para descrever a estrutura da alfa-queratina. Mesmo na curta correspondência de Pauling e Corey com o *Journal of the American Chemical Society*, eles escreviam exclusivamente sobre espirais. Certo dia, de acordo com Dunitz, ele observou para Pauling que pensava que a palavra "espiral" se referia apenas à forma plana bidimensional, enquanto a forma tridimensional deveria ser chamada de "hélice".[25] Pauling respondeu que uma espiral tanto poderia ser bidimensional quanto tridimensional, mas acrescentou que, pensando melhor, gostava mais da palavra "hélice". Quando o longo manuscrito de Pauling, Corey e Branson foi enviado, ele evitava a palavra "espiral" por completo. Seu título: "The Structure of Proteins: Two Hydrogen-Bonded Helical Configurations of the Polypeptide Chain" [A estrutura das proteínas: duas configurações helicoidais formadas por ligações de hidrogênio da cadeia polipeptídica]. Pauling, então, estava tão confiante do seu modelo que, após a publicação desse artigo, ele e Corey publicaram ainda uma série de outros artigos sobre as dobras das cadeias polipeptídicas.

Naquela primavera na Inglaterra, Max Perutz foi certa manhã de sábado à biblioteca e encontrou na última edição de *Proceedings of the National Academy of Sciences* a série de artigos de Pauling. Cerca de 36 anos depois, ele descreveu o que sentiu naquela manhã (a linguagem é um tanto técnica, mas as emoções são cristalinas):

> Fiquei chocado com o artigo de Pauling e Corey. Ao contrário das minhas hélices e de Kendrew, as deles estavam livres de qualquer tensão; todos os grupos amida eram planos e todos os grupos carboxila formavam uma ligação de hidrogênio perfeita com um grupo amina quatro resíduos à frente na cadeia. A estrutura parecia completamente correta. Como eu poderia não ter percebido isso? Por que eu não havia mantido os grupos amina planos? Por que havia me prendido cegamente à repetição de 5,1 angstrons de Astbury? Por outro lado, como a hélice de Pauling e Corey poderia estar certa, por melhor que fosse a sua aparência, se apresentava a repetição errada? Minha mente estava perturbada. Fui almoçar em casa e comi sem ouvir a conversa dos meus filhos e sem responder às perguntas da minha esposa sobre o que havia de errado comigo naquele dia.[26]

Pensando um pouco mais sobre o modelo de Pauling, Perutz se deu conta de que a alfa-hélice parecia uma escada em caracol, em que os resíduos de aminoácidos (marcados por "R" na imagem 4, página 119) formavam os "degraus". A altura de cada degrau era de cerca de 1,5 angstrom. A teoria da difração de raios X de Bragg, portanto, previa a existência de padrões de reflexão de raios X nunca reportados, separados por 1,5 angstrom, de planos perpendiculares ao eixo da fibra. Nenhum dos modelos do grupo de Bragg teria produzido essa característica, enquanto ela seria uma marca distinta da alfa-hélice de Pauling.

Quando estava prestes a concluir que a ausência dessas reflexões nos dados de Astbury era o suficiente para refutar o modelo de Pauling, Perutz de repente lembrou que a configuração experimental em particular de Astbury — com as fibras orientadas de forma que seus longos eixos eram perpendiculares ao feixe de raios X — não teria permitido a detecção do padrão de 1,5 angstrom. Em vez disso, seus cálculos previam que as condições ideais para a observação da reflexão teriam requerido a inclinação das fibras a um ângulo de 31 graus.

Perutz sentiu-se absolutamente compelido a fazer o teste crucial de imediato. Ele voltou para o laboratório, pegou um pelo de cavalo que tinha em um armário, o inseriu no aparato no ângulo calculado para ser favorável à detecção da reflexão, colocou um filme ao redor dele (em vez de usar a placa plana da câmera de Astbury, que era estreita demais e poderia ter deixado passar as reflexões desviadas nos ângulos maiores) e liberou o feixe de raios X. As poucas horas que transcorreram antes de ele obter o filme foram uma verdadeira agonia, mas por fim Perutz conseguiu a resposta. A forte reflexão prevista pela alfa-hélice a um espaço de 1,5 angstrom estava comprovada!

A primeira coisa que Perutz fez de manhã na segunda-feira foi mostrar a imagem de raios X para Bragg. Bragg se perguntou o que, de repente, dera a Perutz a ideia de concluir esse teste definitivo. Perutz respondeu que estava furioso consigo mesmo por não ter pensado na alfa-hélice. Bragg respondeu com o que se tornou uma frase imortal: "Eu queria ter deixado você furioso antes!"

O diagrama da vida

Nem tudo que Pauling escreveu na famosa série de artigos publicada em 1951 estava correto. Uma análise cuidadosa de toda a obra produzida por ele naquele ano revela inúmeros erros. Em particular, a gama-hélice acabaria por ser abandonada. Essas pequenas falhas, contudo, não subtraem nada da maior realização de Pauling: a alfa-hélice e seu papel proeminente na estrutura das proteínas. A contribuição de Pauling para a nossa compreensão da natureza da vida foi substancial. Ele foi um dos primeiros cientistas a ver que, em vez da sua complexidade inerente, a biologia é uma ciência essencialmente molecular complementada pela teoria da evolução.[27] Já em 1948, ele escreveu com perspicácia: "Para entender todos os incríveis fenômenos biológicos, precisamos compreender os átomos e as moléculas que eles formam ao se combinarem; e não podemos nos satisfazer com uma compreensão das moléculas simples... Devemos aprender também sobre a estrutura das moléculas gigantes dos organismos vivos."[28]

A influência de Pauling sobre a teoria geral e a metodologia da biologia molecular é igualmente impressionante. Em primeiro lugar, em seu livro seminal de 1939, *The Nature of the Chemical Bond and the Structure of Molecules and Crystals: An Introduction to Modern Structural Chemistry* [A natureza das ligações químicas e a estrutura de moléculas e cristais: uma introdução à química estrutural moderna], ele observou profeticamente sobre a importância das ligações de hidrogênio para as biomoléculas: "Acredito que, à medida que os métodos da química estrutural forem aplicados aos problemas fisiológicos, será descoberto que a importância da ligação de hidrogênio para a fisiologia é maior do que a de qualquer outro elemento estrutural."[29] De fato, a estrutura de muitas moléculas orgânicas, das proteínas aos ácidos nucleicos, confirmou inteiramente essa previsão.

Em segundo lugar, Pauling introduziu a construção de modelos e a transformou em uma forma de arte profética baseada em regras rígidas da química estrutural. Mesmo os modelos CPK coloridos* desenvolvidos pelo Caltech se tornaram um item popular na arena da pesquisa macromolecular.[30] Esses modelos, produzidos para os laboratórios pela oficina do Caltech, em 1956 valiam até 1.220 dólares para um conjunto contendo cerca de seiscentos modelos atômicos.

O uso de padrões de difração de raios X por Pauling, não como ponto de partida, mas como o melhor árbitro entre os palpites sofisticados, também se mostrou extremamente eficaz — Watson e Crick estavam prestes a aplicar a mesma abordagem à estrutura do DNA.

---

* Um código de cores para distinguir átomos de elementos químicos em modelos moleculares, inventado por Robert Corey e Linus Pauling, melhorado por Walter Koltun, e nomeado a partir dos três. (*N. da E.*)

Pauling fez outra observação notável sobre a genética durante uma palestra de 1948, mas, ao que parece, nem ele percebeu todas as suas implicações na época. Na primeira parte da palestra, Pauling lembrou à plateia:

> O monge gregoriano Mendel observou que a herança de características por plantas de ervilhas, como a característica da altura ou do ananismo, ou a de ter flores roxas ou brancas, poderia ser entendida com base nas unidades hereditárias transmitidas do pai para o filho. Thomas Hunt Morgan e seus colaboradores identificaram essas unidades com genes arranjados em um vetor linear nos cromossomos.[31]

Depois, quando se aproximava do fim da palestra, ele acrescentou o seguinte comentário:

> O mecanismo detalhado por meio do qual um gene ou a molécula de um vírus produz réplicas de si mesmo ainda não é conhecido. Em geral, o uso de um gene ou vírus como modelo levaria à formação de uma molécula de estrutura idêntica, mas com uma estrutura complementar. É possível, é claro, que uma molécula seja ao mesmo tempo idêntica e complementar ao modelo segundo o qual foi moldada. No entanto, parece-me improvável que esse caso seja válido de uma forma geral, exceto nas seguintes circunstâncias: *Se a estrutura que serve de modelo (o gene ou a molécula de um vírus) consiste em, digamos, duas partes, as quais são complementares na estrutura, então cada uma dessas partes pode servir como molde para a produção de uma réplica da outra parte, e o complexo de duas partes complementares pode servir de molde para a produção de duplicatas de si próprio* [ênfase nossa].[32]

Como veremos em breve, se Pauling houvesse se lembrado do próprio discurso quatro anos depois, quando tentava determinar a estrutura do DNA, poderia ter evitado uma mancada terrível.

Pauling começou a voltar sua atenção para o DNA apenas no verão de 1951. Até o início da década de 1950, a maioria dos cientistas da vida endossava o paradigma da proteína: a visão de que as proteínas, e não os ácidos nucleicos, formavam a fundação da vida e eram agentes cruciais na reprodução, no crescimento e na regulação. As raízes desse ponto de vista poderiam ser rastreadas até o biólogo Thomas H. Huxley (o "Buldogue de Darwin"), que acreditava que o protoplasma — a parte viva da célula — era a fonte dos atributos da vida. As proteínas, que são constituídas de aminoácidos dispostos em uma longa cadeia, compõem uma grande fração de todas as células vivas, enquanto os ácidos nucleicos, como implica seu nome, foram encontrados primeiro nos núcleos das células.

O trabalho inicial do bioquímico Phoebus Levene sobre a estrutura e a constituição dos ácidos nucleicos não ajudou a atrair interesse por essas moléculas. Se seus estudos tiveram algum efeito, foi o oposto. Levene conseguiu distinguir o ácido desoxirribonucleico (DNA) do ácido ribonucleico (RNA), e identificou algumas de suas propriedades.[33] Mas os seus resultados produziram a impressão de que estas eram substâncias muito simples e desinteressantes, inaptas às complexas tarefas de governar o crescimento e a replicação. Nas palavras do citologista Edmund Beecher Wilson (em 1925): "Os ácidos nucleicos do núcleo são notavelmente uniformes... Nesse aspecto, eles exibem um contraste substancial em relação às proteínas, que, sejam simples ou conjugadas, parecem ser de uma variedade inesgotável."[34] Essa impressão predominou durante a década de 1940. Na época, achava-se que o DNA era composto por cadeias sem ramificações de unidades chamadas *nucleotídeos*. Os próprios nucleotídeos também pareciam bastante descomplicados, cada um contendo três subunidades: um grupo *fosfato* (um átomo de fósforo ligado a quatro átomos de oxigênio), um *açúcar* de cinco carbonos e um de quatro *bases* nitrogenadas. As quatro bases eram: *citosina* e *timina*, de anel simples; e *adenina* e *guanina*, ambas de duplo anel.

5. Bases nitrogenadas

O que ainda não se conhecia, mesmo em 1951, era a estrutura propriamente dita: como exatamente as subunidades se conectavam umas às outras para formar nucleotídeos, bem como a natureza das ligações entre os próprios nucleotídeos. Entretanto, embora tudo isso parecesse muito interessante de uma perspectiva química, no final de 1951 a maioria dos geneticistas ainda acreditava que o único papel do DNA era estrutural, talvez atuando como uma plataforma para as proteínas mais sofisticadas, e não estando diretamente relacionado à hereditariedade.[35]

Isso surpreende um pouco, já que, em um arquivo publicado em 1944, os biólogos Oswald Avery, Colin MacLeod e Maclyn McCarty forneceram fortes evidências experimentais de que o material genético era formado por células vivas compostas de DNA. Avery e seus colegas criaram grandes quantidades de bactérias virulentas e, depois de conseguirem separá-las em constituintes bioquímicos, concluíram que as moléculas de DNA — e não proteínas ou gorduras — eram os componentes responsáveis pela conversão de bactérias inofensivas em bactérias virulentas.[36] Em uma carta de maio de 1943 descrevendo os resultados para o seu irmão, um bacteriologista chamado Roy, Avery concluiu: "Então, aí está a história, Roy — correta ou errada, foi muito divertido e uma perda de tempo."[37] A razão por que as descobertas de Avery não receberam a atenção merecida talvez estivesse relacionada ao fato de que, como nenhum dos três cientistas era geneticista, suas conclusões foram formuladas com tamanho cuidado que muitos cientistas não conseguiram apreciar sua verdadeira importância.[38] A declaração presente no artigo afirmava: "Se for comprovado acima de quaisquer dúvidas razoáveis que a atividade de transformação do material descrito de fato é uma propriedade inerente ao ácido nucleico, ainda assim é necessário usar uma base química para a especificidade biológica da sua ação." Contudo, leitores mais atentos deveriam ter prestado atenção ao resumo do artigo: "Os dados obtidos... indicam que, dentro dos limites dos métodos, a fração ativa não contém nenhuma proteína demonstrável... e consiste principalmente, se não unicamente, em uma forma altamente polimerizada e viscosa de ácido desoxirribonucleico [DNA]."

Pauling conhecia o trabalho de Avery, mas mesmo ele admitiu em uma entrevista posterior que, na época, não acreditava que o DNA tivesse uma relação relevante com a hereditariedade: "Eu conhecia a alegação de que o DNA era o material hereditário. Mas eu não a aceitava; estava tão satisfeito com as proteínas que pensei que elas provavelmente eram o material hereditário, e não o ácido nucleico." O químico Peter Pauling, filho de Linus, também afirmou que essa realmente fora a atitude de seu pai. Em um artigo curto escrito em 1973, Peter relatou: "Para o meu pai, ácidos nucleicos eram substâncias químicas interessantes, da mesma forma que o cloreto [sal de mesa] é uma substância química interessante, e ambos apresentavam problemas estruturais interessantes."[39]

Não obstante, perto do fim de 1951, um artigo incomum escrito pelo biólogo Edward Ronwin, na época na Universidade da Califórnia em Berkeley, intrigou Pauling o suficiente para levá-lo a agir.[40] O artigo, intitulado "A Phospho-tri-anhydride Formula for the Nucleic Acids"

[Fórmula do fosfo-tri-anidrido para os ácidos nucleicos], foi publicado em novembro de 1951. Nele, Ronwin propunha um novo "desenho" para o DNA, no qual cada átomo de fósforo era conectado a cinco átomos de oxigênio, enquanto Pauling — o químico estrutural consumado — estava absolutamente convencido de que cada átomo de fósforo tinha que se ligar a apenas quatro de oxigênio. Irritado, Pauling rapidamente enviou um comunicado ao editor do *Journal of the American Chemical Society* (junto com o químico Verner Schomaker) no qual eles primeiro observavam que, "ao se formular uma estrutura hipotética para uma substância, deve-se ter cuidado a fim de que os elementos usados sejam razoáveis".[41] Sua conclusão era ainda mais desdenhosa: "A ligação de cinco átomos de oxigênio com cada átomo de fósforo é uma característica tão improvável" que a fórmula proposta para o DNA "não merece nenhuma consideração séria". Ronwin retorquiu apontando que existiam outras substâncias nas quais o fósforo se ligava a cinco átomos de oxigênio.[42] Pauling e Schomaker tiveram que retirar sua declaração depreciativa, mas continuaram insistindo, corretamente, em que estruturas desse tipo eram extremamente sensíveis à umidade, o que as tornava candidatas improváveis para o DNA.[43] Essa discussão teria sido insignificante não fosse pelo fato de ter levado Pauling a pensar em como o DNA poderia ser construído. A fim de fazer progresso, contudo, ele precisava de imagens de raios X de alta qualidade do DNA, já que as impressas disponíveis eram antigas imagens obtidas por William Astbury e Florence Bell em 1938 e 1939. Infelizmente, não era fácil encontrar boas imagens de raios X. O Caltech produziu novas imagens no início da década de 1950, mas, surpreendentemente, elas tinham uma qualidade inferior às de Astbury e Bell. Enquanto pesava suas opções, Pauling soube que Maurice Wilkins, da King's College de Londres, havia gerado o que era descrito como "boas imagens de fibra do ácido nucleico".[44] Decidindo que não tinha nada a perder, Pauling escreveu para Wilkins perguntando se ele poderia compartilhar as imagens. O que Pauling não sabia, contudo, era que a atividade ao redor do DNA na Inglaterra se aproximava rapidamente de um verdadeiro frenesi.

Enquanto isso, na Inglaterra

Três eventos separados, todos sucedidos em 1951, provaram-se decisivos para a "corrida" para revelar a estrutura do DNA.[45] Naquele ano, Francis Crick, então com 35 anos, trabalhava em Cambridge para obter um Ph.D. em biologia depois de ter ficado entediado com a física. (Ele mais tarde descreveu seu trabalho sobre a viscosidade da água como "o problema mais monótono imaginável".) Sua experiência com matemática seria crucial para as descobertas prestes a serem feitas. No mesmo ano, James Watson, de 23 anos, chegou a Cambridge para aprender sobre a difração de raios X com Max Perutz. Watson havia obtido seu Ph.D. na Universidade de Indiana acerca dos efeitos dos raios X sobre os vírus e mais tarde fez um treinamento em química de ácidos nucleicos na Universidade de Copenhagen. Além disso, em 1951, Rosalind Franklin, de 31 anos, chegou à King's College após ter concluído três anos de pesquisa em Paris, onde havia se especializado em técnicas de difração de raios X.

Franklin, que vinha de uma erudita família de banqueiros, obtivera seu Ph.D. em Cambridge em 1945. Quando ela chegou à King's College, o físico Maurice Wilkins esperava que, sendo ela uma cristalógrafa bem-sucedida, poderia ajudá-lo em seus estudos da estrutura molecular. O fato de Wilkins esperar isso de Franklin não surpreende, já que na época, de acordo com o relato de Watson, "o trabalho molecular sobre o DNA na Inglaterra era, para todos os propósitos práticos, propriedade privada de Maurice Wilkins".[46] Isso, porém, não era tudo que Franklin tinha em mente ao se inscrever para ingressar na King's, e ela tinha boas razões para isso. Sir John Randall, diretor da Unidade de Pesquisa em Biofísica da instituição, havia escrito uma carta para ela na qual descrevia o trabalho que Franklin faria nos seguintes termos: "Isso significa que, no que diz respeito ao trabalho experimental com raios X, no momento haverá apenas você e Gosling [Raymond Gosling, na época estudante de graduação], além de uma assistência temporária de uma graduanda de Syracuse, a senhora Heller."[47] Franklin teve, portanto, a impressão lógica de que seria sua própria chefe no trabalho com DNA — uma atitude que estava claramente em conflito com as suposições de Wilkins. Por consequência, Franklin e Wilkins estavam fadados a não se entenderem, e foi o que aconteceu. Mais tarde, acabaram trabalhando separadamente, apesar de dividirem o mesmo laboratório.

Ao contrário, Watson e Crick, que dividiam um escritório em Cambridge, se deram bem assim que se conheceram. Watson descreveu Crick como "sem dúvida, a pessoa mais inteligente com quem já trabalhei, a mais próxima de Pauling que já vi".[48] Os dois tinham experiências, traços e temperamentos muito diferentes, mas complementares. Como Crick observou em uma entrevista, "O interessante era que a experiência dele [de Watson] era com bacteriófagos, sobre os quais eu havia apenas lido e não conhecia em primeira mão, e a minha experiência era com cristalografia, sobre a qual ele havia apenas lido e não conhecia em primeira mão."[49] É divertido ler sobre como eles descreviam um ao outro. Ao se referir à segurança de Crick, à inteligência travessa e ao hábito de falar o que lhe viesse à mente, Watson escreveu: "Nunca vi Francis Crick em um estado de espírito modesto."[50] Ele ainda acrescentou que Crick "falava mais alto e mais rápido do que qualquer outra pessoa". Por outro lado, Crick escreveu sobre Watson: "Jim era definitivamente mais direto que eu."[51] Apesar das experiências diferentes, algo os conectou desde o seu primeiro contato. Crick suspeitava que isso se devia ao fato de ambos terem "uma certa arrogância jovem, uma implacabilidade e uma impaciência com o raciocínio medíocre". Seus processos mentais também eram muito semelhantes. Nas palavras de Crick, "Ele foi a primeira pessoa que eu conhecera que pensava da mesma forma que eu sobre a biologia... Decidi que a genética era a parte realmente essencial, o que os genes eram e o que faziam".

Há ainda outra coisa que fez da colaboração Watson-Crick algo poderoso. Como nenhum era mais antigo na carreira do que o outro, eles podiam ser de uma honestidade brutal na crítica às ideias um do outro. Esse tipo de honestidade intelectual às vezes está ausente em relacionamentos dificultados pelas cortesias formais, em que um se curva à superioridade ou à posição hierárquica mais elevada do outro. Foi assim que o próprio Crick descreveu sua interação com Watson: "Se algum de nós sugeria uma ideia, o outro, mesmo que a levando a sério, tentava destruí-la de forma honesta, mas sem hostilidade."⁵² De acordo com Crick, Watson "estava determinado a descobrir o que eram os genes e esperava que a identificação da estrutura do DNA ajudasse".⁵³ E ele estava correto.

Talvez você se pergunte o que convenceu Watson e Crick de que a estrutura do DNA era identificável, e não um caos irregular. É provável que tenha sido uma palestra dada por Maurice Wilkins em um encontro em Nápoles, na Itália, na primavera de 1951 — encontro ao qual Watson compareceu. Wilkins conseguiu extrair fibras extremamente finas do acetato de sódio do DNA e produzir imagens de raios X muito superiores às de Astbury e Bell. As imagens mostravam uma forma cristalina de DNA, o que indicava para Watson que a estrutura era regular. Essas eram as mesmas imagens que Pauling pedira a Wilkins.

Quando recebeu a carta de Pauling, Wilkins, que estava inteiramente ciente das habilidades de Pauling quando o assunto era a estrutura molecular, não sabia o que fazer. Enfim, ele respondeu com educação que as imagens não poderiam ser compartilhadas até que ele tivesse a oportunidade de fazer algumas investigações adicionais. Pauling não desistiu e decidiu tentar a sorte com Randall apenas para receber outra recusa com a justificativa de que "não seria justo com eles [Wilkins e seus colaboradores], ou com o trabalho do nosso laboratório como um todo, entregá-las a você".⁵⁴ Assim, no fim de 1951, Pauling continuava sem acesso a imagens de raios X de uma qualidade razoável.

Enquanto isso, Watson e Crick se tornavam cada vez mais obcecados pelo desejo de vencer Pauling na decifração da estrutura do DNA. O bioquímico austro-americano Erwin Chargaff, que conheceu Watson e Crick em maio de 1952, apresentou uma descrição bem-humorada da dupla dinâmica: "Um, de 35 anos de idade; a aparência de um velho agente de apostas, algo saído de Hogarth...* O outro, bastante subdesen-

---

* Pintor, cartunista, sátiro e crítico social britânico que viveu no século XVIII. [N. da T.]

volvido para 23 anos, um sorriso mais astuto do que tímido; diz pouco, nada de impactante."⁵⁵ Mais engraçada ainda é a descrição de Chargaff da ambição dos dois cientistas: "Até onde pude perceber, eles queriam, não importava o conhecimento da química envolvida, encaixar o DNA em uma hélice.⁵⁶ A principal razão parecia ser o modelo da alfa-hélice de Pauling da proteína." De fato, apesar de Pauling não saber disso, Watson (em particular) e Crick (de certa forma) acreditavam estar em uma corrida contra ele.

Não devemos ter a impressão de que Pauling foi o primeiro a introduzir os modelos helicoidais, mas ele certamente teve um papel crucial em tornar esses modelos a opção escolhida para moléculas de importância para a biologia. Ao introduzir um número decimal de aminoácidos por curva em seu modelo da alfa-hélice, Pauling expandiu os horizontes dos cristalógrafos estruturais tradicionais. Por conseguinte, as pesquisas da interpretação dos padrões de difração de raios X de estruturas helicoidais receberam uma grande colaboração, estabelecendo as ferramentas para a eventual decifração do DNA. Como Crick descreveu o pensamento geral da época: "Olhando para trás, você seria excêntrico se não pensasse que o DNA era helicoidal."⁵⁷

Perto do final de 1951, os eventos começaram a progredir com rapidez. No dia 21 de novembro de 1951, Watson fez uma viagem a Londres para assistir a um seminário de Rosalind Franklin. Apesar de ele não ter aprendido muitas coisas novas, mal se passou uma semana antes que ele e Crick produzissem seu primeiro modelo para a estrutura do DNA.⁵⁸ O modelo consistia em três filamentos e apresentava uma espinha dorsal interna de fosfato de açúcar, com as bases apontando para fora. A principal motivação para esse desenho em particular era simples: já que as bases eram de diferentes tamanhos e formatos (duas eram de anel simples e duas eram de anel duplo; vide a imagem 5, página 130), Watson e Crick não viram como o DNA cristalino poderia produzir um padrão altamente regular, a não ser que as bases não apresentassem grande relação na arquitetura central.

Seguindo um conselho de John Kendrew, a dupla revigorada convidou a equipe da King's College para ver seu modelo, embora Crick mais tarde tenha admitido que não se sentiu muito à vontade para enviar o convite tão cedo. O convite foi aceito de pronto: o grupo de Maurice Wilkins, Rosalind Franklin, Raymond Gosling e William Seeds (outro membro da Unidade de Pesquisa em Biofísica) apareceu em Cambridge no dia seguinte.

A apresentação do primeiro modelo de Watson e Crick foi um desastre total. Franklin não apenas questionou todas as suposições básicas, da estrutura helicoidal às forças que deveriam manter a união no centro, como também apontou que o suposto conteúdo aquoso estava completamente errado, pois o DNA era uma molécula "sedenta", invalidando todos os cálculos da densidade de Watson.[59] Ao que parece, parte do erro se devia ao fato de Watson não ter entendido um termo cristalográfico que Franklin usara em seu seminário uma semana antes. Essa confusão infeliz levou Crick a acreditar que o número de possíveis configurações era bastante limitado.

O fiasco teve consequências significativas: Watson e Crick foram essencialmente proibidos de dar continuidade ao seu trabalho com o DNA, e toda a pesquisa sobre o DNA deveria ser restringida exclusivamente à King's College de Londres. Geralmente, presume-se que os diretores dos dois laboratórios, Randall e Bragg, pediram uma moratória para trabalhos adicionais sobre o DNA de Watson e Crick. Entretanto, em 2010, Alexander Gann e Jan Witkowski, do Laboratório Cold Spring Harbor, em Nova York, descobriram correspondências perdidas muito tempo atrás de Francis Crick.[60] No final das contas, as cartas haviam se misturado com documentos do biólogo Sydney Brenner, com quem Crick dividira um escritório entre 1956 e 1977. A correspondência recuperada oferece uma nova perspectiva para as circunstâncias da suspensão da pesquisa sobre o DNA. Em uma carta formal datada de 11 de dezembro de 1951, Maurice Wilkins escreveu para Crick:

> Temo que a média dos votos de opinião aqui [na King's College], com muita relutância e pesar, seja contra a sua proposta de dar continuidade ao trabalho com a. n. [ácidos nucleicos] em Cambridge. Foi apresentado um argumento para mostrar que suas ideias provêm diretamente de afirmações feitas em um seminário, e isso me parece tão convincente quanto o seu próprio argumento de que sua abordagem surgiu de forma inesperada.[61]

Wilkins, continuando a assumir o papel de mediador entre a King's e o Cavendish, acrescentou: "Acho que é muito importante que seja alcançado um entendimento a fim de que todos os membros do nosso laboratório, tal qual no passado, possam no futuro se sentir livres para discutir seu trabalho e trocar ideias com você e seu laboratório. Somos duas Unidades de C. P. M. [Conselho de Pesquisa Médica] e dois Departamentos de Física com muitas conexões." Wilkins sugeriu ainda que Crick deveria mostrar a carta a Max Perutz, e lhe informou que daria uma cópia a Randall. No mesmo dia, Wilkins também mandou uma carta mais pessoal, escrita à mão, para Crick, na qual confessava que teve que "impedir Randall de escrever para Bragg queixando-se do seu comportamento". O rascunho de uma resposta escrito por Watson e Crick dois dias depois indica que "todos concordamos que devemos chegar a um acordo amigável".[62] Watson, porém, não seria impedido de ao menos cogitar sobre o DNA por uma decisão administrativa.

Enquanto isso, Franklin fazia progressos significativos. Em primeiro lugar, ela descobriu que o DNA ocorria em duas configurações bastante diferentes.[63] Uma forma, que rotulou de "A", era cristalina. A outra, a forma "B", era mais extensa e continha mais água. Uma das consequências da existência dessas duas conformações era que as imagens de difração de raios X das amostras de DNA pareciam confusas a não ser que fossem produzidas a partir de uma forma pura. Franklin passou os primeiros cinco meses de 1952 produzindo amostras puras tanto da forma A quanto da forma B, conseguindo extrair fibras individuais de cada forma, e projetando e reconfigurando sua câmera de raios X para obter imagens de alta resolução. Como veremos em breve, uma das imagens que ela produzira da forma B "mais molhada", rotulada como "foto 51" (vide imagem 9 do encarte) estava prestes a se tornar crucial para a compreensão da estrutura do DNA. Infelizmente, como Franklin decidiu usar um método específico de análise, ela e Gosling se concentraram primeiro nas imagens mais detalhadas de raios X da forma A, negligenciando o padrão de raios X mais simples, mas revelador, da foto 51 por quase nove meses!

Em todas as suas pesquisas, Franklin exibia uma diferença marcante entre o seu modo de pensar e o de Pauling. Franklin abominava "palpites educados" e métodos heurísticos. Em vez disso, ela insistia em usar dados extraídos de raios X para chegar à resposta certa. Por exemplo, embora não objetasse, em princípio, as estruturas helicoidais, ela se recusava absolutamente a *presumir* a sua existência como uma hipótese de trabalho.[64] Watson e Crick, ao contrário, adotavam inteiramente a abordagem e os métodos de Pauling, e não se prendiam a metodologias formais. Nas palavras de Crick, "Ele [Watson] só queria a resposta, e não importava se a obtivesse por métodos seguros ou baratos. Tudo que ele queria era encontrá-la o mais rápido possível."[65]

Surpreendentemente, nem Watson nem Crick ou Pauling sabiam na época que, já em 1951, Elwyn Beighton produzira no laboratório de Astbury, na Universidade de Leeds, excelentes imagens de raios X da forma B alongando e molhando as fibras de DNA.[66] Entretanto, como Astbury e Beighton aparentemente achavam que isso representava uma mistura em vez de uma configuração pura (já que o padrão de raios X era mais simples do que as imagens de Astbury-Bell), eles não anunciaram a existência dessas imagens. Infelizmente para Astbury e Beighton, nenhum dos dois estava familiarizado com a aparência apresentada por uma hélice em imagens de raios X. Foi assim que o laboratório de Leeds perdeu uma oportunidade de ter um papel significativo na história do DNA.

De volta aos Estados Unidos, Pauling tentava fazer mágica outra vez com o DNA no intuito de replicar seu feito com as proteínas. As imagens de raios X disponíveis mostravam uma forte reflexão a aproximadamente 3,4 angstrons, mas nada além disso. Como ponto de partida, Pauling reexaminou o artigo de Ronwin. Apesar de estar convencido de que a estrutura proposta por Ronwin para o DNA, com o átomo de fósforo conectado a cinco átomos de oxigênio, estava completamente errada, algo na sugestão de Ronwin atraiu sua atenção. Ronwin colocara as quatro bases na parte externa da estrutura e os fosfatos no meio. Para Pauling, isso parecia fazer sentido, precisamente pela mesma razão que Watson e Crick haviam colocado as bases na parte externa na sua primeira tentativa. (Pauling não estava ciente do modelo totalmente equivocado.) Seguindo essa linha de pensamento, Pauling embarcou mais uma vez no que ficaria conhecido como seu "método estocástico". A ideia era usar princípios químicos para reduzir a lista de possíveis estruturas às mais plausíveis, e depois construir modelos tridimensionais destas a fim de eliminar configurações que fossem muito apertadas ou folgadas. Após isso, ele poderia comparar a organização da "melhor aposta" obtida ao padrão experimental de difração de raios X.

Tendo obtido grande sucesso com esse método em ocasiões anteriores, Pauling achava que sabia exatamente que passos seguir. Em primeiro lugar, ele tinha poucas dúvidas de que a molécula era helicoidal, e as imagens de Astbury-Bell de forma geral pareciam consistentes com essa suposição. Em segundo, duas das bases eram de duplo anel. As diferentes construções e dimensões tornavam improvável, ao menos à primeira vista, que o núcleo da hélice — que parecia regular — fosse composto pelas bases. O passo seguinte era descobrir quantas fibras a hélice deveria ter. Pauling decidiu tentar resolver esse problema calculando a densidade da estrutura. Entretanto, antes de conseguir começar, uma distração inesperada o impediu de continuar.

A vida sob o macarthismo

Na atmosfera da Guerra Fria, que se sucedeu à Segunda Guerra Mundial, e, em particular, depois da aprovação do Internal Security Act [Ato interno de segurança] de 1950, a Divisão de Passaportes do Departamento de Estado dos Estados Unidos recebeu uma autoridade quase irrestrita para negar passaportes a qualquer um que considerasse "esquerdista" demais. Pauling solicitou a renovação de seu passaporte em janeiro de 1952, quando se preparava para comparecer a um encontro da Real Sociedade em Londres em maio. Pauling e Corey haviam sido convidados para apresentar seu trabalho sobre as proteínas e a alfa-hélice na conferência, e Pauling também planejava aproveitar a viagem pela Europa para visitar algumas universidades na Espanha e na França. Então, em 14 de fevereiro de 1952, Ruth B. Shipley, chefe da Divisão de Passaportes, enviou uma carta a Pauling que não poderia ser considerada exatamente um cartão do Dia dos Namorados.[67] Ela lhe informou que seu passaporte não poderia ser emitido, já que o departamento era da opinião de que sua viagem "não seria do interesse dos Estados Unidos".

Na atmosfera prevalente na época, dados os muitos discursos pacifistas de Pauling, seu ativismo contra armas nucleares e sua declaração de que "o mundo agora se encontra em uma ramificação na estrada que pode levar a um futuro glorioso para toda a humanidade ou à destruição total da civilização", talvez não fosse de todo chocante que Shipley tivesse suposto que "há boas razões para acreditar que o doutor Pauling é um comunista".

A princípio, Pauling considerou a negação da renovação do seu passaporte apenas um problema que seria facilmente resolvido. Para apressar as coisas, ele imediatamente mandou uma carta para o presidente Harry Truman à qual anexou uma cópia da sua Medalha Presidencial de Honra ao Mérito, assinada pelo próprio Truman.[68] Pauling escreveu, frustrado: "Estou confiante em que a Nação não sofreria mal algum com a minha proposta de viagem." A secretária de Truman respondeu educadamente que a Divisão de Passaportes fora requisitada a reconsiderar sua decisão. Não obstante, ela não foi revertida. Em abril, com um senso cada vez maior de urgência, Pauling tomou uma série de providências. Em primeiro lugar, ele pediu a assistência de um advogado. Em segundo, forneceu juramentos de lealdade e depoimentos declarando que ele não era comunista. Por fim, conseguiu um encontro pessoal com Ruth Shipley. Nada disso rendeu resultados. A negação conclusiva do pedido foi anunciada no dia 28 de abril, e no dia seguinte Pauling notificou os organizadores do encontro da Real Sociedade de que não poderia comparecer.

Como era de se esperar, as tentativas de obter a renovação do passaporte de Pauling e as tribulações que ele passou enfureceram cientistas do mundo inteiro.[69] Sir Robert Robinson, químico da Inglaterra e ganhador do prêmio Nobel, escreveu uma carta para o *Times* de Londres expressando sua "consternação". Importantes cientistas americanos e britânicos — incluindo os físicos Enrico Fermi e Edward Teller, o biólogo Harold Urey e o cristalógrafo John Bernal — escreveram cartas protestando, e bioquímicos franceses elegeram Pauling como presidente honorário do Congresso Internacional de Bioquímica, cuja realização estava marcada para julho em Paris.

A pressão internacional teve resultado. Quando Pauling voltou a solicitar a renovação do passaporte em junho, o Departamento de Estado derrubou a negação de Shipley, e Pauling pôde, em 14 de julho (Dia da Bastilha), viajar para a França e a Inglaterra.

Além da sua importância política, os problemas envolvendo o passaporte também tiveram consequências científicas. Corey, que pôde comparecer ao encontro da Real Sociedade, usou a oportunidade para visitar o laboratório de Franklin. Lá, ele viu as soberbas imagens de raios X obtidas por ela. Contudo, aparentemente não compreendeu de imediato todas as implicações das imagens, já que não comunicou nada de significativo para Pauling. Muitas especulações já foram escritas a respeito do que poderia ter acontecido se o próprio Pauling tivesse podido viajar a fim de ver as imagens. Essas especulações, na verdade, são muito relevantes. Pauling *teve* todas as oportunidades para visitar a equipe da King's College dez semanas depois, durante o mês que passara na Inglaterra no verão de 1952, e optou por não fazê-lo. A razão era simples. Pauling ainda estava concentrado em convencer a todos de que o seu modelo da alfa-hélice para as proteínas estava correto; o DNA não era o principal tópico ocupando sua mente. Como mais tarde viria à tona, as imagens de Franklin — em particular a 51, que logo se tornaria famosa — continham as claras marcas da dupla hélice do DNA.

Havia, ainda, uma informação referente ao DNA da qual Pauling estava ciente, mas ou havia esquecido, ou ao menos não absorvera. Essa evidência estava relacionada às bases dos nucleotídeos. A história que veremos a seguir demonstra como reações emocionais podem interferir mesmo em processos que deveriam ser governados apenas pelo raciocínio científico.

No dia seguinte ao Natal de 1947, Pauling e sua família estavam a caminho da Europa para a visita de seis meses que faria a Oxford. Eles viajavam a bordo do famoso *Queen Mary*. Por coincidência, Erwin Chargaff, que se interessara por ácidos nucleicos desde a época da guerra, também estava a bordo, e Pauling logo esbarrou com ele. Infelizmente, Chargaff era, nas palavras do biólogo Alex Rich, um "indivíduo muito intenso".[70] O mesmo não pode ser dito de Pauling, que geralmente era tranquilo e, por isso, esperava poder ter algum tempo para relaxar com a família. Consequentemente, Pauling não apenas deu pouca atenção à descrição animada de Chargaff dos resultados da sua pesquisa, como mais tarde parece ter ignorado o importante artigo de Chargaff sobre ácidos nucleicos. No artigo, publicado em 1950, Chargaff descobriu uma relação notável entre as quantidades de bases no DNA.[71] Ele mostrou que, qualquer que fosse o número de moléculas de adenina (que costumam ser abreviadas como "A") em certa parte do DNA, o número de moléculas de timina (abreviadas como "T") era igual. Analogamente, o número de unidades de guanina ("G") era igual ao número de unidades de citosina ("C"). Essa informação importante para a estrutura do DNA — a de que a quantidade de A é igual à quantidade de T, e a quantidade de G é igual à quantidade de C — passou completamente despercebida por Pauling. Se isso não houvesse acontecido, talvez a descoberta da estrutura do DNA tivesse se dado de forma completamente diferente.

Depois da sua viagem à Inglaterra e à França no verão de 1952, Pauling retornou ao Caltech em setembro. Entretanto, mesmo então ele ainda não estava pronto para mergulhar por completo no problema do DNA. Uma conversa que ele teve com Crick na Inglaterra naquele verão lhe deu uma ideia de como, finalmente, resolver o quebra-cabeça da reflexão das proteínas a 5,1 angstrons. Como frequentemente acontece na ciência, Pauling e Crick resolveram o problema de forma independente, cada um mostrando que as alfa-hélices podiam formar estruturas enroladas, semelhantes a cordas, uma em volta da outra, assim produzindo a enigmática estrutura. Isso parecia conveniente, mas, embora Pauling não soubesse na época, a "corrida" para desvendar o DNA estava chegando à reta final.

A tripla hélice

A visita de Pauling à França lhe trouxe uma dica adicional para o fato de que, no final das contas, era provavelmente o DNA a base do material genético. O microbiologista americano Alfred Hershey apresentou a evidência durante uma palestra em um encontro internacional sobre os vírus em Royaumont, perto de Paris. Hershey e sua colaboradora, Martha Chase, rotularam o DNA e a proteína do fago T2 (um vírus), respectivamente, com os isótopos radioativos fósforo-32 e enxofre-35.[72] Depois, eles deixaram que os fagos infectassem bactérias, e então conseguiram demonstrar que a bactéria havia sido provavelmente infectada pelo material genético DNA, e não pela proteína. O revestimento viral de proteína permanecia fora das células das bactérias e não tinha nenhum papel na infecção. Entretanto, nem todos ficaram convencidos. Na verdade, o próprio Hershey teve a prudência de observar que não estava seguro em relação à importância do resultado. James Watson, que também estava em Royaumont e cujo trabalho concentrava-se no DNA, por outro lado, estava mais do que convencido.

Pauling finalmente voltou a trabalhar com o DNA no final de novembro de 1952. Esse retorno foi motivado por um seminário intrigante realizado no Caltech pelo biólogo Robley Williams. Williams exibiu imagens de microscópio eletrônico incrivelmente detalhadas do sal de ácido nucleico — substância química da mesma família do DNA.[73] Para Pauling, as imagens dos longos filamentos cilíndricos, combinadas às imagens de raios X de Astbury, pareciam fornecer uma evidência definitiva, se é que ele precisava de alguma, da molécula helicoidal. Pauling também sabia, a partir do trabalho do bioquímico Alexander Todd, que a espinha dorsal da molécula de DNA continha grupos repetidos de fosfato e açúcar.

Armado das imagens de Astbury, que mostravam fortes reflexões com espaçamentos de cerca de 3,4 angstrons, Pauling começou a fazer cálculos sobre a estrutura do DNA no dia 26 de novembro. Com base nas medidas de densidade de Astbury e Bell e no diâmetro dos filamentos medido por Williams, ele estimou que o comprimento de um resíduo ao longo do eixo da fibra era de 1,12 angstrom — quase precisamente um terço do espaçamento demonstrado na imagem de raios X (3,4 angstrons).[74] Isso o levou a uma solução surpreendente: "A molécula cilíndrica é formada por *três cadeias* enroladas uma por sobre a outra... cada cadeia sendo uma *hélice*."[75] Em outras palavras, convencido de que uma hélice composta por dois filamentos produziria uma densidade baixa demais, Pauling optou por uma arquitetura helicoidal formada por três filamentos. Essa estrutura ficou conhecida como tripla hélice.

O próximo problema que ele precisava resolver dizia respeito à natureza do próprio núcleo do desenho helicoidal das três cadeias — a parte da molécula que fica mais perto do eixo. A questão era: qual dos três componentes conhecidos dos nucleotídeos (bases, açúcares ou grupos fosfato) formava o núcleo? Pauling e Corey usaram um processo mental de eliminação:

Devido à sua natureza variada, o grupo purina-pirimidina [das bases] não pode ser comprimido ao longo do eixo da hélice de modo a permitir a formação de ligações adequadas entre os resíduos de açúcar e os grupos fosfato [...] Também é improvável que o núcleo da molécula seja constituído pelos grupos dos açúcares [...] o formato [...] é tal que dificulta a compressão desses grupos ao longo de um eixo helicoidal, e nenhuma forma satisfatória de comprimi-los foi encontrada [...] *Nós concluímos que o núcleo da molécula provavelmente é formado por grupos fosfato* [ênfase nossa].[76]

A organização agora era a seguinte: os grupos fosfato ficavam dispostos ao longo do eixo da hélice, com os açúcares ao seu redor e as bases se projetando radialmente para fora. A molécula de três filamentos era composta por ligações de hidrogênio entre os grupos fosfato dos diferentes filamentos.

Essa estrutura parecia promissora, mas Pauling ainda via problemas. O centro da molécula agora parecia tão lotado com as três cadeias de fosfatos que lembrava o "*squash* na cabine telefônica" — a competição cujo objetivo era espremer o máximo possível de pessoas em uma cabine telefônica. Pauling sabia que o íon de fosfato tinha forma de tetraedro, com o átomo de fósforo central cercado por quatro átomos de oxigênio posicionados nos vértices de uma pirâmide. Durante o mês de dezembro, ele, Corey e o químico Verner Schomaker tentaram continuamente comprimir, torcer e contrair esses tetraedros no intuito de fazê-los se encaixar melhor. Nesse processo, Pauling seguia os mesmos instintos que antes o haviam levado à vitória com a alfa-hélice. Ele acreditava que, se conseguisse encontrar uma solução por meio da química estrutural de modo geral consistente com os dados das imagens de raios X, todos os outros problemas seriam posteriormente resolvidos. Por exemplo, não se sabia como o modelo permitia a existência de um acetato de sódio de DNA, já que, definitivamente, não havia espaço para íons de sódio no núcleo. Pauling não tinha uma resposta para isso, mas presumia que a encontraria assim que a arquitetura principal fosse determinada. O ritmo de trabalho era frenético. Pauling chegou a receber um pequeno grupo de cientistas em seu laboratório para uma apresentação informal do modelo no Dia de Natal.[77] No fim do mês, ele achou que havia chegado a uma conclusão. Pauling e Corey enviaram o artigo "A Proposed Structure for the Nucleic Acids" [Proposta de estrutura para os ácidos nucleicos] para publicação no último dia de 1952. O artigo começava com: "Os ácidos nucleicos, como componentes de organismos vivos, são comparáveis em importância às proteínas." Seguiam-se algumas frases com um tom mais prudente:

> Formulamos uma estrutura promissora para os ácidos nucleicos... Esta é a primeira estrutura descrita com precisão para os ácidos nucleicos já sugerida por qualquer pesquisador. A estrutura explica algumas características das imagens de raios X; contudo, ainda é necessário fazer cálculos detalhados de densidade, e a estrutura não pode ser considerada comprovadamente correta.

Em outras palavras, mesmo que ainda fosse necessário cobrir algumas lacunas, Pauling queria estabelecer precedência.

Ao contrário do espírito um tanto titubeante do artigo científico, em suas comunicações pessoais sobre o modelo proposto, Pauling expressava mais confiança e um grande otimismo. Em uma carta para o bioquímico escocês (e futuro ganhador do prêmio Nobel) Alexander Todd, datada de 19 de dezembro de 1952, Pauling escreveu: "Acreditamos ter descoberto a estrutura dos ácidos nucleicos. Acho que levará cerca de um mês antes de enviarmos o manuscrito descrevendo a estrutura, mas praticamente não tenho dúvidas em relação à correção da estrutura que descobrimos... A estrutura é belíssima."[78] Em uma carta enviada no mesmo dia para Henry Allen Moe, presidente da Fundação Guggenheim, Pauling repetiu o mesmo sentimento: "Acredito ter descoberto a estrutura dos próprios ácidos nucleicos."[79]

Outra pessoa com quem Pauling estava se correspondendo regularmente era seu filho Peter — que, por coincidência, chegara a Cambridge poucos meses antes para trabalhar como estudante de pesquisa com John Kendrew. A mesa de Peter ficava em um gabinete com quatro outros colegas. Em suas palavras: "À minha esquerda, perto da janela, ficava um cara muito barulhento chamado Francis Crick. À minha direita, ficava uma mesa ocasionalmente ocupada por Jim Watson. A sala também era ocupada por um cientista visitante, Jerry Donohue, que eu conhecia da sua longa associação ao Caltech, e por Michael Bluhm, assistente de pesquisa de John Kendrew."[80] Em uma era anterior ao e-mail, por sua correspondência frequente com o pai, Peter tornou-se a principal linha de comunicação entre Caltech e Cambridge. Por consequência, assim que Linus informou Peter de seu artigo a respeito da estrutura do DNA, o último pediu uma cópia. Isso aconteceu em 13 de janeiro de 1953. Peter acrescentou em sua carta rápidos comentários que revelam muito sobre a pressão sentida pelos cientistas britânicos. "Hoje, me contaram uma história. Você sabe como as crianças são amea- çadas: 'Você tem que ser bom, ou o ogro malvado virá pegá-lo.' Bem, por mais de um ano, Francis [Crick] e outros vêm dizendo ao pessoal que trabalha com ácidos nucleicos na King's: 'É melhor vocês trabalharem duro, ou Pauling começará a se interessar por ácidos nucleicos.'"[81]

Considerando as condições, era natural que a notícia dada por Peter de que Pauling havia descoberto a estrutura do DNA fosse um golpe para Watson e Crick. Com a memória do sucesso anterior de Pauling com a alfa-hélice ainda fresca nas mentes de todos em Cambridge, os dois se perguntavam se aquilo seria um caso catastrófico de *déjà-vu*. No dia 23 de janeiro, Peter mandou outra carta para Linus, desta vez queixando-se apenas de que "Eu queria que Jim Watson estivesse aqui [Watson partira em uma rápida viagem a Milão, Itália]. Está um tédio agora. Nada para fazer. Sem garotas interessantes, só jovenzinhas afetadas interessadas apenas em sexo, para falar sem rodeios."[82]

As semanas transcorridas entre o pedido de Peter por uma cópia do artigo de Pauling e a chegada do manuscrito em 28 de janeiro pareceram uma eternidade para Watson e Crick. Quando Peter por fim trouxe o artigo, Watson puxou-o rapidamente do bolso do seu casaco, devorando ali mesmo o sumário e a introdução. Em seguida, depois de observar as ilustrações por alguns minutos, ele não conseguia acreditar no que via. A estrutura de Pauling, com os fosfatos no centro e as bases no exterior, era extremamente semelhante ao modelo descartado de Crick. O modelo era um erro ridículo!

7

AFINAL DE CONTAS, DE QUEM É O DNA?

> Há dois tipos de calamidades: o nosso próprio azar e a sorte dos outros.
>
> AMBROSE BIERCE

Watson não concluiu que o modelo do DNA de Pauling estava errado apenas por causa dos três filamentos. Sua molécula de ácido nucleico simplesmente não era um ácido. Isto é, ela não podia liberar átomos de hidrogênio de carga positiva quando dissolvida na água — o que era a própria definição de um ácido. Em vez disso, átomos de hidrogênio estavam firmemente ligados aos grupos fosfato, dando a eles uma carga neutra, enquanto qualquer livro elementar de química (incluindo o livro do próprio Pauling!) afirmava que os fosfatos precisavam apresentar carga negativa (o ácido é altamente ionizado em solução aquosa). Também não havia meio de extrair aqueles átomos de hidrogênio, já que eles eram as principais ligações que mantinham os três filamentos unidos por meio de ligações de hidrogênio.

Essa mancada era demais para Watson e Crick engolirem. O maior químico do mundo construiu um modelo completamente defeituoso, e esse modelo estava errado não por causa de uma característica biológica sutil, mas de um erro básico de química. Ainda incrédulo, Watson correu até o químico de Cambridge Roy Markham e até o laboratório de química orgânica para checar se havia alguma dúvida de que o DNA, conforme ele ocorre na natureza, era, na verdade, o sal de um ácido.[1] Para a satisfação de Watson, todos confirmaram o impensável: Pauling estava absolutamente errado.

Havia apenas mais duas coisas a serem feitas naquele dia. Primeiro, Crick correu até Perutz e Kendrew para convencê-los da urgência de dar início ao trabalho. Ele argumentou que, a não ser que Watson e ele começassem a modelar de imediato, não levaria muito tempo para que Pauling descobrisse seu erro e revisasse o modelo. Crick estimou que eles não tinham mais do que seis semanas para criar um modelo correto. A segunda providência a ser tomada por Watson e Crick era igualmente óbvia para os dois: eles foram celebrar no Eagle Pub, localizado na Bene't Street.[2] Watson mais tarde relembraria: "Como a agitação das últimas horas havia tornado impossível qualquer trabalho adicional naquele dia, Francis e eu fomos para o Eagle. No momento em que as portas se abriram para a noite, estávamos lá para brindar ao fracasso de Pauling."

Como essa mancada pode ter acontecido? Por que o método de modelagem de Pauling fora tão bem-sucedido com a alfa-hélice e tão desastroso com a tripla hélice?

A anatomia de uma mancada

Tentemos analisar uma a uma as causas para o fracasso de Pauling. Em primeiro lugar, devemos considerar quanto tempo e reflexão ele dedicou à solução do problema do DNA. Pauling começou a pensar em alguns aspectos da estrutura do DNA depois da publicação do artigo de Ronwin, em novembro de 1951. No entanto, apenas em novembro de 1952, um ano inteiro depois, ele começou realmente a trabalhar no problema.

Não obstante, no final de dezembro de 1952, ele já havia mandado seu artigo! Comparemos isso ao esforço que ele dedicou à estrutura do polipeptídio, cujas questões ele passou treze anos considerando, adiando a publicação várias vezes até estar inteiramente seguro do seu modelo. Assim, mesmo em termos de tempo investido na consideração do DNA, não há como não dizer que a construção do modelo do DNA foi apressada. Maurice Wilkins certamente pensava o mesmo. Em uma entrevista sobre a história da descoberta da estrutura do DNA, ele observou: "Pauling simplesmente não *tentou*. Não é possível que ele tenha passado cinco minutos considerando o problema."[3] Retornaremos mais tarde às possíveis razões para a sua pressa e aparente falta de concentração.

Em segundo lugar, há uma grande diferença entre a qualidade dos dados com base nos quais Pauling construiu seu modelo das proteínas e a daqueles que ele usou para o modelo do DNA. No caso da alfa-hélice, o colaborador de Pauling, Robert Corey, havia produzido um amplo arsenal de informações estruturais sobre tamanhos, volumes e posições angulares para os aminoácidos e peptídeos simples. No caso do DNA, por outro lado, Pauling estava trabalhando quase sem nada. As únicas imagens de raios X disponíveis eram de baixa qualidade e haviam sido produzidas de uma mistura das formas A e B (o que ele não sabia), tornando-as praticamente inúteis. Pior ainda, Pauling não sabia que as imagens de difração de raios X haviam sido produzidas a partir de preparações com muita água. Ao negligenciar o fato de que mais de um terço do material das amostras de DNA era água, Pauling obteve uma densidade errada, o que o levou à conclusão equivocada sobre os três filamentos. Por fim, ao contrário do vasto trabalho de Corey sobre as peças integrantes das proteínas, não houve um esforço equivalente no que diz respeito às bases — as subunidades dos nucleotídeos.

Além disso, houve dois incríveis lapsos de memória: um sobre as proporções das bases de Chargaff e outro sobre o princípio da autocomplementaridade do próprio Pauling. As descobertas de Chargaff sobre a quantidade da base A ser igual à de T, e a quantidade de C ser igual à de G, indicavam que as bases formavam pares e produziam dois filamentos, e não três. Pauling mais tarde afirmaria que conhecia essas proporções, mas que as esquecera. O próprio Chargaff acreditava que essa havia sido *a* razão para a mancada de Pauling, tendo afirmado: "Em seu modelo estrutural do DNA, Pauling *não levou em conta* os meus resultados. A consequência foi que seu modelo não fazia sentido à luz das evidências químicas."

O segundo esquecimento de Pauling é ainda mais chocante. Lembremos que Pauling disse em 1948 que, se os genes consistiam em duas partes complementares uma à outra na estrutura, a replicação era relativamente direta. Nesse caso, cada uma das partes poderia servir de molde para a produção da outra parte, e o sistema das duas partes complementares como um todo serviria de molde para uma duplicata de si mesmo. Claramente, esse princípio de autocomplementaridade era uma forte indicação de uma arquitetura de dois filamentos e estava em desacordo com a estrutura de três.[4] Contudo, ao que parece, Pauling havia se esquecido por inteiro desse princípio ao construir o modelo do DNA.

Quando conversei com Alex Rich e Jack Dunitz, na época alunos de pós-doutorado de Pauling, ambos concordaram que, caso houvesse visto a foto 51 de raios X de Rosalind Franklin da forma B do DNA, ele teria imediatamente percebido que a molécula possuía uma simetria dupla, apontando para uma estrutura de dois filamentos, e não de três.[5] Como vimos, porém, Pauling não fez nenhum esforço em especial para ver as imagens de Franklin.

Em janeiro de 2011, perguntei a James Watson o quão surpreso ele ficou ao ver o modelo errado da tripla hélice de Pauling. Watson riu. "Surpreso? Ninguém teria pensado em um romance fictício no qual Linus pudesse cometer um erro como aquele. No momento em que vi a estrutura, pensei: 'Esse cara é louco.'"

Um exame detalhado das várias possíveis causas do erro de Pauling dá margem a uma série de questões mais profundas: como podemos explicar a pressa, a aparente falta de empenho, os esquecimentos e a desconsideração de algumas das regras básicas da química? Diante disso, a pressa é particularmente desconcertante se considerarmos a afirmação de Peter Pauling de que nunca houve uma "corrida" para determinar a estrutura do DNA. No mesmo relato em que ele observou, para seu pai, que o DNA não passava de mais uma substância química interessante, Peter acrescentou: "A história da descoberta da estrutura do DNA foi descrita na imprensa popular como 'a corrida em direção à dupla hélice'. Isso dificilmente seria o caso. A única pessoa que poderia estar correndo era Jim Watson." Além disso, Peter explicou que "Maurice Wilkins nunca deixou ninguém com pressa" e que Francis Crick simplesmente gostava de "coçar a cabeça com problemas difíceis".[6] Perguntei a Alex Rich e a Jack Dunitz sobre isso, e nenhum deles achava ter havido uma corrida no que dizia respeito a Pauling. Por que, então, ele se apressou tanto para publicar seu artigo? "Porque sempre foi competitivo", sugeriu Rich. Isso é verdade, mas pode ser apenas uma parte da explicação, já que Pauling demonstrara muito mais cuidado e paciência no caso da alfa-hélice. Por ironia, seu sucesso com a alfa-hélice sem dúvida contribuiu para a derrota com a tripla hélice, já que Pauling presumiu, com base na vitória da primeira, que poderia reproduzir o mesmo sucesso com a segunda. Nesse sentido, o que houve foi um caso clássico de *raciocínio indutivo*: estratégia comum do palpite probabilístico baseado em experiências anteriores — levada longe demais.

Todos nós usamos o raciocínio indutivo o tempo todo, e geralmente ele nos ajuda a tomar decisões corretas com base em uma quantidade de dados relativamente pequena.[7] Suponha que eu lhe peça, por exemplo, para completar a frase: "Shakespeare era um talentoso..." A maioria das pessoas responderia "dramaturgo", e com razão. Embora não seja nada irracional completar a frase com "cozinheiro" ou "jogador de cartas", é provável que a palavra buscada fosse mesmo "dramaturgo". O raciocínio indutivo é o que nos permite usar nossa experiência cumulativa para resolver problemas por meio da escolha da resposta mais provável. Como enxadristas experientes, não costumamos analisar cada possível resposta lógica. Em vez disso, optamos pela mais provável. Isso é uma parte essencial da nossa cognição. O psicólogo Daniel Kahneman descreveu tal processo da seguinte forma: "Não podemos viver em um estado de dúvida perpétua, então inventamos a melhor história possível e vivemos como se ela fosse verdadeira."[8] Contudo, como o raciocínio indutivo envolve palpites probabilísticos, ele também pode nos levar a errar — e, de vez em quando, a errar feio. Pauling achava que podia usar um atalho porque uma experiência anterior havia lhe mostrado que todos os seus palpites estruturais no final das contas estavam corretos. No fracasso com o DNA, o responsável pela mancada foi uma vítima do próprio brilhantismo anterior.

Por que, entretanto, ele achava que precisava se apressar? Certamente não por causa de Watson e Crick — ele mal conhecia o seu trabalho — e sim porque sabia que na King's, e talvez até no Cavendish, dados superiores de imagens de raios X estavam disponíveis. Ele deve ter presumido que não levaria muito para que seus velhos rivais Bragg, Perutz, Kendrew ou talvez Wilkins encontrassem a estrutura correta. Ele decidiu apostar.[9] E perdeu.

Mas há poucas dúvidas de que, se Pauling houvesse adiado muito a publicação do seu modelo, alguns pesquisadores de Cambridge ou Londres teriam publicado seu modelo correto primeiro. Apesar de Pauling não estar pensando especificamente em Watson e Crick, ele sabia que a competição tinha vantagem. Portanto, correr um risco calculado talvez não parecesse uma loucura tão grande.

Especulando um pouco mais, talvez a decisão de Pauling de adiantar a publicação também esteja relacionada a um viés cognitivo humano conhecido como *efeito framing*, que reflete uma forte aversão à perda.[10] Você já se perguntou por que os supermercados anunciam a carne moída como "90% magra" em vez de "10% gorda"? As pessoas estão muito mais inclinadas a comprá-la com o primeiro rótulo, mesmo os dois sendo equivalentes. Da mesma forma, estamos muito mais inclinados a votar em um planejamento econômico que prometa 90% de emprego do que em um que enfatize 10% de desemprego. Inúmeros estudos mostram que o grau em que percebemos a perda como devastadora é superior ao grau em que percebemos um ganho equivalente como gratificante. O resultado disso é que tendemos a enxergar riscos diante de um quadro negativo. Pauling pode ter preferido correr o risco diante da possibilidade de uma provável perda.

Há também a questão surpreendente do motivo que levou Pauling a esquecer as regras de Chargaff e, mais importante, as suas próprias considerações sobre a autocomplementaridade do sistema genético. Acredito que o esquecimento destas últimas tenha sido uma forte manifestação do fato de que, quando por fim decidiu trabalhar no DNA, Pauling ainda não estava inteiramente convencido de que essa molécula representava o segredo da vida — o mecanismo da divisão celular e da hereditariedade. Quatro indícios principais me levam a essa conclusão: (1) O testemunho de Peter de que para o seu pai o DNA era só mais uma substância química interessante, e nada além disso. Pauling, afinal, era um químico e não um biólogo. (2) Em sua carta para o presidente da Fundação Guggenheim relatando a "descoberta" da estrutura do DNA, Pauling acrescentou a seguinte frase bastante indiferente: "Os biólogos provavelmente consideram o problema da estrutura do ácido nucleico tão importante quanto a estrutura das proteínas"[11] (observemos o tom evasivo do trecho "Os biólogos provavelmente consideram"). (3) O fato de que, após o alarido em torno da publicação do modelo de Watson e Crick ter passado, sua esposa, Ava Helen, lhe perguntou: "Se esse era um problema tão importante, por que você não se esforçou mais para resolvê-lo?"[12] (4) O próprio artigo de Pauling e Corey (sobre a tripla hélice) fornece o que é talvez a evidência mais convincente de que Pauling não considerava o DNA importante. Pauling e Corey discutem as implicações biológicas do seu modelo apenas vagamente. No parágrafo de abertura do artigo, eles mencionam com muita indiferença que existem evidências de que os ácidos nucleicos "estão envolvidos" nos processos da divisão e do crescimento celular e de que eles "participam" da transmissão de características hereditárias. Só no último parágrafo do manuscrito original é que eles abordam por alto o tópico da codificação de informações (mas não o da cópia), observando: "A estrutura assim proposta permite a combinação do número máximo de ácidos nucleicos, oferecendo a possibilidade de uma especificidade elevada."[13] Acredito que essa falta de convicção da parte de Pauling sobre o papel crucial do DNA estava no cerne da realidade de que o tópico da hereditariedade — e importantes declarações de Pauling sobre ela — ainda parecia desconectado em sua mente do problema da estrutura do DNA.

O motivo para o esquecimento das regras de Chargaff, na minha opinião, é menos misterioso. Em primeiro lugar, o fato de Pauling não gostar de Erwin Chargaff com certeza contribuiu muito para a sua falta de atenção em relação aos resultados de Chargaff. Em segundo lugar, precisamos nos lembrar de que Pauling era continuamente distraído durante o seu trabalho com o DNA. Mergulhado nas tentativas de concluir o trabalho sobre as proteínas e na sua amarga luta política contra o macarthismo, ele mal tinha tempo para se concentrar. Na verdade, no dia 27 de março de 1953, dois meses depois de Peter ter recebido o manuscrito sobre o DNA, Pauling escreveu-lhe uma carta em que comentava: "Estou dando os últimos retoques no meu artigo sobre uma nova teoria a respeito do ferromagnetismo."[14] Ele já estava pensando em outra coisa! Isso também não ajudava. Estudos extensivos realizados por pesquisadores suecos mostraram que problemas de memória naturais (conhecidos como esquecimento senescente benigno) ocorrem com muito mais frequência quando a atenção está dividida ou precisa mudar de foco rapidamente.[15] Portanto, o fato de Pauling não ter se lembrado das regras de Chargaff não surpreende.

Por fim, há a questão verdadeiramente espantosa do motivo que levou Pauling a ignorar regras básicas da química em seu modelo, tais como as que diziam respeito à acidez do DNA. O químico mais conceituado do mundo cometendo erros químicos elementares?

Perguntei ao biólogo molecular Matthew Meselson o que ele achava sobre esse aspecto da mancada.[16] Meselson, aluno de graduação de

Pauling na época, supôs que Pauling pode ter considerado o problema e se convencido de que ele de alguma forma poderia ser superado. Isso estaria de acordo com o processo geral de raciocínio empregado por Pauling durante todo o episódio da construção do modelo do DNA. Esse processo pode ter sido mais ou menos assim: ele tinha um modelo bem-sucedido para as proteínas que consistia em um filamento helicoidal com cadeias paralelas externas. Por conseguinte, pensava que o modelo para o DNA seria composto por filamentos entrelaçados, também com cadeias paralelas (nesse caso, as bases) externas. Isso criou um problema de superlotação ao longo do eixo, mas todas as outras características, na mente de Pauling, eram detalhes a serem resolvidos mais tarde. Novamente, seu sucesso anterior com a alfa-hélice parece tê-lo cegado. Infelizmente, como sabemos, o problema muitas vezes está nos detalhes.

Em minha conversa com Jack Dunitz, ele lembrou que Pauling certa vez lhe contara algo que resumia belamente sua atitude em relação à pesquisa científica:

> Jack, se você acha que tem uma boa ideia, publique-a! Não tenha medo de cometer um erro. Erros não prejudicam a ciência, pois há muitas pessoas inteligentes lá fora que identificarão de imediato qualquer erro e o corrigirão. Você só estará fazendo papel de palhaço, e isso não é problema, exceto para o seu orgulho. Se, por acaso, for uma boa ideia, contudo, e você não a publicar, a ciência pode perder.

Dunitz acrescentou que, na verdade, a estrutura com três filamentos não gerou problemas, exceto para a reputação de Pauling. Ele comentou ainda que Pauling já fizera tantas contribuições importantes que deveríamos apenas perdoar e esquecer seu erro. Devo dizer que concordo completamente com a parte de "perdoar", mas acredito que *não* devemos esquecer. Como tentei mostrar, podemos aprender muito com a análise de mancadas de indivíduos brilhantes.

Visão dobrada

O resto da história da descoberta da estrutura do DNA foi contado e recontado inúmeras vezes, mas a correspondência recém-descoberta de Francis Crick lança uma nova luz sobre a atividade frenética que precedeu a publicação do modelo de Watson e Crick.

A mancada de Pauling serviu de catalisador para convencer Bragg a permitir que Watson e Crick retornassem à modelagem do DNA. Em duas semanas, Watson foi para Londres, onde Wilkins, também satisfeito com o erro de Pauling, tomou a liberdade de lhe mostrar a famosa foto 51 de Franklin da forma B do DNA (ver imagem 9 do encarte) sem o conhecimento da última. Muita tinta já foi devotada à questão da natureza ética desse ato em particular. Em minha humilde opinião, três partes principais da história merecem atenção. Em primeiro lugar, aparentemente não havia problema em Wilkins ter uma cópia da imagem (que lhe fora dada por Gosling), já que Franklin estava prestes a deixar a King's para trabalhar na Birkbeck College, e havia sido informada pelo diretor do laboratório, Sir John Randall, de que os resultados do trabalho com o DNA pertenciam exclusivamente à King's. Em segundo lugar, não há muitas dúvidas (ao menos do meu ponto de vista) de que Franklin deveria ter sido consultada antes de seus resultados *inéditos* serem compartilhados com membros de outro laboratório. Para concluir, não há um acordo em relação a Watson e Crick terem reconhecido a contribuição de Franklin adequadamente em seu artigo. Você pode julgar isso. Eles escreveram: "Também fomos motivados pelo conhecimento da natureza geral dos resultados experimentais inéditos e das ideias do doutor M. H. F. Wilkins, da doutora R. E. Franklin e de seus colegas da King's College, em Londres."[17] Seja como for, o efeito que a foto teve sobre Watson foi dramático: a cruz escura era inegavelmente sinal de uma estrutura helicoidal.[18] Não é de surpreender que, como ele mais tarde descreveu, seu "queixo caiu" e seu "pulso acelerou".[19]

Watson e Crick passaram as semanas seguintes tentando desesperadamente construir modelos em que as bases formassem os degraus da escada em espiral que eles tinham em mente. Suas primeiras tentativas foram malsucedidas. Ignorando a pista fornecida pelas proporções de Chargaff, Watson pensava que deveria combinar cada base a outra igual, formando degraus compostos de adenina-adenina (A-A), citosina-citosina (C-C), guanina-guanina (G-G) e timina-timina (T-T). Contudo, como as bases C e T apresentavam comprimentos diferentes de G e A, isso criava degraus desiguais, o que não estava de acordo com o padrão simétrico exibido na foto 51. Também havia a questão da ligação entre as duas bases de cada degrau e entre o degrau e as "pernas" da escada (que deveriam ser compostas de açúcares e fosfatos). Aqui, mais uma vez, Watson e Crick estavam indo no sentido errado, mas seu colega de gabinete Jerry Donohue veio em seu socorro.[20] Ex-aluno de Pauling, Donohue sabia tudo sobre ligações de hidrogênio. Donohue apontou para Watson e Crick que até livros escolares apresentavam os átomos de hidrogênio em posições erradas na timina e na guanina. A colocação desses átomos nas posições corretas abriu novas possibilidades para as ligações entre as bases. Ao alternar entre as possibilidades de combinação das bases (abandonando a combinação entre bases iguais), Watson de repente percebeu que um par A-T formado por duas ligações de hidrogênio era idêntico a um par G-C igualmente formado. Os degraus ganharam um comprimento igual. Além disso, essa combinação forneceu uma explicação natural para as regras de Chargaff. Estava claro que, se A sempre se combinava a T, e G a C, então os números de moléculas de A e T em qualquer trecho do DNA deveriam ser iguais, o mesmo se aplicando às moléculas de G e C. Outra fonte de informações valiosas foi disponibilizada por volta dessa época por meio de Max Perutz: uma cópia do relatório de Franklin, escrito para uma visita do comitê de biofísicos do Conselho de Pesquisa Médica à King's. A partir da simetria do DNA cristalino descrita no relatório, Crick concluiu que os dois filamentos de DNA não eram paralelos, mas seguiam direções diferentes.[21]

A estrutura resultante foi a celebrada dupla hélice, na qual dois filamentos helicoidais (as espinhas dorsais) eram compostos por fosfatos e açúcares que se alternavam, com os pares de bases ligados aos açúcares e compondo os degraus.

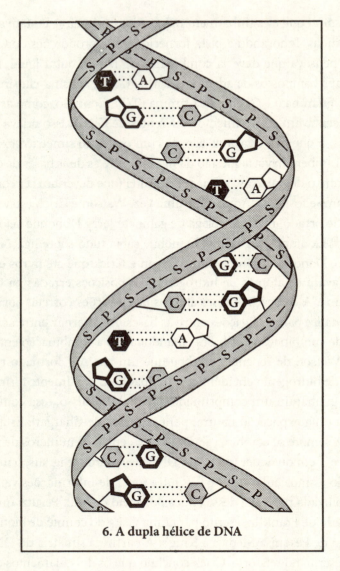

6. A dupla hélice de DNA

Naquele ponto, Watson e Crick estavam tão convencidos da exatidão do seu modelo que estavam ansiosos por enviar o artigo para a *Nature*. Mesmo antes disso, de acordo com a descrição agora famosa de Watson, Crick interrompeu o almoço de seus chefes no Eagle para anunciar que ele e Watson haviam "descoberto o segredo da vida".

Na imagem 10 do encarte, é possível ver onde Crick fez a declaração, no Eagle. No dia 17 de março de 1953, Crick enviou uma cópia do artigo para Wilkins. Um dos documentos recuperados da correspondência "perdida" de Crick é um esboço da carta que acompanharia o manuscrito. Parte dela diz:

Querido Maurice,

Segue, em anexo, um esboço da nossa carta. Como ela ainda não foi vista por Bragg, eu agradeceria se você não a mostrasse a ninguém. O objetivo de eu tê-la enviado a você a esta altura é obter a sua aprovação para dois quesitos:

a) o número de referência 8 para o seu trabalho não publicado.
b) os agradecimentos.

Se você quiser alterar um ou outro, favor nos informar. Se não recebermos notícias suas em um ou dois dias, presumiremos que não há objeções à versão atual.[22]

Esse esboço e outro endereçado a um dos editores da *Nature* (que aparentemente nunca foi enviado) mostram que Crick e Watson a princípio tinham a impressão de que o seu manuscrito era o único a ter sido enviado na época. Na verdade, os dois grupos da King's também enviaram artigos para a *Nature*. Em um bilhete para Crick provavelmente escrito no mesmo dia, Wilkins diz: "Em anexo, um esboço praticamente sem correções. Como devemos nos referir à sua nota?" Ele era acompanhado por um esboço do próprio manuscrito de Wilkins. O terceiro artigo era de Rosalind Franklin e Raymond Gosling.

Depois que se deu conta da situação, Crick expressou a opinião de que todos deveriam ler os manuscritos uns dos outros: "Não é razoável enviar cartas conjuntamente para a *Nature* sem que elas tenham sido lidas por todos os interessados. Queremos ver a dela [de Franklin], e não tenho dúvidas de que ela deseja ver a nossa." Wilkins concordou. Em uma carta recém-encontrada datada de "Seg.", provavelmente se referindo à segunda-feira, 23 de março, ele diz:

"Enviaremos uma cópia da de Rosy amanhã", acrescentando que "Raymond e Rosy têm a sua, então todos terão visto a dos outros."

Talvez a parte mais fascinante da nova correspondência, entretanto, diga respeito a Pauling. Primeiro, Crick expressou seu desprazer em relação ao fato de que Franklin pudesse querer ver Pauling em sua próxima visita à Inglaterra. "Não é impossível", ele escreveu para Wilkins, "que ela possa considerar entregar os dados experimentais a Pauling. Isso significaria, inevitavelmente, que Pauling provaria a estrutura, e não você." Ao que Wilkins respondeu irritado: "Se Rosy quer ver Pauling, o que diabos podemos fazer? Se sugeríssemos que seria melhor que ela não fizesse isso, estaríamos apenas a encorajando a fazê-lo. Por que todo mundo está tão interessado em ver Pauling... Agora, Raymond [Gosling] quer ver Pauling também! Dane-se tudo."[23] Essa correspondência é uma demonstração perfeita do temor que Pauling continuava inspirando, mesmo em um dos pontos mais baixos da sua carreira.

A edição de 25 de abril de 1953 da *Nature* trazia três artigos sobre a estrutura do DNA. Primeiro, havia o marco representado pelo artigo de Watson e Crick descrevendo a estrutura da dupla hélice.[24] O artigo tinha apenas pouco mais de uma página, mas que página era. Watson e Crick começavam reconhecendo: "Uma estrutura para os ácidos nucleicos já foi proposta por Pauling e Corey. Eles tiveram a gentileza de disponibilizar seu manuscrito para nós antes da sua publicação." Entretanto, eles logo em seguida acrescentavam: "Na nossa opinião, essa estrutura é insatisfatória." Depois, explicavam de forma concisa sua "estrutura radicalmente diferente", que consistia em "duas cadeias helicoidais dobradas sobre o mesmo eixo", e, em particular, a "nova característica" da estrutura, que é "a maneira pela qual as duas cadeias são unidas pelas bases purina e pirimidina".

O modelo de Watson e Crick sugeria imediatamente uma solução para como a codificação das informações genéticas é alcançada e para o quebra-cabeça de como a molécula consegue produzir uma cópia de si mesma. Os detalhes foram apresentados em um segundo artigo, publicado apenas cinco semanas depois do primeiro, em que Watson e

Crick propunham o mecanismo por trás do código genético: "A espinha dorsal de fosfato-açúcar do nosso modelo é completamente regular, mas qualquer sequência dos pares de bases pode se encaixar na estrutura.[25] Acontece que em uma longa molécula várias permutações diferentes são possíveis, e, portanto, parece provável que *a sequência precisa das bases seja o código que contém as informações genéticas* [ênfase nossa]." A mensagem era clara: a codificação das instruções genéticas necessárias para criar, digamos, um aminoácido está contida em uma se- quência específica de bases nos degraus. Por exemplo, a sequência C-G seguido por G-C e depois por T-A codifica a formação do aminoácido arginina, enquanto G-C seguido por C-G e depois por T-A codifica a alanina. A cópia é feita (precisamente como antecipado de forma abstrata por Pauling em 1948) pela "abertura" da escada da dupla hélice no seu centro, produzindo duas metades, cada uma contendo uma perna e uma metade de cada um dos degraus. Como a sequência das bases de uma cadeia determina automaticamente a sequência das bases da outra (já que o par de T é sempre A e o de G é sempre C), fica claro que uma metade da molécula contém todas as informações necessárias para a construção da molécula inteira. Por exemplo, se a sequência de bases ao longo de uma cadeia de DNA é TAGCA, então a sequência complementar na outra cadeia deve ser ATCGT. Dessa forma, duas novas escadas completas podem ser geradas a partir da original, e, então, obtém-se a cópia da molécula de DNA.

No seu primeiro artigo, Watson e Crick não explicaram o mecanismo de cópia, mas observaram laconicamente: "Não escapou à nossa atenção que a combinação específica que postulamos sugere, por conseguinte, um possível mecanismo de cópia para o material genético." Crick explicaria mais tarde que essa frase enigmaticamente econômica (chamada de "recatada" por alguns historiadores da ciência) foi, na verdade, um meio-termo entre o seu próprio desejo de discutir as implicações genéticas do primeiro artigo e a preocupação de Watson de que a estrutura ainda pudesse estar errada.[26] A frase era, portanto, uma simples concessão. O fato de que Watson ainda tinha dúvidas em relação ao modelo foi bem documentado em suas cartas.

Como observei, dois outros artigos na *Nature* acompanharam o primeiro artigo de Watson e Crick. Um era de Wilkins, Alexander Stokes e Herbert Wilson, no qual eram analisados alguns dados cristalográficos de raios X e apresentadas evidências de que a estrutura helicoidal existe não apenas em fibras isoladas, mas também em sistemas biológicos completos.[27] Nos anos seguintes, Wilkins e seus colegas — além de Matthew Meselson, Arthur Kornberg e outros — trabalharam muito para confirmar em detalhes o modelo de Watson e Crick e suas conclusões.

O terceiro artigo publicado na edição de 25 de abril de 1953 da *Nature* foi de Franklin e Gosling.[28] Ele continha a famosa imagem de raios X da estrutura B. Seguindo a atitude geral de Franklin em seu trabalho científico, o manuscrito foi formulado com prudência:

> Embora não tentemos oferecer uma interpretação completa do diagrama dos filamentos da estrutura B, ainda assim podemos afirmar as seguintes conclusões. A estrutura provavelmente é helicoidal. Os grupos fosfato ficam no exterior da unidade estrutural, em uma hélice com diâmetro de cerca de 20 angstrons. A unidade estrutural provavelmente consiste em duas moléculas coaxiais que não são igualmente espaçadas ao longo do eixo da fibra... Assim, nossas ideias gerais não são incompatíveis com o modelo proposto por Watson e Crick na comunicação anterior.

Poucos discordariam da afirmação de que as sofisticadas imagens de difração de raios X de Franklin forneceram informações cruciais sobre a estrutura geral do DNA e suas dimensões específicas. Infelizmente, Rosalind Franklin morreu de câncer em 1958, aos 37 anos. Acredita-se que a doença tenha sido causada pela exposição aos mesmos raios X que ajudaram a revelar a estrutura do DNA. Quatro anos depois, Watson, Crick e Wilkins ganharam juntos o prêmio Nobel em fisiologia ou medicina pela descoberta da estrutura molecular do DNA e pela sua importância para a transferência de informações na matéria viva. Como o prêmio Nobel não é concedido postumamente e não pode ser recebido em conjunto por mais de três pessoas (em uma dada categoria de um dado ano), jamais saberemos o que teria acontecido se Franklin houvesse sobrevivido até 1962.

Em 2009, a famosa "foto 51" tornou-se o título de uma peça de sucesso de Anna Ziegler.[29] Como seu título sugere, o relato com ingredientes de ficção apresentado na peça falava de Rosalind Franklin e seu relacionamento turbulento com Maurice Wilkins. Quando requisitado a fazer comentários sobre a peça, Watson observou que o personagem de Maurice Wilkins "falava demais", enquanto o ator que interpretou Crick não fez justiça ao verdadeiro Crick, já que a peça lhe deu uma aura de "vendedor de carros usados".

Ninguém gosta de admitir uma derrota, e os cientistas não são exceção. Em uma carta escrita por Pauling para Peter no dia 27 de março de 1953, ele observava "casualmente":

> Talvez seja bom você entrar em contato com a senhorita Franklin, caso decida que este é um bom plano, e tomar providências para que nos encontremos com ela também. Caso o pessoal da King's College (a senhorita Franklin deixou a King's College, e está com Bernal em Birkbeck) expresse interesse em receber uma visita minha, podemos fazer isso no mesmo dia. Também estou planejando, contudo, abordá-los sobre a questão.[30]

Em seguida, após mais um parágrafo em que descrevia precisamente seus planos para a viagem, Pauling continuava:

> Recebi uma carta de Watson e Crick com uma descrição breve da sua estrutura — com uma cópia da sua carta para a *Nature* anexada. A estrutura parece-me muito interessante, e não tenho argumentos fortes contra ela. Por outro lado, também não acho que os argumentos deles contra a nossa estrutura sejam fortes.

Mais adiante na carta, Pauling reconhecia que a quantidade de água presente na molécula poderia ser muito importante: "Apresentamos um argumento... para apoiar a presença de três resíduos de nucleotídeos... Entretanto, se a amostra de ácido nucleico razoavelmente seco contivesse 30% de água... haveria apenas dois resíduos ao longo dele." Ele concluía: "Acredito que as imagens de Wilkins devem resolver a questão em definitivo."

Perguntei a Alex Rich se Pauling realmente achava que podia sustentar o seu modelo da tripla hélice e se tinha alguma dúvida em relação ao da dupla hélice. A resposta de Rich foi bastante categórica: "É claro que Pauling sabia que a dupla hélice era o modelo correto", ele disse. "Toda a sua conversa sobre ter dúvidas em relação à dupla hélice não passava de bravata." Na verdade, Pauling foi a Cambridge na primeira semana de abril — a imagem 11 do encarte o mostra em 1953 — e depois de ver o modelo de Watson e Crick e a imagem de raios X de Franklin, e de ter ouvido a explicação de Crick, ele reconheceu graciosamente que a estrutura parecia correta. Dois dias depois, Pauling e Bragg partiram para a Conferência de Solvay, em Bruxelas, na Bélgica. No encontro dos maiores pesquisadores do mundo, Bragg fez o primeiro anúncio sobre a dupla hélice. Em grande estilo, Pauling admitiu durante a discussão que se seguiu: "Embora faça apenas dois meses que o professor Corey e eu publicamos a nossa proposta para a estrutura do ácido nucleico, acho que devemos admitir que ela provavelmente está errada."[31]

Alguém poderia argumentar que não há nada particularmente "brilhante" na mancada de Pauling — afinal, seu modelo foi construído pelo avesso e com o número errado de cadeias. Porém, foi o método de Pauling, seu modo de pensar e seu sucesso anterior incrível com as complexas moléculas de proteína que inspiraram e informaram Watson e Crick. Em um artigo curto publicado em 21 de março de 1999, Watson escreveu sobre Pauling: "O fracasso paira desagradavelmente ao redor da grandeza. O que importa agora são seus sucessos, e não seus insucessos anteriores. A principal lembrança que tenho de Pauling é de cinquenta anos atrás, quando ele proclamou que não há forças vitais, apenas ligações químicas, por trás da vida. Sem essa mensagem, talvez Crick e eu nunca tivéssemos conseguido."[32]

A descoberta da estrutura do DNA havia aberto as portas para uma série ilimitada de pesquisas que culminou, em abril de 2003, na conclusão do Projeto Genoma Humano — a decodificação completa do DNA humano (embora a análise de todos os dados ainda vá durar muitos anos). Ao longo do caminho, vieram muitas surpresas. Por exemplo, antes do ano 2000, os biólogos acreditavam que o genoma humano continha cerca de 100 mil genes codificadores de proteínas. Descobertas do Consórcio Internacional de Sequenciamento do Genoma Humano publicadas em outubro de 2004 reduziram a estimativa para menos de 25 mil — apenas um pouco acima da contagem de genes dos nematoides simples *C. elegans*! Recentemente, uma tecnologia mais barata e rápida de sequenciamento genético ajudou cientistas a chegarem a novas conclusões sobre as origens humanas. O novo ponto de vista proveniente da análise genética da ponta do dedo mindinho de um cadáver de uma menina de 40 mil anos, encontrada em uma caverna siberiana, é o de que os humanos modernos não simplesmente saíram da África.[33] Em vez disso, é provável que eles tenham se relacionado e procriado com pelo menos dois outros grupos de humanos antigos, agora extintos.

A descoberta da estrutura e da função do DNA também lançou luz sobre a evolução ao esclarecer a natureza das variações hereditárias sobre as quais a seleção natural pode operar. A proclamação de Pauling de que os processos vitais são consequências das leis da química e da física tornou-se passível de verificação por meio de uma compreensão das forças que moldam e que podem variar os padrões de DNA. (A imagem 12 do encarte, foto de alguns dos participantes da Conferência de Pasadena sobre a Estrutura das Proteínas realizada em setembro de 1953, mostra muitos dos principais envolvidos na descoberta da alfa-hélice e da dupla hélice.)

Não podemos sequer imaginar que oportunidades a nossa compreensão do DNA e a nossa capacidade de modificar a molécula propiciarão num futuro distante. As possibilidades vão de uma prolongação significativa da expectativa de vida humana à criação de novas formas de vida. A decifração da estrutura do DNA já levou a uma compreensão da base genética das doenças, que revolucionou a busca por tratamentos. A era do genoma já trouxe realizações antes inimagináveis na ciência forense. Por exemplo, após a morte de cinco pessoas por cartas contaminadas com antraz em 2001, a Agência Federal de Investigação dos Estados Unidos decidiu sequenciar todo o genoma microbiano do tipo de antraz usado nos ataques (5,2 milhões de pares de bases). Esse trabalho acabou por levar os investigadores a um laboratório do exército que tinha grande probabilidade de ser a fonte do antraz. Ao mesmo tempo, com a exposição da estrutura do DNA e das proteínas, a questão da origem da vida tornou-se ainda mais intrigante e talvez impossível de ser respondida. No entanto, as investigações chegaram a um nível ainda mais fundamental do que o puramente biológico: de onde vieram os tijolos da vida, essas moléculas replicantes que contêm informações? E quanto à física, voltando a origens ainda mais distantes, como o átomo de hidrogênio, que foi tão crucial para as ligações de hidrogênio de Pauling, apareceu no universo? E os elementos mais pesados tão essenciais para a vida, como o carbono, o oxigênio, o nitrogênio e o fósforo?

O físico russo George Gamow participou das primeiras tentativas de se compreender como as quatro bases presentes no DNA poderiam controlar a síntese das proteínas a partir de aminoácidos. Gamow recebeu uma cópia do artigo de Watson e Crick sobre as implicações genéticas do seu modelo durante uma visita ao Laboratório de Radiação de Berkeley.[34] Animado, ele começou a pensar no artigo assim que retornou ao seu departamento na Universidade George Washington, logo mandando uma carta para Watson e Crick. Ele começava em tom apologético — "Queridos doutores Watson e Crick: sou um físico, e não biólogo" —, mas em seguida chegava ao ponto principal: poderia o relacionamento entre as quatro letras correspondentes às bases do DNA e os vinte aminoácidos das proteínas ser desvendado como um problema de pura criptoanálise numérica? Embora, no final das contas, as soluções matemáticas de Gamow estivessem erradas, elas ajudaram a formular a questão da biologia na linguagem da informação.

Por volta de cinco anos antes, Gamow participou da solução de um problema ainda mais fundamental: a origem cósmica do hidrogênio e do hélio. Sua solução era simplesmente brilhante. Ela não explicava, porém, a existência de todos os elementos mais pesados do que o hélio. Essa tarefa formidável ficou a cargo de outro astrofísico e cosmologista: Fred Hoyle. Por um lado, Hoyle estava interessado na evolução do universo e, por outro, no surgimento da vida presente nele. Ele foi ao mesmo tempo um dos cientistas mais distintos e mais controversos do século XX.

1. Charles Darwin no fim da vida.

2. Folha de rosto da primeira edição de *A origem das espécies*. Após a publicação, Darwin referia-se a ela como "meu filho".

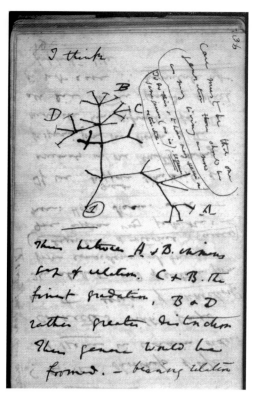

3. Desenho original da árvore da vida de Charles Darwin, tirado de seu caderno de 1873.

4. Frontispício de *Die Pflanzen-Mischlinge* [Os híbridos de plantas], de Wilhelm Olbers Focke, em que Darwin escreveu seu nome.

5. Cópia pertencente a Darwin de *Die Pflanzen-Mischlinge* [Os híbridos de plantas], mostrando que as páginas não foram cortadas para permitir a leitura.

6. Retrato do Lorde Kelvin, possivelmente feito a partir de uma foto tirada em 1876.

> Copy. 38 George Sq, Edinburgh 27/11/94
>
> Dear Prof Perry
>
> I should like to have your answers to two questions:—
> 1. What grounds have you for supposing the inner materials of the earth to be better conductors than the skin?
> 2. Do you fancy that any of the advanced geologists would thank you for 10^{10} years instead of 10^{8}? Their least demand is 10^{12};— for part of the mere Secondary period!
>
> Yours &c
> P G Tait

7. Nota inflamada de Peter Guthrie Tait para o engenheiro John Perry, em que discute a idade e a condutividade das camadas da Terra.

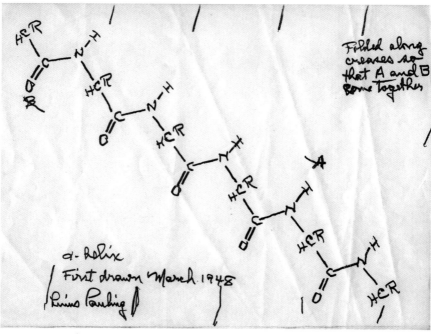

8. Tentativa de Linus Pauling de reconstruir o desenho esquemático de 1948, representando ligações de carbono e nitrogênio.

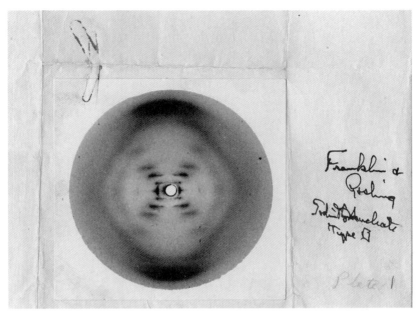

9. A famosa "foto 51" tirada por Raymond Gosling em 1952 — fotografia do DNA, evidência crítica de sua estrutura.

10. Eagle Pub, em Cambridge, onde Francis Crick fez sua declaração da descoberta do DNA.

11. Alguns dos participantes da Conferência de Pasadena sobre a Estrutura das Proteínas em setembro de 1953. Entre eles, muitos dos principais envolvidos na descoberta da alfa-hélice e da dupla hélice.

12. Linus Pauling em 1953.

13. Sir Arthur Eddington e Albert Einstein em Cambridge.

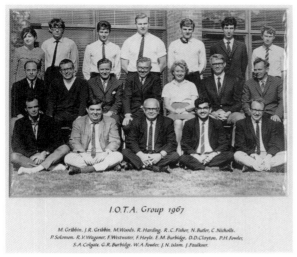

14. Instituto de Astronomia Teórica, em Cambridge, 1967. Fred Hoyle sentado, no meio da segunda fileira, com Margaret Burbidge à sua esquerda. Willy Fowler ao centro, na fileira da frente, com Geoff Burbidge à direita.

15. Hoyle apertando a mão do papa. Willy Fowler (de costas para a câmera) está à direita de Hoyle, enquanto Walter Baade (de frente) está à direita do papa.

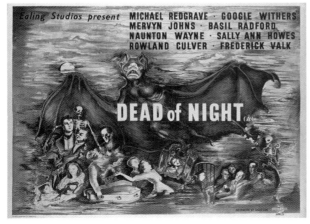

16. O cartaz original do filme *Dead of Night* [Na solidão da noite], que inspirou Hoyle, Bondi e Gold em 1948.

17. Cópia da carta original do editor do *Monthly Notices* na época, o astrônomo William Marshall Smart, para Georges Lemaître, pedindo permissão para reproduzir seu artigo de 1927 no *Monthly*.

Louvain, le 9 mars 1931

Dear Dr. Smart

    I highly appreciate the honour for me and for our society to have my 1927 paper reprinted by the Royal Astronomical Society. I send you a translation of the paper. I did not find advisable to reprint the provisional discussion of radial velocities which is clearly of no actual interest, and also the geometrical note, which could be replaced by a small bibliography of ancient and new papers on the subject. I join a french text with indication of the passages omitted in the translation. I made this translation as exact as I can, but I would be very glad if some of yours would be kind enough to read it and correct my english which I am afraid is rather rough. No formula is changed, and even the final suggestion which is not confirmed by recent work of mine has not be modified. I did not write again the table which may be printed from the french text.

    As regards to addition on the subject, I just obtained the equations of the expanding universe by a new method which makes clear the influence of the condensations and the possible causes of the expansion. I would be very glad to have them presented to your society as a separate paper.

    I would like very much to become a fellow of your society and would appreciate to be presented by Prof. Eddington and you.

    If Prof. Eddington has yet a reprint of his May paper in M.N. I would be very glad to receive it.

    Will you kind enough to present my best regards to professor Eddington

    and beleive

yours sincerely

G. Lemaître

40 rue de Namur
Louvain

18. Carta-resposta de Lemaître a Smart, em que o primeiro envia ao segundo uma versão traduzida do artigo, dá orientações para a publicação e faz comentários sobre suas ideias do universo em expansão.

Interest Gains In New Theory Of Universe

By Robert C. Cowen
Natural Science Writer of The Christian Science Monitor

British Astronomer Royal Supports Theory That Creation Is Continuing

By JOHN HILLABY
Special to The New York Times

19. Manchetes sobre a teoria do estado estacionário publicadas no *New York Times* e no *Christian Science Monitor*.

20. Carta escrita por Einstein em 1913, quando ele ainda desenvolvia a teoria da relatividade, explicando a distorção da luz em campos gravitacionais.

21. Da esquerda para a direita, Gold, Bondi e Hoyle em uma conferência realizada nos anos 1960.

22. Estátua de Sir Fred Hoyle em frente ao prédio que recebeu o seu nome, no Instituto de Astronomia de Cambridge, fundado por ele em 1966.

My visit to Einstein on 16 Nov.
(See notes written by me a few
minutes after the meeting
beginning of 1954 diary) CIT 2:30 Chan. 4
(5 PM - to Mr Evans (San Simeon)
"16 Nov. 1954. Einstein said to me
Oxenstierna said to his
son 'You would be astonished to
know with how little wisdom
the world is governed.'"

He said that he had made
one great mistake — when he
signed the letter to Pres.
Roosevelt recommending
that atom bombs be made;
but that there was some
justification — the danger
that the Germans
would make them.
He also said that he
was glad to see (N.Y. Times)
that I had made
good use of the Nobel Prize
in my public statements.

Adrian Albert at UCLA with T. Jacobs

23. Página do diário de Linus Pauling, de agosto de 1953, na qual o cientista comenta sua conversa com Einstein, que declara ter cometido "uma grande mancada" na vida: a recomendação da construção de bombas atômicas ao então presidente dos Estados Unidos, Franklin Delano Roosevelt.

NAVY DEPARTMENT
BUREAU OF ORDNANCE
WASHINGTON 25, D. C.

(Re2o)

September 22, 1943

Dr. George Gamow
19 Thorean Drive
Woodhaven, Maryland

Dear Dr. Gamow:

According to our conversation of September 20, 1943, proceedings were instituted to obtain a contract for you. We requested 25% of your time, or about 1½ days per week, and suggested a compensation of $18.00 per diem.

There are two types of contract used by the Navy. In one type the University is the contractor and you would be an employee of the contractor. In the second type the contract is made directly with you, — naturally with the permission of the University.

Please consult President Marvin of George Washington University and let me know about his decision as to the type of contract we should employ for your services.

Very sincerely yours,

Stephen Brunauer
Lieutenant, USNR

SB:cl

24. Carta de Stephen Brunauer a George Gamow. Tenente da Marinha Americana, Brunauer recrutou Gamow e Einstein como consultores para a Marinha por US$ 18 e US$ 25 por dia, respectivamente.

THE INSTITUTE FOR ADVANCED STUDY
SCHOOL OF MATHEMATICS
PRINCETON, NEW JERSEY

August 4, 1948

Professor G. Gamov
Ohio State University
Columbus, Ohio

Dear Mr. Gamov:

After receiving your manuscript I read it immediately and then forwarded it to Dr. Spitzer. I am convinced that the abundance of elements as function of the atomic weight is a highly important starting point for cosmogonic speculations. The idea that the whole expansion process started with a neutron gas seems to be quite natural too. The explanation of the abundance curve by formation of the heavier elements in making use of the known facts of probability coefficients seems to me pretty convincing. Your remarks concerning the formation of the big units (nebulae) I am not able to judge for lack of special knowledge.

Thanking you for your kindness, I am

yours sincerely,

A. Einstein.

Albert Einstein.

Of course, the old man agrees with almost anything nowaday. Geo.

Thanks for slides.

25. Carta de Einstein a George Gamow sobre a nucleossíntese dos elementos no Big Bang e a ligação do peso atômico dos elementos com a abundância dos mesmos. Gamow escreveu, de próprio punho: "É claro, o velho concorda com quase tudo ultimamente."

26. Minha foto favorita de Einstein.

27. Encontro em Pasadena entre Einstein e Lemaître, em janeiro de 1933.

28. A Tabela Periódica dos Elementos

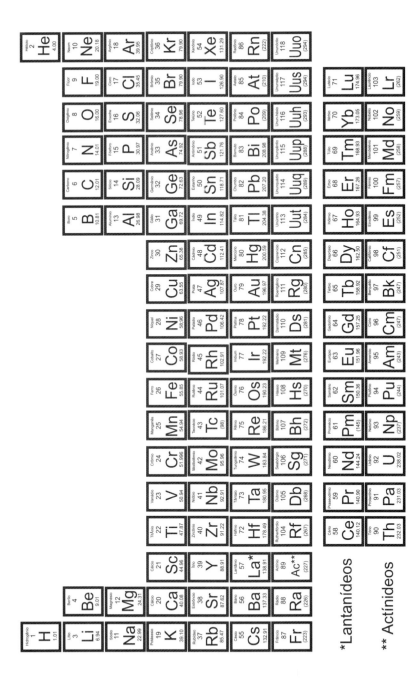

*Lantanídeos

**Actinídeos

8

B DE BIG BANG

A filosofia que é tão importante em cada um de nós não é uma questão técnica; trata-se da nossa percepção mais ou menos estúpida do que a vida honesta e profundamente significa. Ela vem apenas em parte de livros; é a nossa forma individual de simplesmente ver e sentir o total da contração e expansão do universo.

WILLIAM JAMES

No dia 28 de março de 1949, às 18h30, o astrofísico Fred Hoyle deu uma de suas respeitáveis palestras pelo rádio no *The Third Programme*, da BBC, um programa cultural que contava com a participação de intelectuais como o filósofo Bertrand Russell e o dramaturgo Samuel Beckett. Em certo ponto, enquanto tentava estabelecer um contraste entre seu próprio cenário — de criação contínua de matéria no universo — e a teoria oposta, que afirmava que o universo tivera um princípio distinto e definido, Hoyle fez o que se tornaria uma afirmação controversa:

> Agora, chegamos à questão da aplicação de testes observacionais a teorias anteriores. Essas teorias baseavam-se na hipótese de que *toda a matéria no universo foi criada em um big bang [grande explosão] em um momento em particular no passado remoto* [ênfase nossa]. Verifica-se agora que, em algum aspecto ou outro, todas essas teorias estão em conflito com os requisitos observacionais.[1]

Essa palestra marcou o nascimento do termo "Big Bang", que desde então foi inexoravelmente ligado ao evento a partir do qual o universo teve origem. Ao contrário da crença popular, Hoyle não usou o termo em tom depreciativo. Em vez disso, ele estava simplesmente tentando criar uma imagem mental para o ouvinte. Ironicamente, foi um cientista que sempre se opôs à ideia por trás desse modelo que cunhou e popularizou o termo "Big Bang". O nome sobreviveu até mesmo a um referendo popular.[2] Em 1993, a revista *Sky & Telescope* pediu aos leitores que sugerissem um nome melhor — atitude vista de forma geral como uma tentativa para alcançar uma correção política cósmica. Depois que três juízes (incluindo Carl Sagan, o famoso astrônomo e divulgador da ciência) percorreram as 13.099 sugestões enviadas, contudo, não encontraram uma substituição digna. O título deste capítulo ("*B* de Big Bang") foi inspirado no título de um drama de ficção científica da TV britânica, *A for Andromeda* [*A* de Andrômeda], escrito por Hoyle e pelo produtor de TV John Elliot. A série em sete partes foi ao ar em 1961, e o papel principal era interpretado por Julie Christie.

Fred Hoyle nasceu em 24 de junho de 1915 em Gilstead, uma vila próxima à cidade de Bingley, em West Yorkshire, Inglaterra.[3] Seu pai era um vendedor de lã e tecidos que foi convocado para a unidade Machine Gun Corps [Regimento de Metralhadoras] e despachado para a França durante a Primeira Guerra Mundial. Sua mãe estudou música e durante algum tempo tocou piano em um cinema local, fornecendo a trilha para filmes mudos. Fred Hoyle, que a princípio planejava ser um químico, estudou matemática em Cambridge e demonstrou tamanho talento e realizações que foi eleito *fellow* da St. John's College, Cambridge, em 1939. Em 1958, ele ganhou a prestigiosa cátedra de professor plumiano de astronomia e filosofia experimental em Cambridge. Por acaso, George Darwin, filho de Charles Darwin, ocupou a cadeira entre 1883 e 1912.

Sinais da apreciação de Hoyle pela independência e, às vezes, pela divergência ficaram claros desde cedo. Ele mais tarde iria se recordar: "Entre os 5 e 9 anos, eu estava quase sempre em guerra contra o sistema de educação [...] Assim que soube de minha mãe que havia um lugar chamado escola que eu deveria frequentar mesmo a contragosto — um lugar onde você era obrigado a pensar sobre questões passadas por um 'professor', e não sobre questões escolhidas por você mesmo — fiquei estarrecido."[4] Seu desprezo pela convenção continuou ao longo dos seus anos na universidade. Em 1939, ele decidiu abrir mão do título de Ph.D. pelo "simples motivo", em suas palavras, de ter que pagar menos imposto de renda![5]

Como não seria de surpreender, um pensador independente motivado pela curiosidade amadureceu para tornar-se um cientista brilhante. Em termos de contribuições para a astrofísica e a cosmologia, Hoyle provavelmente foi a principal figura em pelo menos um quarto de século. Ao mesmo tempo, ele nunca evitou a controvérsia. "Para alcançar qualquer coisa que realmente valha a pena na pesquisa", ele escreveu certa vez, "é necessário ir contra as opiniões dos nossos colegas. Se quisermos fazê-lo com sucesso, não nos tornando meros excêntricos, precisamos de um julgamento aguçado, em especial em questões de longo prazo que não podem ser resolvidas com rapidez."[6] Em breve descobriremos que Hoyle seguiu o próprio conselho ao pé da letra.

Mesmo sem a Segunda Guerra Mundial, 1939 teria sido um ano crítico para Hoyle. Acontece que, um após o outro, dois de seus supervisores de pesquisa deixaram Cambridge por outros empregos. Seu terceiro conselheiro era o grande físico Paul Dirac, um dos fundadores da mecânica quântica — a revolucionária nova visão sobre o mundo microscópico subatômico. Comparado à torrente de novas ideias nos anos 1920, o final da década de 1930 parecia tedioso. Hoyle mais tarde escreveria que Dirac lhe dissera certo dia em 1939: "Em 1926, até pessoas que não eram muito boas podiam resolver problemas importantes, mas agora pessoas que *são* muito boas não conseguem encontrar problemas importantes para resolver."[7] Hoyle ouviu bem a análise e mudou seu foco da física nuclear teórica pura para as estrelas.

Entre as inúmeras realizações de Hoyle, quero me concentrar aqui em apenas algumas de suas contribuições para um tópico em particular: a astrofísica nuclear. O trabalho de Hoyle nessa área tornou-se um dos principais pilares sobre os quais repousa a compreensão moderna das estrelas e sua evolução. Ao longo do caminho, ele resolveu o enigma de como os átomos de carbono, a âncora da complexidade e da vida como a conhecemos, formavam o universo. A fim de apreciarmos totalmente a importância desse feito de Hoyle, contudo, precisamos primeiro entender o pano de fundo da sua obra-prima.

Prólogo para a história da matéria

A tabela periódica dos elementos pode ser encontrada em uma parede de quase todas as salas de aula de ciências dos Estados Unidos. Assim como a linguagem é composta de palavras constituídas de letras do alfabeto, toda matéria comum presente no cosmos é composta por esses elementos. Os elementos são as substâncias que não podem ser quebradas ou modificadas por meios químicos simples. Geralmente, são atribuídas a Dmitri Mendeleyev, um químico russo, a identificação das regularidades periódicas que são a base da tabela periódica (na metade do século XIX) e a perspicácia de ter previsto as características de elementos que ainda não haviam sido descobertos para completar a tabela.[8] De muitas formas, a tabela periódica é uma representação simbólica do progresso alcançado desde a famosa identificação por Empédocles e Platão do fogo, do ar, da água e da terra como os compostos básicos da matéria. Um aparte fantástico é que a menor reprodução da tabela periódica foi gravada em 2011 em um fio de cabelo humano do químico Martyn Poliakoff na Universidade de Nottingham, Reino Unido.[9]

A gravação foi feita no centro de nanotecnologia da universidade. (O fio de cabelo foi devolvido a Poliakoff como presente de aniversário.)

A tabela periódica atualmente contém 118 elementos (o último, ununóctio*, foi identificado em 2002), dos quais 94 ocorrem naturalmente na Terra. Se pensarmos nisto por um momento, esse é um número grande de blocos de construção primários, e consequentemente, era apenas questão de tempo até alguém perguntar "De onde estes elementos químicos vieram?", ou "Será que essas entidades complexas podem ter origens mais simples?".

Em dois artigos publicados em 1815 e 1816, o químico inglês William Prout levantou a hipótese de que os átomos de todos os elementos na verdade eram condensações de números diferentes de átomos de hidrogênio.[10] O astrofísico Arthur Eddington combinou a ideia geral da hipótese de Prout com alguns resultados experimentais sobre os núcleos obtidos pelo físico Francis Aston para formular sua própria conjectura. Eddington propôs em 1920 que quatro átomos de hidrogênio poderiam se combinar para formar um átomo de hélio.[11] A pequena diferença entre a massa total de quatro átomos de hidrogênio e a massa de um átomo de hélio seria liberada em forma de energia, isso por meio da celebrada equivalência entre massa e energia, $E = mc^2$ ("E" representa energia, "m" é massa e "c" é a velocidade da luz.) Eddington estimou que, dessa forma, o Sol poderia brilhar por bilhões de anos, convertendo apenas uma pequena porcentagem da sua massa de hidrogênio em hélio. Menos conhecido é o fato de que o físico francês Jean-Baptiste Perrin expressou ideias muito semelhantes por volta da mesma época.[12] Alguns anos depois, Eddington especulou ainda que estrelas como o Sol poderiam ser "laboratórios" naturais nos quais as reações nucleares de alguma forma transformariam um elemento em outro. Quando alguns físicos do Laboratório Cavendish objetaram, argumentando que a

---

* No fim de 2016, a União Internacional de Química Pura e Aplicada (IUPAC) e União Internacional de Física Pura e Aplicada (IUPAP) nomearam oficialmente o elemento de número atômico 118 como "Oganessônio".

temperatura interna do Sol não era elevada o bastante para fazer dois prótons superarem sua repulsão eletrostática mútua, Eddington notoriamente teria lhes aconselhado: "encontrem um lugar mais quente."[13] As hipóteses de Eddington e Perrin marcaram o nascimento da ideia da *nucleossíntese* estelar na astrofísica: a noção de que ao menos alguns elementos podem ser sintetizados nos interiores quentes das estrelas. Como você deve ter adivinhado a partir do que foi dito acima, Eddington foi um dos maiores defensores da teoria da relatividade de Einstein (em particular da relatividade geral). Em certa ocasião, o físico Ludwik Silberstein abordou Eddington e lhe disse que as pessoas acreditavam que apenas três cientistas no mundo inteiro compreendiam a relatividade geral, sendo Eddington um deles.[14] Passando-se algum tempo sem que Eddington respondesse, Silberstein o encorajou: "Não seja tão modesto." Ao que Eddington respondeu: "Pelo contrário. Estou apenas me perguntando quem poderia ser o terceiro." A imagem 13 do encarte mostra Eddington com Einstein em Cambridge.

Para continuar contando a história da formação dos elementos, precisamos nos lembrar das propriedades básicas dos átomos. Segue-se uma revisão bastante resumida. Toda matéria comum é composta por átomos, e todos os átomos têm no centro um minúsculo núcleo (o raio atômico equivale a mais de 10 mil vezes o raio nuclear), cercado por elétrons que se movem em nuvens orbitais. O núcleo é constituído por prótons e nêutrons, cuja massa é muito semelhante (um nêutron é pouco mais pesado do que um próton), cada um dos quais com uma massa cerca de 1.840 vezes maior do que a de um elétron. Embora os nêutrons ligados em núcleos estáveis sejam estáveis, um nêutron livre é instável — ele tem uma vida média de aproximadamente 15 minutos, depois disso deteriorando-se para tornar-se um próton, um elétron, e por fim uma partícula eletronicamente neutra muito leve, quase invisível, chamada antineutrino. Os nêutrons em núcleos instáveis podem se deteriorar da mesma forma.

O átomo mais simples e leve que existe é o do hidrogênio. Ele consiste em um núcleo que contém apenas um próton, com um único elétron girando ao redor desse próton em órbitas cuja probabilidade pode ser calculada por meio da mecânica quântica. O hidrogênio também é o elemento mais abundante do universo, formando cerca de 74% da matéria comum (chamada de *bariônica*). É a matéria bariônica que compõe as estrelas, os planetas e os seres humanos. Indo da esquerda para a direita ao longo de colunas na tabela periódica (imagem 28 do encarte), a cada coluna o número de prótons no núcleo aumenta em uma unidade, bem como o número de elétrons nas órbitas. Como o número de prótons é igual ao número de elétrons (e eles têm cargas elétricas opostas que são iguais em magnitude), os átomos são eletricamente neutros em seu estado imperturbado.

O elemento que se segue ao hidrogênio na tabela periódica é o hélio, que tem dois prótons no seu núcleo. Além disso, o hélio também contém dois nêutrons (que possuem carga elétrica neutra). O hélio é o segundo elemento mais abundante, compondo cerca de 24% da matéria cósmica comum. Os átomos do mesmo elemento químico possuem o mesmo número de prótons, que é chamado de *número atômico* do elemento. O número atômico do hidrogênio é 1, o do hélio é 2, o do ferro é 26, o do urânio é 92. O número total dos prótons e dos nêutrons no núcleo é a *massa atômica*. A massa atômica do hidrogênio é 1; a do hélio é 4; a do carbono (que tem seis prótons e seis nêutrons) é 12. Núcleos do mesmo elemento químico podem ter números diferentes de nêutrons, e são chamados de *isótopos* do elemento. Por exemplo, o neon (que tem dez prótons) pode ter isótopos de 10, 11 ou 12 nêutrons no núcleo. A notação comum para esses diferentes isótopos é ^{20}Ne, ^{21}Ne e ^{22}Ne. Da mesma forma, o hidrogênio (um próton, ou ^{1}H) também tem na natureza um isótopo geralmente chamado deutério (um próton e um nêutron no núcleo, ou ^{2}H) e um isótopo chamado trítio (um próton e dois nêutrons, ou ^{3}H).

Retornando ao problema central da síntese dos diferentes elementos, os físicos da primeira metade do século XX estavam diante de uma série de questões relacionadas à tabela periódica. A primeira e mais importante era: como todos esses elementos foram formados? E também: por que alguns elementos, como o ouro e o urânio, são extremamente raros (daí seu preço elevado!), enquanto outros, como o ferro e o oxigênio, são muito mais comuns? (O oxigênio é 100 milhões de vezes mais comum do que o ouro.) Ou: por que as estrelas são compostas principalmente por hidrogênio e hélio?

Desde a sua introdução, ideias sobre o processo da formação dos elementos têm sido intimamente ligadas às que dizem respeito às enormes *fontes de energia* das estrelas. Lembremos que Helmholtz e Kelvin sugeriram que a força do Sol provém de uma lenta contração e da liberação associada a ela de energia gravitacional. Entretanto, como Kelvin havia demonstrado com clareza, esse reservatório só poderia fornecer a radiação do Sol por um período limitado de tempo: não mais que algumas dezenas de milhões de anos. Esse limite era perturbadoramente incompatível com as evidências geológicas e astrofísicas que apontavam com uma precisão cada vez maior para idades de bilhões de anos tanto para a Terra quanto para o Sol. Eddington estava completamente a par dessa discrepância gritante. Em seu discurso para o encontro de 24 de agosto de 1920 da Associação Britânica para o Avanço da Ciência em Cardiff, no País de Gales, ele fez a seguinte declaração:

> Apenas a inércia da tradição mantém viva a hipótese da contração — ou melhor, não viva, mas um cadáver não enterrado. Mas se decidirmos enterrar o cadáver, reconheçamos francamente a posição em que ficaremos. Uma estrela tem acesso a um vasto reservatório de energia por meios que nos são desconhecidos. *Esse reservatório dificilmente pode ser outra coisa além da energia subatômica que, como se sabe, existe em abundância em toda matéria* [ênfase nossa].[15]

Apesar do seu entusiasmo pela ideia de que as estrelas poderiam tirar sua força da fusão de quatro núcleos de hidrogênio para formar um núcleo de hélio, Eddington não tinha um mecanismo específico para esse processo. Em particular, era preciso resolver o já citado problema da repulsão eletrostática mútua. Aqui está o obstáculo: dois prótons (os núcleos dos átomos de hidrogênio) repelem-se eletrostaticamente, pois ambos têm cargas energéticas positivas. Essa força de Coulomb (assim chamada em homenagem ao físico francês Charles Augustin de Coulomb) tem uma longa extensão, e por isso é a força dominante entre prótons a distâncias maiores do que o tamanho do núcleo atômico. Dentro do núcleo, contudo, o que domina é a grande força nuclear atrativa, que pode superar a repulsão elétrica.[16] Por consequência, para que os prótons nos centros das estrelas pudessem se fundir conforme imaginado por Eddington, eles precisavam de energias cinéticas elevadas o suficiente em seus movimentos aleatórios para ultrapassar a "barreira de Coulomb" e permitir a sua interação por meio da força nuclear de atração. O aparente problema da hipótese de Eddington era que a temperatura calculada para o centro do Sol não era alta o bastante para dar a energia necessária aos prótons. Na física clássica, isso teria sido uma sentença de morte para esse cenário; as partículas sem energia o bastante para superar tal barreira não suportariam. Felizmente, a mecânica quântica — a teoria que descreve o comportamento das partículas subatômicas e da luz — foi a salvação. Na mecânica quântica, as partículas podem se comportar como ondas, e todos os processos são inerentemente probabilísticos. Ondas não têm posições precisas como as partículas, mas estão espalhadas. Da mesma forma que algumas partes de uma onda oceânica que bate no quebra-mar podem passar para o outro lado, há uma probabilidade (embora pequena) de até mesmo prótons sem energia suficiente superarem a barreira de Coulomb e continuarem intactos. Usando esse efeito mecânico quântico de "tunelamento" através das barreiras, o físico George Gamow e, de forma independente, as equipes de Robert Atkinson e Fritz Houtermans, e de Edward Condon e Ronald Gurney demonstraram no final da década de 1920 que, sob as condições prevalentes nos interiores das estrelas, os prótons de fato podiam se fundir.[17]

Os físicos Carl Friedrich von Weizsäcker, na Alemanha, e Hans Bethe e Charles Critchfield, nos Estados Unidos, foram os primeiros a elaborar a rede de reações nucleares precisas através da qual quatro núcleos de hidrogênio se fundem para formar um núcleo de hélio. Em um artigo notável publicado em 1939, Bethe discutiu dois possíveis caminhos de produção de energia nos quais o hidrogênio poderia se converter em hélio.[18] Em um, conhecido como cadeia próton-próton (p-p),[19] dois prótons primeiro se combinam para formar deutério — o isótopo de hidrogênio com um próton e um nêutron no núcleo — e em seguida um próton adicional é capturado para transformar o deutério em um isótopo de hélio. O segundo mecanismo, conhecido como ciclo carbono-nitrogênio (CN), era uma reação cíclica na qual os núcleos de carbono e nitrogênio atuavam apenas como catalisadores. O resultado geral ainda era a fusão de quatro prótons para formar um núcleo de hélio, acompanhada pela liberação de energia. Embora Bethe a princípio pensasse que o ciclo CN era o principal modo pelo qual o nosso próprio Sol produz sua energia, experiências realizadas no Laboratório de Radiação Kellogg, do Caltech, mais tarde mostraram que a principal fonte de força para o Sol era a cadeia p-p, com o ciclo CN começando a dominar a produção de energia apenas em estrelas de massa maior.

Você provavelmente percebeu que, como o nome sugere, o ciclo CN requer a presença de átomos de carbono e nitrogênio como agentes catalisadores. Contudo, a teoria de Bethe não conseguiu demonstrar como o carbono ou o nitrogênio foram formados no universo. Bethe considerou a possibilidade de que o carbono pudesse ser sintetizado a partir da fusão de três núcleos de hélio. (Um núcleo de hélio contém dois prótons, o do carbono contém seis.) Contudo, após concluir seus cálculos, ele assegurou: "Não há como núcleos mais pesados do que o hélio serem produzidos permanentemente no interior das estrelas sob as presentes condições",[20] isto é, com as densidades e as temperaturas encontradas em estrelas parecidas com o Sol. Bethe concluiu: "Devemos presumir que os elementos mais pesados [do que o hélio] foram construídos *antes* de as estrelas terem chegado ao seu estado presente de temperatura e densidade."

A declaração de Bethe deu origem a um grande problema, já que os astrônomos e os geocientistas na época estavam chegando à conclusão de que os diferentes elementos químicos de forma geral precisavam ter uma origem comum. Em particular, o fato de que átomos como carbono, nitrogênio, oxigênio e ferro pareciam ter aproximadamente as mesmas abundâncias relativas na Via Láctea indicava claramente a existência de algum processo de formação universal. Por conseguinte, se aceitassem a declaração de Bethe, os físicos precisariam encontrar uma síntese comum que pudesse ter operado antes que as estrelas da atualidade tivessem alcançado seu equilíbrio.

No momento em que a teoria parecia chegar a um impasse, o versátil George Gamow (mais conhecido entre os colegas como "Geo") e seu aluno de Ph.D. Ralph Alpher apresentaram o que parecia uma ideia brilhante: talvez os elementos pudessem ter sido formados no estado inicial extremamente quente e denso do universo, conhecido como "Big Bang". O próprio conceito era genial em sua clareza. Na densa bola de fogo primordial, Gamow e Alpher argumentavam, a matéria consistia em gás de nêutrons altamente comprimido. Eles se referiam a essa substância primordial como *ylem* (do grego antigo *yle* e do latim medieval *hylem*, ambos os quais significavam "matéria"). À medida que esses nêutrons começassem a se degenerar para formar prótons e elétrons, todos os núcleos mais pesados poderiam, em princípio, ser produzidos pela captura sucessiva de um nêutron de cada vez a partir do mar restante de nêutrons (e da subsequente degeneração desses nêutrons em prótons, elétrons e antineutrinos). Os átomos deveriam avançar dessa forma através da tabela periódica, subindo um degrau com cada captura consecutiva de um nêutron. Acreditava-se que o processo inteiro era controlado pela probabilidade de determinado núcleo capturar outro nêutron, e também pela expansão do universo (descoberta no final dos anos 1920, como discutiremos no próximo capítulo). A expansão cósmica determinava a redução geral da densidade da matéria ao longo do tempo, e, portanto, a redução da proporção das reações nucleares. Alpher fez a maior parte dos cálculos, e os resultados foram publicados na edição de 1º de abril de 1948 da *Physical Review*.[21] (1º de abril, o dia da mentira, era a data favorita de publicação de Gamow.) O sempre excêntrico Geo se deu conta de que, se pudesse acrescentar o nome de Hans

Bethe (que não teve nenhuma participação nos cálculos) como coautor do artigo, os três nomes — Alpher, Bethe e Gamow — corresponderiam às primeiras três letras do alfabeto grego: alfa, beta e gama. Bethe aceitou que seu nome fosse incluído, e o artigo com frequência é chamado "artigo alfabético".[22] Mais tarde no mesmo ano, Alpher trabalhou em colaboração com o físico Robert Herman para prever a temperatura da radiação residual do Big Bang, atualmente conhecida como *radiação cósmica de fundo*. (Geo, que nunca abandonou o interesse de uma vida inteira por trocadilhos, brincou em seu livro *The Creation of the Universe* [A criação do universo] que Robert Herman "insiste na recusa de mudar seu nome para Delter" — o que corresponderia à letra delta, a quarta do alfabeto grego.)[23]

Por mais inteligente que fosse o esquema divisado por Alpher e Gamow, logo ficou claro que, embora a nucleossíntese no calor de um "big bang" pudesse realmente explicar as abundâncias relativas de isótopos de hidrogênio e hélio (além de algum lítio e de traços de berílio e boro), ela apresentava problemas insuperáveis para a produção dos elementos mais pesados. É fácil entendermos esse desafio por meio de uma simples metáfora mecânica: é muito difícil subir uma escada quando alguns degraus estão faltando. *Na natureza, não existem isótopos estáveis com uma massa de 5 ou 8*. Isto é, o hélio só tem isótopos estáveis com massas atômicas de 3 e 4; o lítio tem isótopos estáveis com massas atômicas de 6 e 7; o único isótopo realmente estável do berílio tem 9 de massa atômica (o de massa atômica igual a 10 é instável, mas tem vida longa), e assim por diante. Não há massas atômicas de 5 ou 8. Consequentemente, o hélio (de massa atômica igual a 4) não pode capturar outro nêutron para produzir um núcleo com vida longa o suficiente para dar continuidade ao esquema de captura de nêutrons. O lítio apresenta uma dificuldade semelhante por causa da lacuna na massa atômica de 8. As lacunas de massa, portanto, impediram o avanço da abordagem de Gamow e Alpher. Até o grande físico Enrico Fermi, que examinou o problema detalhadamente com um colega, concluiu, desapontado, que a síntese no Big Bang era "incapaz de explicar como os elementos foram formados".[24]

A combinação entre a conclusão de Fermi de que o carbono e elementos mais pesados não poderiam ser produzidos no Big Bang e a afirmação de Bethe de que esses elementos não poderiam ser produzidos em estrelas como o Sol criou um mistério: quando e como os elementos pesados foram sintetizados? Foi a essa altura que Fred Hoyle entrou em cena.

E Deus disse: "Faça-se Hoyle"

No final do outono de 1944, em plena guerra, as atividades de Hoyle no radar naval levaram-no aos Estados Unidos, onde ele aproveitou a oportunidade para se encontrar com um dos astrônomos mais influentes da época, Walter Baade, no Observatório Monte Wilson, na Califórnia. Na época, o observatório possuía o maior telescópio do mundo. Hoyle soube por Baade o quão densos e quentes os centros de estrelas grandes podem se tornar durante os estágios finais de suas vidas. Examinando essas condições extremas, ele percebeu que, a temperaturas próximas a 1 bilhão de graus Kelvin, os prótons e os núcleos de hélio facilmente penetrariam as barreiras de Coulomb dos outros núcleos, resultando em uma frequência tão elevada de reações nucleares e trocas nos dois sentidos que o conjunto inteiro de partículas poderia alcançar um estado conhecido como *equilíbrio estatístico*.

No equilíbrio estatístico nuclear, embora continuem ocorrendo reações nucleares, cada reação e seu inverso ocorrem na mesma proporção, de forma que não há nenhuma alteração geral na abundância de elementos. A consequência disso, argumentou Hoyle, era que ele poderia usar métodos poderosos do ramo da física conhecidos como mecânica estatística para estimar as abundâncias relativas dos vários elementos químicos. A fim de realizar os cálculos, contudo, ele precisava conhecer as massas de todos os núcleos envolvidos, informação à qual não tinha acesso durante os anos da guerra. Hoyle precisou esperar até a primavera de 1945 para obter a tabela das massas com o físico nuclear Otto Frisch. O resultado dos cálculos que ele fez foi um artigo memorável publicado em 1946, no qual Hoyle traçava as linhas gerais de uma teoria para a formação dos elementos a partir do carbono e elementos mais pesados no interior das estrelas.[25] A ideia era fascinante: o carbono, o oxigênio e o ferro não existiam desde sempre (no sentido de terem sido formados no Big Bang). Em vez disso, esses átomos, todos essenciais para a vida, foram forjados dentro das fornalhas nucleares das estrelas. Pensemos nisso por um momento: os átomos individuais que atualmente formam os dois filamentos do nosso DNA podem ter se originado bilhões de anos atrás nos centros de estrelas diferentes. Nosso sistema solar inteiro se formou há cerca de 4,5 bilhões de anos a partir de uma mistura de ingredientes cozinhados dentro de gerações anteriores de estrelas. A astrônoma Margaret Burbidge, que trabalharia como colaboradora de Hoyle uma década mais tarde, deu uma descrição maravilhosa da sua experiência ao ouvir Hoyle durante um encontro da Real Sociedade Astronômica em 1946: "Sentei-me no auditório da RSA curiosa, experimentando aquela maravilhosa sensação de ter o véu da ignorância erguido no momento em que uma luz brilhante ilumina uma grande descoberta."[26]

Analisando minuciosamente as consequências da sua teoria embrionária, Hoyle ficou satisfeito ao descobrir um pico significativo nas abundâncias dos elementos vizinhos do ferro na tabela periódica, tal como as observações pareciam indicar. Essa consistência do "pico do ferro", como seria chamado, para Hoyle era uma indicação de que ele estava no caminho certo. No entanto, os degraus que faltavam na escada — a ausência de núcleos estáveis em massas atômicas de 5 e 8 — continuaram impedindo qualquer tentativa de construção de uma rede detalhada (e não apenas em linhas gerais) de reações nucleares que produziria todos os elementos.

Para contornar o problema da lacuna de massas, Hoyle decidiu em 1949 reexaminar a possibilidade (anteriormente descartada por Berthe) de fusão de três núcleos de hélio para criar o núcleo de carbono, e deu a tarefa de resolver esse problema a um de seus alunos de Ph.D. Como os núcleos de hélio também são conhecidos como partículas alfa, a reação costuma ser chamada de processo *triplo alfa* (3α). Esse aluno, contudo, decidiu abandonar o curso de Ph.D. antes de concluir a tarefa (ele foi o único pupilo de Hoyle a ter feito isso), mas não cancelou seu registro formal.[27] As regras da etiqueta acadêmica para esses casos, estabelecidas pela Universidade de Cambridge, eram claras: Hoyle não poderia sequer chegar perto do problema até que o aluno ou um pesquisador independente publicasse os resultados. No final das contas, eles foram publicados por dois astrofísicos, embora o trabalho de um deles tenha passado quase despercebido.

O astrônomo estoniano-irlandês Ernst Öpik propôs em 1951 que nos núcleos contraídos de estrelas evoluídas (as próprias estrelas se expandem para tornarem-se gigantes vermelhas) a temperatura poderia alcançar algumas centenas de milhões de graus.[28] A tais temperaturas, argumentava Öpik, a maior parte do hélio se fundiria em carbono. Como, porém, o artigo de Öpik foi publicado na relativamente desconhecida *Proceedings of the Royal Irish Academy*, ele não chegou ao conhecimento de muitos astrofísicos.

Entre estes estava o astrofísico Edwin Salpeter, então no início da carreira na Universidade Cornell. No verão de 1951, Salpeter foi convidado a visitar o Laboratório de Radiação Kellogg no Caltech, onde o entusiasmado astrofísico nuclear Willy Fowler e seu grupo estavam cada vez mais envolvidos no estudo das reações nucleares consideradas importantes para a astrofísica. Começando com a mesma ideia que Öpik, Salpeter examinou o processo triplo alfa no inferno escaldante nos centros das gigantes vermelhas — precisamente o problema abandonado pelo aluno de Hoyle.[29] Salpeter reconheceu de imediato que três núcleos de hélio dificilmente poderiam colidir de forma simultânea. Era mais provável que dois deles se unissem por tempo bastante para serem atingidos por um terceiro. Salpeter logo descobriu que o carbono talvez pudesse ser produzido por meio de um processo de duas etapas e de baixa probabilidade. Na primeira etapa, duas partículas alfa poderiam se combinar para formar um isótopo altamente instável de berílio (^{8}Be) e, na segunda, o berílio poderia capturar uma terceira partícula alfa para formar carbono. Contudo, ainda havia um grande problema: experiências mostraram que esse isótopo de berílio em particular se desintegra e retorna às duas partículas alfa, com uma vida média curta de apenas cerca de 10^{-16} segundos (0,0... 1 na 16ª casa decimal). A questão era saber se, a uma temperatura de mais de 100 milhões de kelvins, a proporção da reação poderia se tornar tão elevada que alguns desses núcleos efêmeros de berílio poderiam se fundir com um terceiro núcleo de hélio antes de se desintegrarem.

Ao ler o artigo de Salpeter, a primeira reação de Hoyle foi de raiva por ter deixado um cálculo tão importante lhe escorrer entre os dedos em virtude do incidente com o aluno. Ao examinar mais de perto a rede de reações nucleares como um todo, porém, Hoyle estimou que, seguindo as suposições de Salpeter, todo o carbono seria transformado em oxigênio essencialmente tão rápido quanto fosse produzido pela fusão de mais um núcleo de hélio. Cerca de trinta anos mais tarde, ele descreveu essa importante revelação: "Azar para o pobre e velho Ed, pensei."[30] (Ed Salpeter era, na verdade, nove anos mais novo que Hoyle.) Mas isso significava o desastre do esquema inteiro? Esses eram precisamente os tipos de situações em que Hoyle revelava sua incrível intuição física e a clareza do seu pensamento. Ele começou pelo óbvio: "Tem de haver alguma forma de sintetizar ^{12}C." Afinal, o carbono não apenas era relativamente abundante no universo, como também era crucial para a vida. Depois de avaliar mentalmente todas as reações em potencial, Hoyle concluiu: "Nada era melhor do que o 3α." Então, como era possível evitar que o carbono se transformasse em oxigênio? Na cabeça de Hoyle, havia apenas uma forma: "*O 3α precisava ocorrer muito mais rápido do que fora calculado* [ênfase nossa]."[31] Em outras palavras, o berílio e o hélio precisavam conseguir se fundir com tanta facilidade e rapidez que o carbono seria produzido a uma frequência muito maior do que aquela em que era destruído. Mas o que poderia aumentar a frequência da síntese do carbono de forma tão substancial? Os físicos nucleares estavam a par de um "estado ressonante" no núcleo do carbono. Estados ressonantes são valores de energia em que a probabilidade de uma reação alcança um pico. Hoyle se deu conta de que, se o núcleo do carbono por acaso tivesse um nível de energia perfeitamente igual à energia equivalente das massas combinadas do núcleo de berílio e de uma partícula alfa (mais sua energia cinética de movimento), então a frequência da fusão de berílio com uma alfa poderia aumentar drasticamente. Isto é, a probabilidade do núcleo instável de berílio absorver outro núcleo de hélio (partícula alfa) para formar carbono teria um aumento considerável. Mas Hoyle fez mais do que argumentar que a ressonância poderia ajudar. Ele calculou *precisamente* o nível de energia necessário no núcleo do carbono para a obtenção do efeito desejado. Os físicos nucleares medem as energias nos núcleos em unidades chamadas MeV (um MeV corresponde a 1 milhão de elétron-volts). Hoyle calculou que, para a produção do carbono igualar a abundância cósmica observada, era necessário um estado ressonante em ^{12}C de cerca de 7,68 MeV acima do nível de energia mais baixo (o estado fundamental) do núcleo do carbono.[32] Ademais, usando a simetria conhecida dos núcleos do ^8Be e do ^4He, ele previu as propriedades da mecânica quântica desse estado ressonante.

Isso era tudo muito impressionante, exceto por um "pequeno" problema: ninguém sabia se esse estado existia! A mera ideia de que Hoyle usaria evidências astrofísicas gerais para fazer uma previsão tão precisa na física nuclear (muito mais precisa, na verdade, do que era possível calcular com base na física nuclear) parecia absurda, mas audácia era algo que Hoyle tinha de sobra.

Era janeiro de 1953, e Hoyle estava passando alguns meses de licença no Caltech. Armado da sua nova previsão para um nível de energia desconhecido do núcleo de carbono, Hoyle entrou no gabinete de Willy Fowler no Laboratório Kellogg para ver se Fowler e seu grupo poderiam checar a previsão por meio de experiências. O que aconteceu nesse encontro tornou-se lendário.[33] Fowler se recordaria: "Ali estava aquele homenzinho engraçado que achava que deveríamos interromper todo o trabalho importante que estávamos fazendo e procurar por esse estado, e nós meio que o dispensamos. *Fora daqui, meu jovem, não nos perturbe.*"[34]

Hoyle, contudo, relembraria o encontro de forma mais positiva.

> Para a minha surpresa, Willy não riu quando expliquei a dificuldade. Não consigo me lembrar se ele chamou a máfia Kellogg [o grupo de físicos nucleares, que incluía, entre outros, Ward Whaling, William Wenzel, Noel Dunbar, Charles Barnes e Ralph Pixley] naquele exato momento, ou se foi algumas horas ou um dia ou dois depois... Foi então que o consenso geral decidiu que o novo experimento deveria ser conduzido.[35]

Em uma entrevista realizada em 2001, nem Ward Whaling nem Noel Dunbar lembraram-se de qualquer detalhe específico do encontro, mas Charles Barnes lembrou que o pequeno escritório de Willy estava lotado e que, "quando Fred apresentou sua ideia, ficou claro que a audiência estava visivelmente cética. Até Willy parecia um pouco cético". Não importa o que aconteceu precisamente no encontro, o resultado foi que a "máfia Kellogg" decidiu realizar o experimento, e Ward Whaling e seus colegas foram identificados como o grupo que tinha a melhor estrutura experimental para executar as medidas necessárias.[36]

Whaling, Dunbar e seus colaboradores decidiram lidar com o problema bombardeando núcleos de nitrogênio (^{14}N) com deutério (^2H). Essa reação nuclear produz núcleos de carbono (^{12}C) e partículas alfa (^4He). Pelo exame minucioso da energia das partículas alfa derramadas (lembrando que a energia total é conservada), eles conseguiram detectar não apenas partículas saindo com muita energia (assim deixando o carbono em seu estado fundamental de pouca energia), mas também partículas emergindo com menos energia, indicando que parte da energia permanecia no núcleo do carbono. Os resultados estavam claros. Em duas semanas, o grupo experimental encontrou uma ressonância de 7,68 MeV (com um possível erro de 0,03 MeV) no carbono — resultado que estava, incrivelmente, de acordo com a previsão de Hoyle! Em um artigo de pouco mais de uma página descrevendo os resultados, os físicos nucleares começaram observando: "Hoyle explica a formação original dos elementos mais pesados do que o hélio por meio desse processo" (a fusão do berílio com o hélio).[37] Eles concluíram com um agradecimento: "Nossa gratidão ao professor Hoyle por nos apontar a importância desse nível para a astrofísica."

Apesar do enorme sucesso da sua previsão, Hoyle percebeu que não era hora de repousar sobre os louros.[38] Para que o carbono sobrevivesse, os núcleos precisavam seguir outro requisito importante: o carbono não podia ser capaz de capturar com rapidez uma quarta partícula alfa, que teria transformado tudo em oxigênio. Em outras palavras, era necessário se certificar de que não havia estado ressonante no núcleo do oxigênio para aumentar a frequência da reação do carbono+alfa. Para completar seu triunfo com a teoria da produção de carbono, Hoyle mostrou que essa reação ressonante de fato não ocorre — a energia do respectivo nível no oxigênio é inferior a cerca de 1% do valor que possibilitaria a ressonância.

Você provavelmente pensou que, com essa carta na manga, Hoyle a anunciou imediatamente ao mundo. Na verdade, passaram-se mais de seis meses da confirmação da sua previsão até o seu anúncio, feito de forma breve, durante um encontro da Sociedade Americana de Física em Albuquerque.[39] Mesmo nos anos seguintes, Hoyle nunca fez alarde do seu feito notável. Em 1986, ele comentou:

> De certa forma, não passou de um detalhe sem importância. Mas, como foi visto pelos físicos como uma previsão incomum e bem-sucedida, teve um efeito desproporcional na mudança do seu ponto de vista de que todos os elementos eram sintetizados nos primeiros momentos de um universo quente para o ponto de vista mais trivial de que os elementos são sintetizados nas estrelas.[40]

Não era o que outros pensavam. Quando o exuberante George Gamow resumiu sua opinião sobre o papel de Hoyle na teoria da formação dos elementos, o fez em um relato espirituoso com o título de "O Novo Gênesis":

No início, Deus criou a radiação e a ylem. E a ylem não tinha forma nem número, e os núcleos corriam loucos sobre a face das profundezas. E Deus disse: "Haja a massa de dois." E surgiu a massa de dois. E Deus viu que o deutério era bom. E Deus disse: "Haja a massa de três." E Deus viu que o trítio e o tralphium [o apelido de Gamow para o isótopo de hélio ^{3}He] eram bons. E Deus continuou falando um número após outro até chegar aos elementos transurânicos. Mas quando viu o seu trabalho, Ele achou que não estava bom. Na animação da contagem, Ele se esqueceu da massa cinco, e então, naturalmente, nenhum elemento mais pesado poderia ser formado. Deus ficou muito desapontado, e primeiro quis contrair o universo outra vez, e começar tudo de novo desde o início. Mas seria demasiado simples. Então, sendo todo-poderoso, Deus decidiu corrigir Seu erro de uma forma quase impossível.[41]

E Deus disse: "Faça-se Hoyle." E fez-se Hoyle. E Deus viu Hoyle... e disse a ele que produzisse elementos pesados de qualquer forma que quisesse. E Hoyle decidiu produzir elementos pesados nas estrelas e espalhá-los ao redor por meio de explosões de supernovas. Mas, ao fazê-lo, ele precisava obter a mesma curva de abundância que teria resultado da nucleossíntese na ylem se Deus não houvesse esquecido a massa de cinco. E assim, com a ajuda de Deus, Hoyle produziu elementos pesados dessa forma, mas era tão complicado que hoje nem Hoyle, nem Deus, nem ninguém mais consegue entender exatamente como é feito.

Observemos, que, de acordo com esse "Novo Gênesis", até Deus deu uma mancada!

A Real Academia Sueca de Ciências também não considerava a previsão de Hoyle um detalhe sem importância. Em 1997, ela decidiu dar o prestigioso prêmio Crafoord (concedido em disciplinas escolhidas para complementar as agraciadas pelo prêmio Nobel) a Hoyle e Salpeter "pela contribuição pioneira para o estudo dos processos nucleares nas estrelas e na evolução estelar". Quando a concessão do prêmio foi anunciada, a academia observou: "Talvez sua contribuição [de Hoyle] mais importante para o campo tenha sido um artigo em que ele demonstrou que a existência do carbono na natureza implicava a existência de um certo estado instável nos núcleos de carbono acima do estado fundamental. Essa previsão mais tarde seria verificada experimentalmente."[42]

Depois da sua previsão para o nível do carbono, Hoyle escreveu um artigo que estabeleceu a fundação para a teoria da nucleossíntese nas estrelas: o conceito de que a maioria dos elementos químicos e seus isótopos eram sintetizados a partir do hidrogênio e do hélio por reações nucleares dentro de estrelas maciças.

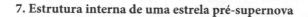
7. Estrutura interna de uma estrela pré-supernova

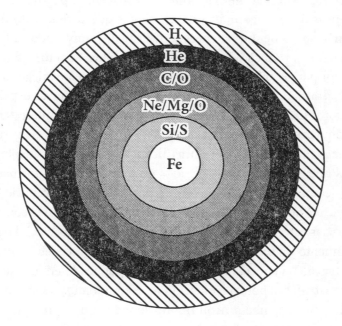

Nesse artigo, publicado em 1954, Hoyle explicou como as abundâncias dos elementos pesados hoje são produtos diretos da *evolução estelar*.[43] As estrelas passam sua existência em uma batalha contínua contra a gravidade. Na ausência de uma força oposta, a gravidade faria qualquer estrela cair no seu centro. Com a "ignição" provida pelas reações nucleares no seu interior, as estrelas produzem temperaturas extremamente altas, e as elevadas pressões resultantes sustentam as estrelas em face do seu próprio peso. Hoyle descreveu como após cada consumo do combustível nuclear central (primeiro, o hidrogênio se funde para formar hélio, então o hélio se funde para formar carbono, e depois o carbono se funde em oxigênio, e assim por diante) a contração gravitacional faz a temperatura no centro aumentar até a "ignição" da reação nuclear seguinte. Dessa forma, explicava Hoyle, novos elementos são sintetizados até o ferro a cada episódio sucessivo de queima interior. Já que cada interior ardente é melhor do que o anterior, a estrela desenvolve uma estrutura semelhante à casca da cebola, na qual cada camada é composta do produto principal — "cinzas", caso prefira, da reação nuclear anterior (imagem 7, página 193). Como o ferro possui o núcleo mais estável, depois que o centro do núcleo se forma, não sobra nenhuma energia nuclear disponível após a fusão dos núcleos para a produção de núcleos mais pesados. Sem uma fonte de calor interior para combater a gravidade, o centro estelar cai, gerando uma explosão dramática. As chamadas explosões de supernovas expelem com grande força todos os elementos forjados para o espaço interestelar, onde eles enriquecem o gás a partir do qual se formam as novas gerações de estrelas e planetas. As temperaturas alcançadas durante as explosões são tão altas que elementos mais pesados do que o ferro são formados pelo bombardeamento do material estelar por nêutrons. O cenário descrito por Hoyle até hoje é considerado o quadro geral que mostra como se dá a evolução das estrelas. Surpreendentemente, esse artigo crucial para o desenvolvimento da teoria da nucleossíntese estelar recebeu relativamente pouca atenção na época, talvez por ter sido publicado em um novo periódico de astrofísica pouco conhecido na comunidade da física nuclear.

Willy Fowler também ficou impressionado com a previsão de Hoyle do nível ressoante do carbono. Na verdade, ele passou sua licença seguinte em Cambridge para trabalhar com Hoyle. A colaboração entre os dois e destes com o casal de astrônomos Geoffrey e Margaret Burbidge levou à produção de um dos trabalhos mais conhecidos na astrofísica. O proeminente artigo de 1957 de Burbidge, Burbidge, Fowler e Hoyle — também conhecido como B^2FH — apresentou uma abrangente teoria para a síntese de todos os elementos mais pesados do que o boro nas estrelas.[44] De certa forma, quando Joni Mitchell cantou "We are stardust", ela estava apenas apresentando um resumo lírico conciso do artigo de 1954 de Hoyle e do B²FH. Os quatro pesquisadores usaram uma grande quantidade de dados astronômicos sobre as abundâncias dos elementos pesados nas estrelas e meteoritos, e os combinaram a dados nucleares cruciais extraídos de experiências e do teste com a bomba de hidrogênio, realizado em 1º de novembro de 1952 no Atol de Eniwetok, no Pacífico, como base para seus cálculos teóricos. Eles descreveram não menos que oito processos nucleares que sintetizavam os elementos nas estrelas e identificaram os diferentes ambientes astrofísicos nos quais esses processos ocorrem. O B²FH apontava corretamente que as evidências extraídas de observações de que "existem diferenças reais na composição química entre as estrelas" oferecem uma forte indicação a favor da teoria da síntese estelar em detrimento da de que todos os elementos teriam sido sintetizados no Big Bang.

Tratava-se de uma proeza genuína. O volumoso artigo, de 108 páginas, começava com um toque romântico: duas citações contraditórias de Shakespeare sobre a questão de o destino humano ser governado ou não pelas estrelas. A primeira, de *Rei Lear*, diz: "São as estrelas. As estrelas no céu que nos governam." O trecho era seguido pelas palavras "mas talvez" antecedendo a segunda citação, esta de *Júlio César:* "A culpa, querido Brutus, não está nas estrelas, mas em nós mesmos." O artigo terminava com um pedido aos observadores para que fizessem todo esforço possível a fim de determinar as abundâncias relativas dos diferentes isótopos nas estrelas, já que elas poderiam ser usadas para testar os diferentes esquemas de reações nucleares. A imagem 14 do encarte é uma foto tirada no Instituto de Astronomia Teórica, em Cambridge, em 1967. Fred Hoyle se encontra no meio da segunda fileira, e Margaret Burbidge está à sua esquerda. Willy Fowler, no meio da fileira da frente, tem Geoff Burbidge ao seu lado direito.

O B²FH, contudo, falhou em uma coisa. Não importa o quanto tenham tentado, Hoyle e seus colaboradores não conseguiram explicar as abundâncias dos elementos mais leves pela sua formação no interior das estrelas. O deutério, o lítio, o berílio e o boro eram frágeis demais — o calor nos interiores estelares era o suficiente para que esses elementos fossem destruídos, e não criados, por reações nucleares. O hélio, o segundo elemento mais abundante no cosmos, também era problemático.

Isso pode soar surpreendente, já que as estrelas claramente formam hélio. Afinal de contas, não é a fusão de quatro hidrogênios em hélio que é a principal fonte de energia para a maioria das estrelas semelhantes ao Sol? A dificuldade não estava na síntese do hélio de forma geral, mas na síntese da quantidade suficiente dele. Cálculos detalhados mostraram que a nucleossíntese nas estrelas indicaria uma abundância cósmica para o hélio de apenas cerca de 1% a 4%, enquanto o valor observado é de aproximadamente 24%. Com isso, o Big Bang seria a única fonte para os elementos mais leves, exatamente como haviam sugerido Gamow e Alpher.

Talvez você tenha percebido que a história da gênese dos elementos — a "história da matéria", como Hoyle a chamava — requereu um "meio-termo cósmico". Gamow queria que todos os elementos houvessem sido criados em poucos minutos após o Big Bang ("em menos tempo do que leva para cozinhar um prato de pato com batatas coradas"). Hoyle queria que todos os elementos fossem forjados dentro das estrelas durante o longo processo da evolução estelar. A natureza optou por algo entre as duas coisas: elementos leves como o deutério, o hélio e o lítio foram sintetizados no Big Bang, mas todos os elementos mais pesados, e em particular os essenciais para a vida, foram cozinhados no interior das estrelas.

Hoyle teve a chance de apresentar sua versão da questão até mesmo no Vaticano. Poucos meses antes de o artigo B^2FH ser publicado, a Pontifícia Academia das Ciências e o Observatório do Vaticano organizaram um encontro científico sobre "Populações Estelares" no Vaticano. Entre os 24 convidados estavam alguns dos mais distintos cientistas da astronomia e da astrofísica da época. Tanto Fowler quanto Hoyle apresentaram os resultados sobre a síntese dos elementos,[45] e Hoyle também foi requisitado a apresentar um resumo do encontro de um ponto de vista físico.[46] O astrônomo holandês Jan Oort resumiu o encontro de uma perspectiva astronômica. Na abertura do encontro, em 20 de maio de 1957, os participantes conheceram o papa Pio XII. A imagem 15 do encarte mostra Hoyle apertando a mão do papa. Willy Fowler (de costas para a câmera) está à direita de Hoyle, enquanto Walter Baade (de frente) está à direita do papa.

O resto, como dizem, é história. O programa experimental e teórico do Laboratório Kellogg tornou-se, sob a dinâmica liderança de Willy

Fowler, o eixo da astrofísica nuclear. Fowler ganharia o prêmio Nobel de física em 1983 (junto com o astrofísico Subrahmanyan Chandrasekhar). Muitas pessoas, incluindo o próprio Fowler, acreditavam que Hoyle também deveria ter compartilhado o prêmio.[47] Em 2008, Geoffrey Burbidge chegou a dizer: "A teoria da nucleossíntese estelar só pode ser atribuída a Fred Hoyle, mostrada nos seus artigos de 1946 e 1954 e no trabalho colaborativo do B²FH. Ao escrevermos o B²FH, todos nós incorporamos o trabalho anterior de Hoyle."[48]

Por que, então, Hoyle não recebeu o prêmio Nobel? As opiniões são divergentes. Geoff Burbidge concluiu, com base em correspondência particular, que uma das principais razões para a exclusão foi a percepção (que ele insistiu ser infundada) de que Fowler era o líder do B²FH. O próprio Hoyle aparentemente acreditava não ter sido agraciado por suas críticas ao comitê do prêmio Nobel quando este decidiu concedê-lo pela descoberta dos pulsares a Antony Hewish, e não à sua aluna de graduação Jocelyn Bell, que foi quem de fato fez a descoberta. Outros achavam que a insistência de Hoyle em pontos de vista heterodoxos em relação ao Big Bang, que discutiremos com detalhes no próximo capítulo, pode ter influenciado o fato de ele não ter ganhado o prêmio.

Que opiniões dissidentes eram essas? Qual era a origem da oposição de Hoyle ao Big Bang?

Durante os anos da Segunda Guerra Mundial, Hoyle acabou trabalhando no Admiralty Signals Establishment [Estabelecimento de Sinais do Almirantado], em Witley, Surrey. Lá, ele fez amizade com dois colegas mais jovens, Hermann Bondi e Thomas "Tommy" Gold, ambos judeus austríacos que haviam fugido para a Inglaterra logo após a ascensão do nazismo. Ironicamente, antes de trabalharem para a Marinha em Witley, o governo britânico havia prendido os dois como estrangeiros perigosos por causa das suas raízes austríacas.

Esta foi a descrição que Gold deu da sua primeira impressão de Hoyle: "Ele parecia tão estranho; ele parecia nunca ouvir quando as pessoas estavam falando com ele, e seu sotaque forte de North Country parecia totalmente deslocado." Logo em seguida, contudo, sua opinião mudou:

Também descobri que eu havia interpretado mal a atitude de Hoyle de aparentemente não ouvir. Na verdade, ele ouvia cuidadosamente e tinha uma memória incrível, como eu descobriria mais tarde, quando várias vezes ele se lembrava do que eu dissera muito melhor do que eu mesmo. Eu acho que ele tinha essa atitude não para dizer "Eu não estou ouvindo", mas sim "Não tente me influenciar, vou tirar minhas próprias conclusões".[49]

Nos momentos vagos no centro de pesquisa com radar, o trio de Hoyle, Bondi e Gold começou a discutir astrofísica, e esse diálogo colaborativo teve continuidade depois da guerra.[50] Em 1945, todos retornaram a Cambridge, e até 1949 passaram algumas horas juntos diariamente na casa de Bondi. Foi durante esse período que eles começaram a pensar em *cosmologia* — o estudo de todo o universo observável, todo ele tratado como uma entidade. A Real Sociedade Astronômica pediu a Bondi para escrever o que na época era chamado uma nota, que, na realidade, era uma análise que reunia um extenso corpo de conhecimento. Hoyle sugeriu a cosmologia como o tópico, já que, em sua opinião, "o assunto precisava ser algo que tivesse passado um bom tempo sem ser discutido".[51] Para dominar o tópico, Bondi mergulhou na literatura disponível, incluindo um artigo arrebatador de 1933 chamado "Relativistic Cosmology" [Cosmologia relativa], do físico Howard Percy Robertson. Hoyle, que já lera o artigo, também decidiu lê-lo mais minuciosamente uma segunda vez. Os dois perceberam que o ensaio quase enciclopédico cobria imparcialmente várias possibilidades para a evolução cósmica sem oferecer uma opinião. Com sua típica atitude inconformista, Hoyle imediatamente começou a pensar: "Será que ele [Robertson] realmente lançou a rede de forma ampla o bastante? Não haverá outras possibilidades?" Ao mesmo tempo, Gold estava explorando ideias mais filosóficas sobre o universo. Essas foram as sementes para a *teoria do estado estacionário*, apresentada em 1948. Como logo descobriremos, a teoria fora uma grande concorrente do Big Bang por mais de quinze anos antes de se tornar o foco de uma controvérsia que geraria muito ressentimento.

9
A MESMA COISA POR TODA A ETERNIDADE?

> Ideias ousadas, antecipações injustificadas e o pensamento especulativo são os únicos meios para a interpretação da natureza... Aqueles entre nós que não estão dispostos a expor suas ideias ao risco da refutação não participam do jogo científico.
>
> KARL POPPER

As obras mais duradouras de Fred Hoyle são as das áreas da astrofísica nuclear e da evolução estelar. Contudo, a maioria daqueles que se lembram dele por causa dos seus livros populares e proeminentes programas de rádio o conhece como cosmologista e coautor da ideia da teoria do estado estacionário. O que realmente significa ser um cosmologista?

"O quão perto fica o planeta mais próximo da Terra?" não é uma questão da cosmologia moderna. Nem uma questão com uma escala mais ampla, como "Qual é a distância da Via Láctea para a galáxia mais próxima?", faz parte da cosmologia moderna. A cosmologia explora as propriedades gerais do universo observável — aquelas obtidas quando se amplia a escala a um nível que apenas os telescópios mais potentes podem alcançar. Apesar de as galáxias geralmente residirem em grupos pequenos ou aglomerados variados, ambos mantidos juntos pela força da gravidade, quando conseguimos analisar volumes grandes o bastante, o universo parece muito homogêneo e isotrópico. Em outras palavras, não há posição privilegiada no universo, e as coisas parecem as mesmas em todas as direções. Falando estatisticamente, qualquer cubo cósmico com um lado de 500 milhões de anos-luz ou maior pareceria quase exatamente o mesmo em termos de conteúdo, independentemente de sua localização no universo. (Um ano-luz é a distância viajada pela luz em um ano, o equivalente a pouco mais de 9 trilhões de quilômetros.) Essa homogeneidade abrangente torna-se cada vez mais precisa quanto maior for a escala no "horizonte" dos nossos telescópios. A cosmologia explora precisamente essas questões que teriam as mesmas respostas, não importa a galáxia em que por acaso estivéssemos ou a direção para que apontássemos nosso telescópio.

Einstein havia introduzido a suposição da homogeneidade de grande escala e da isotropia do espaço em 1917, mas essa conjectura simplificadora foi elevada ao status de princípio fundamental em um artigo publicado em 1933 pelo astrofísico inglês Edward Arthur Milne. Milne chamou esse princípio de "princípio estendido da relatividade", afirmando que "não apenas as leis da natureza, mas também os eventos que ocorrem na natureza, o mundo em si, devem parecer os mesmos para todos os observadores, onde quer que se encontrem".[1] Hoje, a estipulação da homogeneidade e da isotropia é conhecida como o princípio cosmológico (nome cunhado pelo astrônomo alemão Erwin Finlay-Freundlich), e a evidência mais forte da sua validade provém de observações do "crepúsculo da criação": a radiação cósmica de fundo em micro-ondas. Essa radiação é uma relíquia da bola de fogo quente, densa e opaca primordial. Ela vem de todas as direções e é mais isotrópica do que uma parte em 10 mil. (Nas palavras do astrônomo Bob Kirshner: "muito mais delicada do que um bumbum de neném.") Observações de grande escala da galáxia também indicam um nível elevado de homogeneidade. Em todas as análises que cobrem uma fatia grande o bastante do cosmo para constituir uma "amostra considerável", mesmo as características estruturais mais conspícuas são encolhidas e aplainadas.

Como o princípio cosmológico provou-se tão eficiente quando aplicado a diferentes posições no espaço, era natural se perguntar se ele podia ser estendido para ser aplicado também ao *tempo*. Isto é, poderíamos argumentar que o universo é imutável tanto em sua aparência geral quanto em suas leis físicas? Esta foi a grande questão levantada por Hoyle, Bondi e Gold em 1948. Por mais engraçado que pareça, o ilustre trio pode ter sido inspirado a fazer essa pergunta por um filme de terror britânico chamado *Dead of Night* [Na solidão da noite]. Foi assim que o próprio Hoyle descreveu a sequência dos eventos:

> De certa forma, pode-se dizer que a teoria do estado estacionário começou na noite em que Bondi, Gold e eu fomos a um dos cinemas de Cambridge... Ele [o filme *Dead of Night*] era uma sequência de quatro histórias de fantasma aparentemente independentes contadas por vários personagens do filme, mas o ponto interessante era que o final da quarta história inesperadamente estava ligado ao início da primeira, com isso estabelecendo a possibilidade de um ciclo interminável.[2]

Quando os três colegas voltaram ao Trinity College, Gold de repente perguntou "E se o universo for assim?", ou seja, se o universo poderia ser um ciclo contínuo eterno sem um início ou fim. A ideia certamente era intrigante, exceto pelo fato de que a princípio isso parecia não estar de acordo com a descoberta do padre belga e cosmologista Georges Lemaître e do astrônomo Edwin Hubble de que o universo estava se expandindo. A expansão cósmica parecia apontar para uma evolução linear a partir de um princípio denso e quente (o Big Bang) e indicar uma direção clara para a flecha do tempo. Hoyle, Bondi e Gold estavam inteiramente cientes dessas conclusões, visto que a descoberta de Hubble e suas possíveis implicações já haviam várias vezes sido assunto de discussão do trio. Em uma entrevista realizada em 1978, Gold relembrou essas intensas análises.

O que aconteceu foi que houve um período em que Hoyle e eu nos sentávamos nos aposentos de Bondi na faculdade e passávamos um bom tempo discutindo, enquanto Hoyle sempre insistia em perguntar o que a coisa de Hubble realmente significava?... todas aquelas galáxias, todo aquele afastamento, ficaria o espaço terrivelmente vazio depois disso? Teria sido ele muito denso no passado?[3]

Todas essas considerações haviam levado a um resultado inesperado: Hoyle, Bondi e Gold começaram a pensar seriamente no problema: poderia a expansão cósmica observada de alguma forma ser acomodada no contexto da teoria de um universo imutável?

Mas antes de mergulhar nesse tópico fascinante, retornemos aos anos 1920 por um momento. A descoberta do universo em expansão não apenas é a maior descoberta astronômica do século XX, como tem um papel tão crucial na mancada de Hoyle e de Einstein que seria esclarecedor fazermos um breve desvio para revermos a história desse marco. Essa história é muito pertinente, já que uma reviravolta muito intrigante na narrativa dos eventos deu início a um tremendo alvoroço no mundo astronômico e na história das comunidades científicas em 2011.

Expansão cósmica: perdida (na tradução) e achada

Quando os cosmologistas dizem que o nosso universo está se expandindo, tal afirmação baseia-se principalmente nas evidências vindas do movimento aparente das galáxias. Um exemplo extremamente simplificado e usado com frequência pode nos ajudar a visualizar o conceito.

Imagine um mundo bidimensional que existe apenas na superfície de uma esfera de borracha. Isto é, as galáxias nesse mundo não passam de pedacinhos de papel, como aqueles criados por perfuradores de papel, colados à superfície. Nem o interior da esfera nem o espaço no exterior existem para os habitantes desse mundo; seu universo inteiro se limita à superfície. Observemos que esse mundo não possui centro; os pedacinhos de papel na superfície são exatamente iguais. (Lembre-se de que nem o centro da esfera faz parte do mundo.) Esse universo tampouco tem limites ou extremidades. Se um ponto se movesse em determinada direção na superfície esférica, jamais alcançaria uma extremidade.

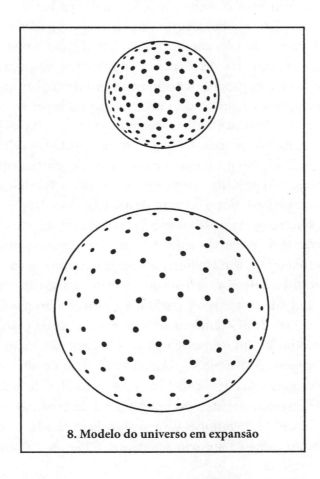

8. Modelo do universo em expansão

Contudo, o que aconteceria se essa esfera estivesse sendo inflada? Não importa em que pedacinho de papel da superfície esteja, você verá todos os outros pedacinhos se afastando de você. Além disso, os pedacinhos mais distantes se afastarão mais rápido: um pedacinho duas vezes mais distante que outro se afastará duas vezes mais rápido (já que cobrirá duas vezes a distância deste no mesmo período de tempo). Em outras palavras, a velocidade do afastamento será proporcional à distância. A teoria de Einstein da relatividade geral argumenta que o tecido do espaço-tempo (a combinação entre espaço e tempo em um único contínuo) do nosso universo se comporta de forma que podemos compará-lo a esse exemplo. Isto é, a descoberta de que todas as galáxias distantes estão se afastando de nós, combinada ao fato de que a velocidade do afastamento é proporcional à distância, implica que o espaço no nosso universo está se alongando. (Retornaremos a esse tópico no capítulo 10.) Observe que a expansão do universo não pode ser comparada à explosão de uma granada de mão. No último caso, a explosão ocorre dentro de um espaço preexistente, que possui um centro delimitado (e uma extremidade). No universo, o movimento de afastamento ocorre porque o tecido do próprio espaço está se esticando. Nenhuma galáxia é diferente de qualquer outra; a partir de qualquer localização é possível ver todas as outras galáxias se afastando em todas as direções.

A descoberta da expansão cósmica é associada principalmente à figura do astrônomo Edwin Hubble, homenageado com o nome do Telescópio Espacial Hubble. É a ele (em colaboração com seu assistente Milton Humason) que costuma ser creditada a mensuração das distâncias e das velocidades de afastamento de algumas dúzias de galáxias, bem como a introdução, em um artigo publicado em 1929, da lei que leva seu nome, a qual afirma que as galáxias se afastam de nós a velocidades proporcionais à sua distância.[4] Foi a partir da "Lei de Hubble" que Hubble e Humason tiraram a proporção geral de expansão atual, que sugere que, a cada 3,26 milhões de anos-luz de distância, a velocidade de afastamento aumenta aproximadamente 500 km/s, ou cerca de 311 milhas por segundo.

Dada a escala relativamente pequena das observações originais de Hubble, seria um verdadeiro salto de fé inferir uma expansão universal a partir delas, não fossem algumas ideias teóricas complementares, algumas das quais anteriores às próprias observações. Na verdade, já em 1922 o matemático russo Aleksandr Friedmann mostrou que a relatividade geral dava margem a um universo ilimitado em expansão e inteiramente composto por matéria.[5] Embora poucos tenham prestado atenção aos resultados de Friedmann (além do próprio Einstein, que admitiu estarem matematicamente corretos, mas os descartou por achar que "dificilmente possuem qualquer relevância física"), a noção de um universo dinâmico estava começando a ganhar influência durante a década de 1920. Por conseguinte, a interpretação das observações de Hubble em relação a um universo em expansão rapidamente se tornou popular.

Os físicos às vezes tendem a ignorar a história do assunto que investigam. Afinal de contas, não importa quem descobriu o que, contanto que as descobertas sejam divulgadas. Só regimes totalitários demonstraram uma verdadeira obsessão em insistir que todas as boas ideias fossem desenvolvidas internamente. Em uma velha piada sobre a União Soviética, um visitante importante é levado ao museu de ciências de Moscou. Na primeira sala, ele vê um quadro gigantesco de um homem russo do qual nunca ouviu falar. Quando pergunta quem ele é, o visitante recebe a seguinte resposta: "Este é fulano de tal, o inventor do rádio." Na segunda sala, ele encontra outro retrato gigante de um completo estranho. "O inventor do telefone", seu anfitrião lhe informa. E o mesmo se repete em várias salas. Na última sala, ele encontra um quadro minúsculo em comparação aos outros. "Quem é esse?", indaga o visitante surpreso. O guia sorri e responde: "Este é o homem que inventou todos os outros nas salas anteriores."

Em poucos casos, porém, as descobertas apresentam tamanha magnitude que a compreensão da trajetória que levou a elas — incluindo a identificação do indivíduo a quem devem ser atribuídas — pode ser de grande valor. Não há dúvidas de que a descoberta da expansão do universo se encaixa nessa categoria, ainda que pela única razão de que a expansão sugere que nosso universo teve um princípio.

Em 2011, teve início um debate acalorado sobre quem de fato merecia o crédito pela descoberta da expansão cósmica.[6] Em particular, alguns artigos chegaram a considerar a possibilidade de algumas práticas impróprias de censura terem sido aplicadas nos anos 1920 para garantir a prioridade de Edwin Hubble sobre a descoberta.

Segue-se um resumo dos fatos mais importantes que serviram de base para o debate.

Em fevereiro de 1922, o astrônomo Vesto Slipher havia medido as velocidades radiais (as velocidades ao longo da linha de visada em relação a nós) para 41 galáxias.[7] Em um livro publicado em 1923, Arthur Eddington listou essas velocidades e observou: "A grande preponderância de velocidades [de afastamento] positivas é muito surpreendente; mas, infelizmente, a ausência de observações de nebulosas ao sul nos impede de chegar a uma conclusão final."[8] (No início, as galáxias eram chamadas de nebulosas [do latim para "névoa" ou "nuvem"] por causa da sua aparência indistinta.) Em 1927, Georges Lemaître publicou (em francês) um artigo notável com o título (na tradução para o inglês) de "A Homogeneous Universe of Constant Mass and Increasing Radius Accounting for the Radial Velocity of Extra-Galactic Nebulae" [Um universo homogêneo de massa constante e raio crescente para explicar a velocidade radial das nebulosas extragalácticas].[9] Infelizmente, ele foi publicado nos pouco lidos *Annals of the Brussels Scientific Society*. Lemaître primeiro descobriu as soluções dinâmicas (em expansão) para as equações da relatividade geral de Einstein, a partir do que tirou a base teórica para o que na atualidade é conhecido como Lei de Hubble: o fato de que a velocidade de afastamento é diretamente proporcional à distância. Mas Lemaître foi além dos meros cálculos teóricos. Na verdade, ele usou as velocidades das galáxias medidas por Slipher — e distâncias aproximadas, determinadas com base no estudo da luz emitida pelas galáxias feito por Hubble em 1926 — para descobrir a existência do que seria a "Lei de Hubble" e determinar a taxa de expansão do universo.[10] Para o valor numérico dessa taxa, hoje chamada constante de Hubble, Lemaître obteve 625 (na unidade comum de km/s para cada 3,26 milhões de anos-luz de distância). Dois anos depois, Edwin Hubble chegou a um valor de cerca de 500 para a mesma quantidade.[11] (Hoje, sabe-se que os dois valores estavam errados por aproximadamente uma ordem de grandeza.) Na verdade, Hubble usou essencialmente as mesmas velocidades de afastamento determinadas por Slipher sem jamais mencionar no artigo que elas eram fruto do trabalho deste. Hubble usou distâncias superiores baseadas, em parte, em indicadores de distância estelar mais precisos. Lemaître estava inteiramente ciente do fato de que as distâncias que usara eram apenas aproximadas. Ele concluiu que a precisão das estimativas das distâncias disponíveis na época parecia insuficiente para a análise da validade da relação linear que havia descoberto.

Com base apenas no que descrevi até agora, acredito que a maioria das pessoas concordaria que parece justo atribuir a descoberta do fato de que o universo encontra-se em expansão e da existência da Lei de Hubble a Lemaître, e a confirmação detalhada da lei a Hubble e Humason.[12] As observações subsequentes e meticulosas de Hubble e Humason ampliaram as medidas de velocidade de Slipher e encontraram distâncias maiores e mais precisas. É aqui, contudo, que a trama se complica.

A tradução para o inglês do artigo de 1927 de Lemaître saiu na publicação inglesa *Monthly Notices of the Royal Astronomical Society* em março de 1931.[13] Entretanto, alguns parágrafos da versão francesa foram retirados — em particular o parágrafo que descrevia a Lei de Hubble e no qual Lemaître usou as 42 galáxias para as quais tinha distâncias e velocidades (aproximadas) a fim de chegar a um valor de 625 para a constante de Hubble. Também faltavam o parágrafo em que Lemaître discutia os possíveis erros das estimativas das distâncias e duas notas de rodapé, em uma das quais ele observava que a interpretação da proporcionalidade entre a velocidade e a distância era proveniente de uma expansão relativa. Na mesma nota de rodapé, Lemaître também calculou dois possíveis valores para a constante de Hubble: 575 e 670, dependendo de como os dados fossem agrupados.

Quem traduziu o artigo? E por que esses parágrafos foram excluídos da versão em inglês? Em 2011, vários detetives amadores da história da ciência sugeriram que alguém houvesse censurado deliberadamente essas partes do artigo de Lemaître que discutiam a Lei de Hubble e a determinação da constante de Hubble. O astrônomo canadense Sidney van den Bergh especulou que quem quer que tivesse feito a "edição seletiva" o fizera para evitar que o artigo de Lemaître prejudicasse Edwin Hubble.[14] "A extração de parte do meio de uma equação deve ter sido feita de propósito", ele observou. O matemático sul-africano David Block foi mais longe.[15] Ele sugeriu que o próprio Edwin Hubble poderia ter tido uma participação nessa "censura" cósmica para garantir que o crédito da descoberta da expansão constante do universo fosse para ele mesmo e para o Observatório Monte Wilson, onde fez as observações.

Como alguém que trabalhou por mais de duas décadas com o homônimo de Hubble — o Telescópio Espacial Hubble — fiquei bastante intrigado com essa investigação para averiguar os fatos mais cuidadosamente. Comecei examinando as circunstâncias da tradução do artigo de Lemaître.

Em primeiro lugar, obtive uma cópia da carta original enviada na época pelo editor da *Monthly Notices*, o astrônomo William Marshall Smart, para Georges Lemaître.[16] Na carta, Smart pergunta a Lemaître se ele permitiria que seu artigo de 1927 fosse reimpresso pela *Monthly Notices*, já que o Real Conselho Astronômico achava que o artigo não havia tido uma divulgação à altura da sua importância. O parágrafo mais importante da carta diz:

> Para resumir — se a Sociedade Científica de Bruxelas [nos anais da qual o artigo foi publicado] também estiver disposta a dar sua permissão — preferimos que o artigo seja traduzido para o inglês. Ademais, se você tiver acréscimos etc. ao assunto, ficaremos felizes em publicá-los também. Suponho que, caso haja acréscimos, poderíamos inserir uma nota explicando que §§1-n foram substancialmente tirados do artigo de Bruxelas + o restante é novo (ou algo mais elegante). Eu, particularmente, e também a Sociedade esperamos que você possa fazer isso.

Minha reação imediata foi pensar que o texto da carta de Smart era completamente inocente, e tudo indicava que não sugeria qualquer intenção de edições adicionais ou censura.[17] Entretanto, embora eu esteja inteiramente seguro dessa interpretação da carta de Smart, os dois mistérios — quem havia traduzido o artigo e quem excluíra os parágrafos — continuavam sem solução. Na tentativa de responder definitivamente a essas questões, decidi explorar mais a fundo esse enigma analisando minuciosamente todas as minutas do conselho e toda a correspondência sobrevivente de 1931 da Biblioteca da Real Sociedade Astronômica, localizada em Londres. Depois de percorrer muitas centenas de documentos irrelevantes e de quase ter desistido, descobri duas dicas, e onde há fumaça, há fogo. Primeiro, nas minutas do conselho de 13 de fevereiro de 1931, era informado: "Quanto ao pedido do doutor Jackson, foi resolvido que o padre Lemaître seja consultado e dê permissão para que seu artigo 'Un Univers homogène de masse constante et de rayon croissant', ou uma tradução em inglês dele, seja publicado na *Monthly Notices*."[18] É claro que essa é precisamente a decisão mencionada na carta de Smart para Lemaître. (Como um aparte interessante, as mesmas minutas também informam: "Foi discutido um pedido de Sir Arthur Eddington para que fosse permitido fumar nas reuniões do conselho. Foi resolvido que deve ser permitido fumar a partir das 15h30min da tarde.") A segunda evidência foi encontrada na resposta de Lemaître à carta de Smart, datada de 9 de março de 1931.[19] A carta diz:

Querido doutor Smart

Aprecio muito a honra que significa para mim e nossa sociedade ter meu artigo de 1927 reimpresso pela Real Sociedade Astronômica.* *Nem a nota geométrica, que pode ser substituída por uma pequena bibliografia de jornais antigos e recentes sobre o assunto* [ênfase nossa]. Acrescento em anexo um texto em francês indicando as passagens omitidas na tradução. Fiz a tradução com o máximo de exatidão possível, mas ficaria muito feliz se alguns de vocês pudessem ter a gentileza de lê-la e corrigir meu inglês, que temo ser muito rudimentar. Nenhuma fórmula foi alterada, e nem a sugestão final, que não foi confirmada por nenhum de meus trabalhos mais recentes, foi modificada. Não reescrevi a tabela, que pode ser impressa a partir do texto em francês.

---

* No original, o autor usa a palavra "actual" e acrescenta uma nota afirmando que Lemaître provavelmente escrevera pensando na palavra francesa *actuel*, que quer dizer exatamente "atual". A nota se deve ao fato de que "actual" pode significar tanto "atual" quanto "real", e, portanto, implica uma possível insegurança do autor quanto à tradução do trecho poder ser "não é de interesse atual" ou "não é de interesse real". [N. da T.]

> Quanto a acréscimos ao assunto, apenas obtive equações do universo em expansão por meio de um novo método que deixa claras a influência das condensações e as possíveis causas da expansão. Ficaria muito feliz em tê-las apresentadas à sua sociedade em um artigo separado.
>
> Eu gostaria muito de me tornar membro da sua sociedade, e apreciaria se fosse apresentado pelo professor Eddington e por você.
>
> Caso o professor Eddington ainda tenha uma reimpressão do seu artigo de maio na M. N., eu ficaria muito feliz em recebê-la.
>
> Peço a gentileza de transmitir lembranças ao professor Eddington.

Isso claramente põe por terra todas as especulações em relação aos créditos da tradução do artigo e da exclusão dos parágrafos: o responsável por ambas foi o próprio Lemaître!

A carta de Lemaître também oferece um vislumbre fascinante sobre a psicologia científica dos (ou de ao menos alguns dos) cientistas da década de 1920. Lemaître não estava nem um pouco obcecado pela prioridade da sua descoberta original. Como os resultados de Hubble já haviam sido publicados em 1929, ele não via motivo para reimprimir seus resultados originais em 1931. Em vez disso, preferiu seguir em frente e publicar seu novo artigo, "The Expanding Universe" [O universo em expansão], o que foi feito.[20] O pedido de Lemaître para se juntar à Real Sociedade Astronômica também acabaria por ser atendido. Ele foi oficialmente eleito sócio em 12 de maio de 1939.

O universo em estado estacionário

Retornando agora à questão provocativa de Gold, "E se o universo for assim?" — referindo-se à trama do filme *Dead of the Night* —, a possibilidade não foi considerada aceitável por seus dois colegas; ao menos, não a princípio. Hoyle imediatamente rejeitou a ideia de Gold: "Ah, vamos provar que isso não é verdadeiro antes mesmo do jantar." Essa "previsão", porém, no final das contas estava errada. Nas palavras de Bondi: "Jantamos um pouco tarde naquela noite, e em pouco tempo todos dissemos que essa era uma solução perfeitamente possível."[21] Em outras palavras, um universo imutável, sem princípio nem fim, começou a parecer cada vez mais atraente. A partir daquele ponto, contudo, Hoyle adotou uma abordagem um pouco diferente para o problema da de seus colegas cientistas.

A perspectiva de Bondi e Gold baseava-se em um conceito filosófico interessante. Se o universo de fato está evoluindo e mudando, eles argumentaram, não há razão clara para acreditarmos que as leis da natureza têm validade permanente. Afinal, essas leis foram estabelecidas com base em experiências realizadas aqui e agora. Além disso, Bondi e Gold perceberam que o princípio cosmológico, tal qual originalmente apresentado, trazia outra dificuldade. Ele presumia que todos os observadores de galáxias diferentes de qualquer lugar do universo veriam a mesma imagem em grande escala do cosmos. Mas se o universo estava evoluindo continuamente com o passar do tempo, os observadores precisariam comparar suas observações ao mesmo tempo, o que significava que seria necessário definir precisamente o que queria dizer "ao mesmo tempo". Para contornar todos esses obstáculos, Bondi e Gold propuseram o Princípio Cosmológico Perfeito, que acrescentava ao princípio original o requisito de que não houvesse um tempo preferido no cosmos — o universo parecia o mesmo de qualquer ponto *em todos os tempos*.[22]

Mesmo Hoyle tendo decidido seguir um caminho diferente, ele achou esse princípio de Bondi e Gold irrefutável, em especial porque resolvia outro problema extraído das observações do universo em expansão. A determinação por Hubble da taxa de expansão (que mais tarde descobriríamos que estava errada) implicava um cenário absurdo no qual o universo teria apenas 1,2 bilhão de anos — muito menos do que a idade estimada da Terra! Assim, apesar do enorme prestígio de Hubble ("tremendo nos anos 1930 e 1940", de acordo com Bondi), Hoyle, Bondi e Gold acharam que ainda precisavam encontrar outra solução. Ao contrário de Bondi e Gold, contudo, Hoyle embarcou em uma abordagem mais matemática, e não filosófica.[23] Em particular, ele desenvolveu sua teoria dentro da estrutura da relatividade geral de Einstein. Ele partiu do fato empírico de que o universo está se expandindo. Isso imediatamente levava à questão: se as galáxias estão continuamente se afastando umas das outras, isso significa que o universo está se tornando cada vez mais vazio? A resposta de Hoyle foi um não categórico. Em vez disso, ele propôs, a matéria está sendo continuamente criada por todo o espaço, de modo que novas galáxias e aglomerados de galáxias estão constantemente sendo formados a um ritmo que compensa precisamente a diluição causada pela expansão cósmica. Dessa maneira, Hoyle argumentou, o universo é preservado em um estado estacionário. Certa vez, ele comentou espirituosamente: "As coisas são da forma que são porque são da forma que são." A diferença entre o universo em estado estacionário e o universo em evolução (Big Bang) é demonstrada pelo esquema da imagem 9 do miolo, abaixo, onde usei mais uma vez a analogia da esfera que está inflando.

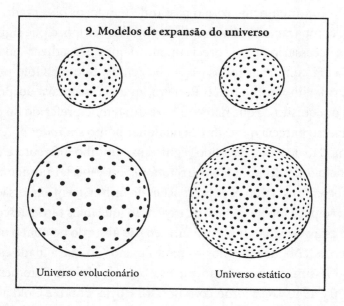

9. Modelos de expansão do universo

Universo evolucionário   Universo estático

Nos dois casos, começamos (no topo) com uma amostra do universo, na qual as galáxias são representadas por pedacinhos de papel redondos. No cenário evolucionário (à esquerda), depois de algum tempo, as galáxias se afastaram umas das outras (canto inferior esquerdo), reduzindo a densidade geral da matéria. No cenário do estado estacionário, novas galáxias foram criadas, de modo que a densidade média permaneceu a mesma (canto inferior direito).

A ideia de que a matéria estaria continuamente sendo criada a partir do nada pode parecer loucura à primeira vista. Entretanto, como Hoyle rapidamente apontou, ninguém tampouco sabia de onde a matéria surgira na cosmologia do Big Bang. A única diferença, ele explicou, era que no cenário do Big Bang toda a matéria fora criada em um princípio explosivo, enquanto no modelo do estado estacionário a matéria foi criada em um ritmo constante ao longo de um tempo infinito e continua sendo criada no mesmo ritmo na atualidade.

Hoyle afirmou que o conceito da criação contínua da matéria (quando colocado no contexto de uma teoria específica) era muito mais atraente do que a criação do universo em um passado remoto, já que esta sugeria que os efeitos observáveis haviam surgido de "causas desconhecidas pela ciência".[24] Para alcançar um estado estacionário, Hoyle acrescentou à equação da relatividade geral de Einstein um termo do "campo de criação", cujo efeito era a criação espontânea da matéria. Que tipo de matéria? Hoyle não sabia ao certo, mas presumiu: "A possibilidade mais provável parece ser a criação de nêutrons. Pode-se esperar que desintegrações subsequentes forneçam o hidrogênio requerido pela astrofísica. Além disso, a neutralidade elétrica do universo estaria garantida."[25] O ritmo com que novos átomos se materializariam a partir do espaço vazio era muito pequeno para ser diretamente observável. Hoyle certa vez o descreveu como "cerca de um átomo a cada século em um volume igual ao do Empire State Building".

A maior vantagem do cenário do estado estacionário era que, conforme esperado por todas as boas teorias científicas, ele era refutável. Foi da seguinte forma que o filósofo da ciência Karl Popper expressou seus pontos de vista sobre o que constitui um sistema teórico das ciências naturais:

> Não julgo necessário que um sistema científico seja capaz de ser definitivamente especificado em um sentido positivo; mas julgo necessário que sua forma lógica seja tal que possa ser especificado, por meio de testes empíricos, em um sentido negativo: *um sistema científico deve admitir refutação pela experiência.*[26]

O modelo do estado estacionário previa que galáxias a bilhões de anos-luz de distância deveriam, em termos estatísticos, ter a mesma aparência que galáxias próximas, apesar de vermos as primeiras como eram há bilhões de anos devido ao tempo que leva para que sua luz nos alcance. Bondi costumava desafiar aqueles que defendiam o universo em evolução (Big Bang) dizendo: "Se o universo algum dia esteve em um estado muito diferente do atual, mostrem-me resquícios fósseis de como ele era há muito tempo." Em outras palavras, se, por exemplo, fosse descoberto que galáxias muito distantes (de forma geral) apresentavam uma aparência muito diferente das galáxias vizinhas à Via Láctea, nosso universo não poderia se encontrar em um estado estacionário.

A evolução

Quando Hoyle e, de forma independente, Bondi e Gold publicaram seus artigos sobre o estado estacionário, eles deram à comunidade astrofísica a possibilidade de escolher uma entre duas visões de mundo muito diferentes. Por um lado, havia o modelo do Big Bang, segundo o qual o universo teria tido um início na forma de um estado denso e quente (que Lemaître chamou de "átomo primordial"). Além de Lemaître, George Gamow foi talvez o maior defensor desse cenário. Como veremos no último capítulo, Gamow até mesmo pensava (equivocadamente) que todos os elementos químicos haviam sido forjados na explosão cósmica inicial. Do lado oposto do Big Bang estava o modelo do estado estacionário, com seu passado infinito e seu cenário cósmico imutável, a despeito da expansão geral. No entanto, os telescópios do final da década de 1940 não eram potentes o bastante para detectar a existência de uma tendência evolucionária do tipo sugerido pelo modelo do Big Bang. No primeiro encontro entre Hoyle e Edwin Hubble, ocorrido em agosto de 1948, Hoyle ficou exultante ao ouvir de Hubble que aquele que se tornaria o maior telescópio do mundo — o telescópio de 200 polegadas do Monte Palomar, na Califórnia — estava passando pelos últimos testes. Hubble esperava poder observar galáxias remotas em breve. Para a decepção de todos, contudo, nem mesmo o imenso espelho do telescópio do Monte Palomar foi capaz de captar luz suficiente de galáxias muito distantes para estabelecer uma distinção clara entre as duas teorias rivais.

Em outubro de 1948, Hoyle, Bondi e Gold compareceram a um pequeno encontro da Real Sociedade Astronômica em Edimburgo. Os três foram convidados a apresentar suas ideias sobre o estado estacionário. Hoyle aproveitou a oportunidade para apresentar pela primeira vez uma conexão entre o cosmos imutável autossuficiente e a vida:

> A astrofísica moderna parece nos afastar inexoravelmente de um universo com espaço e tempo finitos, no qual o futuro não passa de uma exaustão ou morte térmica geral, em direção a um universo no qual tanto o espaço quanto o tempo são infinitos. As possibilidades de evolução física, e talvez até da vida, podem muito bem ser ilimitadas. Essas são as questões que o astrônomo enfrenta hoje em dia. Esperamos que elas possam ser resolvidas com razoável certeza dentro de uma geração.[27]

Aqui está um paradoxo: apesar de mais tarde Hoyle ter criticado a seleção natural (reivindicando um papel para a panspermia, ou a vida como um fenômeno cósmico), a origem dessa linha de pensamento poderia ser rastreada até Darwin. Lembremos que Darwin temia que a estimativa de Kelvin para a idade da Terra fosse restrita demais, não deixando tempo suficiente para que a evolução operasse. Hoyle, por sua vez, faz alusão a uma vantagem da teoria do estado estacionário: um universo que sempre existiu e que existirá para sempre comportaria uma quantidade infinita de tempo para o surgimento e a evolução da vida. Retornaremos a essa questão mais tarde, quando discutirmos as possíveis razões para Hoyle ter se agarrado com persistência à ideia do estado estacionário.

Depois das apresentações de Gold, Bondi e Hoyle, o presidente da Real Sociedade Astronômica, o astrônomo William Greaves, abriu a discussão seguinte com uma observação sarcástica: "A cosmologia é uma área da astronomia — às vezes, suspeito que seus adeptos pensem que ela é a única parte —, mas todos nós concordamos que ela é a parte mais importante."[28] Por acaso, um dos mais distintos físicos do século XX, Max Born, estava presente. Quando indagado sobre a sua reação ao modelo do estado estacionário, Born respondeu:

> Fico surpreso com a atitude dos cosmologistas! Depois das descobertas iniciais da física atômica, os físicos continuam encontrando novas partículas a intervalos frequentes: assim, na cosmologia, continuaremos descobrindo novas teorias sobre a estrutura do mundo e a evolução... Fico muito grato por ouvir esses artigos, mas sou cético.[29]

Os primeiros sinais de problemas para o modelo do estado estacionário vieram não dos telescópios ópticos, mas da radioastronomia. O universo é essencialmente transparente para as ondas de rádio, e, por consequência, as antenas dos radiotelescópios eram capazes de captar sinais até de galáxias distantes (mas "ativas" dentro da amplitude espectral do rádio) que mal podiam ser detectadas visualmente. Na década de 1950, cientistas britânicos e australianos aplicaram o conhecimento obtido durante a Segunda Guerra Mundial no desenvolvimento de um forte programa de radioastronomia. Um dos pioneiros dessa empreitada foi um físico do Laboratório Cavendish de Cambridge: Martin Ryle.

Ao contrário de Hoyle, Ryle tivera uma criação privilegiada — seu pai era um médico do rei Jorge VI — e recebera o melhor que a educação particular podia oferecer. Depois de algumas observações pioneiras por rádio do Sol no final dos anos 1940, Ryle e seu grupo embarcaram em um ambicioso programa para detectar fontes de rádio fora do sistema solar. Depois de alguns progressos impressionantes nas técnicas de observação que permitiram que eles descartassem a radiação de fundo da Via Láctea, Ryle e seus colegas descobriram várias dúzias de objetos astronômicos que emitem ondas de rádio distribuídas de forma mais ou menos isotrópica por todo o céu. Infelizmente, como a maioria das fontes não tinha contrapartes visíveis, não era possível determinar suas distâncias com precisão. Ryle era da opinião de que se tratava de objetos astronômicos peculiares dentro da nossa própria galáxia, e estava preparado para defender esse ponto de vista com determinação em uma pequena reunião de entusiastas da astronomia.

A chamada Conferência Massey (nome do físico atômico Harrie Massey, o anfitrião) foi realizada na University College, Londres, em março de 1951. Tanto Hoyle quanto Gold estavam presentes e não esconderam seu ceticismo. Em determinado ponto, Gold levantou-se e desafiou as conclusões de Ryle. Ele argumentou que, como as fontes discretas de rádio estavam uniformemente distribuídas em todas as direções, e não concentradas contra o plano da Via Láctea, deveriam estar fora da nossa própria galáxia, a distâncias muito maiores. A única alternativa, ele afirmou, era que as fontes na verdade se encontravam tão próximas que estavam contidas na espessura relativamente pequena do disco galáctico (distâncias menores que cem anos-luz). A hipótese de Ryle de que as fontes estavam espalhadas pela Via Láctea, na opinião de Gold, era indefensável. Hoyle estava completamente de acordo com a posição de Gold, provocando um comentário sarcástico de Ryle: "Acho que os teóricos não entenderam os dados experimentais." Hoyle respondeu apontando que, de cerca de meia dúzia de fontes que haviam sido visualmente identificadas, cinco correspondiam a galáxias externas. Anos mais tarde, ele comentou que Ryle usou a palavra "teóricos" de uma forma que implicava alguma "espécie inferior e detestável".[30]

Esse foi apenas um dos inúmeros grandes confrontos entre os teóricos do estado estacionário e Ryle, e deixou feridas emocionais tanto em Hoyle quanto em Ryle. Nesse caso em particular, Gold e Hoyle saíram vencedores.

Cerca de um ano depois da Conferência Massey, o astrônomo Walter Baade determinou que a distância de uma fonte de rádio da constelação Cygnus [Cisne] era de centenas de milhões de anos-luz, confirmando a suspeita de Hoyle. Por ironia, entretanto, foi precisamente a grande distância das fontes de rádio que mais tarde se tornou a pedra angular do discurso de Ryle a favor de um universo em evolução e que levou à queda da teoria do estado estacionário. (A teoria do estado estacionário nunca teve muita repercussão nos Estados Unidos, mas em 1952, após uma palestra do astrônomo real britânico Sir Harold Spencer Jones, conseguiu gerar algumas manchetes. Duas delas, uma publicada pelo *New York Times* e outra pelo *Christian Science Monitor*, são exibidas na imagem 19 do encarte.)[31]

Ryle precisaria sofrer mais um constrangimento temporário em sua campanha contra a cosmologia do estado estacionário, apesar dessa sequência em particular de eventos ter dado início ao que parecia ser uma vitória. Os modelos do Big Bang e do estado estacionário faziam previsões completamente diferentes sobre o universo distante. Quando observamos galáxias localizadas a bilhões de anos-luz, o que vemos é como essas galáxias *eram* bilhões de anos atrás. Em um universo em evolução contínua (o modelo do Big Bang), isso significa que observamos essa parte em particular do universo quando ele era mais jovem, e, portanto, diferente. No modelo do estado estacionário, por outro lado, o universo sempre existiu no mesmo estado. Por conseguinte, espera-se que as partes remotas do universo tenham precisamente a mesma aparência que o ambiente cósmico local. Ryle aproveitou a oportunidade possibilitada por essa previsão comprovável e começou a colher uma grande amostra de fontes de rádio, e a contar quantas delas se encontravam a diferentes intervalos de intensidade. Como não tinha meio de conhecer as verdadeiras distâncias da maioria das fontes (elas estavam fora do alcance dos telescópios ópticos), Ryle fez a suposição mais simples: as fontes de rádio mais fracas observadas encontravam-se, em média, mais distantes do que as fontes dos sinais fortes. Ele chegou à conclusão de que havia fontes dramaticamente mais fracas do que fortes. Em outras palavras, parecia que a densidade das fontes a distâncias de bilhões de anos-luz (que, portanto, representavam o universo como ele era há bilhões de anos) era muito maior do que a densidade atual das proximidades. Isso estava claramente em desacordo com o modelo de um universo imutável, mas poderia estar consistente com um cosmos que vinha evoluindo a partir de uma grande explosão, desde que se presumisse (corretamente, como agora sabemos) que as galáxias apresentavam uma tendência maior de emitir sinais de rádio intensos na juventude do que na sua presente idade avançada.

Ryle apresentou seus resultados no dia 6 de maio de 1955, quando deu a prestigiosa Palestra Halley (assim chamada em homenagem ao famoso astrônomo do século XVII Edmond Halley). Sem sequer mencionar Hoyle por nome, referindo-se apenas a "Bondi e outros" como criadores do modelo do estado estacionário, o veredito de Ryle foi claro: "Se aceitarmos a conclusão de que a maioria dos objetos astronômicos que emitem ondas de rádio são externos à Galáxia, e essa conclusão parece difícil de ser evitada, então parece não haver forma de explicar as observações em termos de uma teoria do estado estacionário."

Ryle deu continuidade ao seu ataque uma semana depois, quando, durante o encontro de 13 de maio da Real Sociedade Astronômica, ele e seu aluno John Shakeshaft tiveram o prazer de encerrar dizendo: "Devemos concluir que as regiões remotas do universo são diferentes das que são nossas vizinhas, resultado este incompatível com as teorias cosmológicas do estado estacionário, mas que estão de acordo com teorias evolucionárias."[32]

Diante desse grande desafio, Gold e Bondi, que compareceram ao encontro da Real Sociedade Astronômica, se viram do lado da defesa. Gold decidiu seguir a estratégia engenhosa de lembrar à audiência que Ryle antes estivera errado. Ele apontou que estava "feliz em ver que agora havia um acordo segundo o qual muitas dessas fontes provavelmente são extragalácticas", como ele mesmo sugerira anos antes, quando o "senhor Ryle [...] considerou que tal sugestão devia ser proveniente de uma compreensão equivocada das evidências".[33] Depois, ele acrescentou que, com base nas informações apresentadas, era "muito precipitado considerar que a grande maioria das fontes fracas estava a distâncias extremas". Ele alertou que, se as fontes não fossem todas as mesmas, mas, ao contrário, houvesse uma grande variedade de intensidades dentro dos sinais de rádio internos, a contagem de Ryle de fontes fracas poderia representar uma mistura confusa de fontes distantes com fontes próximas. Bondi também estava cético em relação à interpretação dos resultados de Ryle.[34] Do seu ponto de vista, as incertezas ainda presentes nas contagens não permitiam inferências conclusivas. Para convencê-la do seu argumento, ele lembrou à audiência que tentativas anteriores com o intuito de determinar a geometria do universo com base em contagens de galáxias haviam resultado em conclusões completamente disparatadas.

Não precisamos dizer que Hoyle também não concordava com a interpretação de Ryle. Em vez de entrar em longas discussões, contudo, ele decidiu aguardar o surgimento de dados mais precisos obtidos das observações para refutar as conclusões de Ryle. Para a surpresa de muitos astrônomos, de fato surgiram resultados contraditórios. Radioastrônomos australianos em 1957 mostraram que havia falhas sérias na pesquisa anterior de Ryle: o mapa das fontes de rádio produzido por ele era tão pouco claro que duas ou mais fontes de rádio foram contadas como uma. As consequências estavam claras para os astrônomos australianos: "Deduções de interesse cosmológico extraídas da análise são infundadas."

Hoyle preferiu não festejar. O ano de 1957 testemunhou a publicação do célebre B^{2}FH, e ele estava profundamente absorto na síntese dos elementos, esquecendo-se um pouco da cosmologia do estado estacionário. Não lhe passara despercebido, contudo, que o surgimento da maioria dos núcleos nos centros das estrelas (em vez de terem surgido em uma grande explosão) também poderia ser visto como uma indicação (ao menos em parte) da perspectiva do estado estacionário. No mesmo ano, Hoyle também foi eleito *fellow* da Real Sociedade, uma honra que o colocou em pé de igualdade com Ryle em termos de status acadêmico. Mas Ryle não desistiu. Ele e sua equipe continuaram fazendo progressos importantes tanto nos instrumentos usados quanto na análise e redução dos dados. Seu trabalho resultou na produção da terceira geração do catálogo de Cambridge de fontes de rádio (conhecido como *3C Catalogue*).

No início da década de 1960, o grupo de Ryle tinha à sua disposição até mesmo um rádio-observatório, fundado pela companhia eletrônica Mullard. Os conflitos intelectuais entre Ryle e Hoyle não cessaram, culminando em um incidente particularmente desagradável. Hoyle mais tarde descreveria essa experiência traumática em sua autobiografia, *Home Is Where the Wind Blows* [Lar é onde o vento sopra]. Tudo começou com o que parecia um telefonema sem segundas intenções da companhia Mullard no início de 1961. A pessoa do outro lado da linha convidou Hoyle e sua esposa a comparecerem a uma coletiva de imprensa na qual Ryle deveria apresentar novos resultados que supostamente eram de grande interesse de Hoyle. Quando eles chegaram à sede da Mullard em Londres, a esposa de Hoyle, Barbara, foi conduzida até a primeira fileira, enquanto Hoyle foi levado até uma cadeira no palco, de frente para a imprensa. Ele não tinha dúvidas de que o anúncio dizia respeito à contagem das fontes de rádio de acordo com a sua intensidade, mas não podia acreditar que teria sido convidado se os resultados fossem contrários à teoria do estado estacionário. Em suas palavras,

> Estaria eu sendo mesquinho ao pensar que os novos resultados que Ryle logo anunciaria eram contrários à minha posição? Certamente, se assim fosse, eu não teria sido colocado em um lugar de tanto destaque. Com certeza, aquilo significava que Ryle estava prestes a anunciar resultados que estavam de acordo com a teoria do estado estacionário, o que terminaria com um elegante pedido de desculpas pelas suas afirmações equivocadas anteriores. Assim, comecei a compor mentalmente uma resposta igualmente elegante.[35]

Infelizmente, o que Hoyle considerara completamente impensável aconteceu. Quando Ryle apareceu, em vez de fazer uma rápida declaração, como fora anunciado, deu início a uma palestra técnica, cheia de jargões, sobre os resultados da sua quarta e mais ampla pesquisa. Ele concluiu afirmando com confiança que os resultados agora demonstravam sem sombra de dúvidas uma densidade mais elevada de fontes de rádio no passado, assim provando que a teoria do estado estacionário estava errada. Hoyle, em choque, foi requisitado a comentar os resultados. Incrédulo e humilhado, ele apenas proferiu algumas frases e em seguida deixou o evento o mais rápido que pôde. O frenesi da mídia nos dias seguintes deixou Hoyle tão ultrajado que ele passou uma semana evitando telefonemas e sequer compareceu à reunião seguinte da Real Sociedade Astronômica, realizada em 10 de fevereiro. Até Ryle achou que a coletiva de imprensa havia passado dos limites da decência. Ele telefonou para Hoyle a fim de se desculpar, acrescentando que, quando concordara em participar do evento da Mullard, "não fazia ideia do quão terrível seria".

De uma perspectiva puramente científica, contudo, apesar da terrível gafe, os argumentos de Ryle se tornaram cada vez mais convincentes, e na metade da década de 1960 a grande maioria da comunidade astronômica concordava que os defensores da teoria do estado estacionário haviam perdido a batalha. A descoberta de galáxias extremamente ativas, nas quais o acúmulo de massa em buracos negros centrais supermaciços libera radiação suficiente para produzir um brilho maior do que a galáxia inteira, consolidou as evidências contrárias à teoria do estado estacionário.[36] Esses objetos, conhecidos como *quasares*, emitiam luz o bastante para serem observados por telescópios ópticos. As observações permitiram que astrônomos usassem a Lei de Hubble para determinar a distância dessas fontes e mostrar de forma convincente que os quasares na verdade eram mais comuns no passado do que no presente. Não havia como fugir da conclusão de que o universo estava evoluindo e fora mais denso no passado. Nesse momento, as comportas se abriram, e começaram a surgir cada vez mais desafios à teoria do estado estacionário. Em particular, em 1964, os cientistas Arno Penzias e Robert Wilson fizeram uma descoberta que, exceto para os seus defensores mais radicais, representou o veredito final para a teoria do estado estacionário.

Penzias e Wilson estavam trabalhando no Bell Telephone Laboratories de Nova Jersey com uma antena construída para satélites de comunicação. Para sua irritação, eles estavam captando um tipo difuso de ruído de fundo: radiação cósmica em micro-ondas que parecia ser a mesma de todas as direções. Como não conseguiram atribuir o irritante "assobio" a nenhum instrumento, Penzias e Wilson por fim anunciaram a detecção de um excesso de temperatura intergaláctica de cerca de 3 °K (3 graus acima do zero absoluto). Sem o conhecimento necessário, Penzias e Wilson a princípio não se deram conta do que haviam descoberto. Robert Dicke, da Universidade de Princeton, no entanto, reconheceu o sinal de imediato. Dicke estava construindo um radiômetro para procurar resíduos de radiação do Big Bang, já previstos por Alpher, Hermann e Gamow. Consequentemente, sua interpretação correta dos resultados de Penzias e Wilson literalmente transformou a hipótese do Big Bang em física experimentalmente testada. À medida que o universo se expandia, a bola de fogo incrivelmente quente, densa e opaca se resfriava continuamente, por fim alcançando sua temperatura atual de cerca de 2,7 °K.

Desde então, observações da radiação cósmica de fundo em micro-ondas produziram algumas das medidas mais precisas da cosmologia. A temperatura dessa radiação atualmente é conhecida como 2,725 °K, e sua intensidade muda conforme o comprimento de onda, precisamente como era de se esperar de uma fonte térmica — o que está de acordo com as previsões sobre o Big Bang. Mesmo diante dessas evidências convincentes, contraditórias à teoria do estado estacionário, Hoyle nunca admitiu seu erro. Ele propôs que, em vez de representar resíduos do Big Bang, a radiação cósmica de fundo em micro-ondas seria produzida por um tipo extragaláctico de "bigodes" de ferro, que absorveriam e espalhariam a radiação infravermelha das galáxias em comprimentos de micro-ondas. Esses bigodes de ferro supostamente teriam sido condensados a partir de vapores metálicos — por exemplo, no material emitido pelas explosões de supernovas.

Apesar dos esforços determinados de Hoyle, na metade da década de 1960, a maioria dos cientistas deixou de dar atenção à teoria do estado estacionário. Os esforços contínuos de Hoyle de demonstrar que todas as divergências entre a teoria e as observações que estavam surgindo poderiam ser explicadas pareciam cada vez mais artificiais e implausíveis.[37] Pior do que isso, ele parecia ter perdido o "julgamento aguçado" que outrora defendera, e que deveria distingui-lo de se tornar um "mero excêntrico". Em um simpósio internacional com o tópico "Retrospecto da Cosmologia Moderna", realizado em Bolonha, na Itália, em 1988, ele fez uma palestra intitulada "An Assessment of the Evidence Against the Steady-State Theory" [Uma análise das evidências contrárias à teoria do estado estacionário]. Na palestra, completamente anacrônica, Hoyle tentou (sem sucesso, devemos acrescentar) convencer a plateia de que *todas* as evidências convincentes do Big Bang — a existência da radiação cósmica de fundo em micro-ondas; a necessidade implícita de uma síntese primordial dos elementos leves deutério, hélio e lítio; e as contagens das fontes de rádio — poderiam ser explicadas pela teoria do estado estacionário. A resistência obstinada de Hoyle a uma mudança dos seus pontos de vista estava em grande contraste com a atitude adotada, por exemplo, pelo coautor da teoria do estado estacionário Hermann Bondi. Lembremos que Bondi insistira em ver algum resquício fóssil de como o universo fora no passado para acreditar que ele estava evoluindo. Em sua própria palestra na mesma conferência em Bolonha, Bondi admitiu o surgimento de tais evidências fósseis, tanto na forma da abundância do hélio cósmico, que, como fora demonstrado, provavelmente havia se formado no Big Bang, quanto na da radiação cósmica de fundo em micro-ondas, que estava completamente de acordo com as previsões do Big Bang. Bondi, assim, concluiu graciosamente: "Assim, meu desafio à apresentação de fósseis teve uma resposta um bom tempo depois de eu tê-lo feito."

Hoyle, por outro lado, continuou defendendo uma versão modificada da teoria do estado estacionário (que ele chamou de "estado quase estacionário"). Ainda no ano 2000, aos 85 anos, ele publicou um livro intitulado *A Different Approach to Cosmology: From a Static Universe Through the Big Bang Towards Reality* [Uma visão diferente da cosmologia: de um universo estático, passando pelo Big Bang, e seguindo à realidade],[38] no qual ele e seus colaboradores, Jayant Narlikar e Geoff Burbidge, explicavam os detalhes da teoria do estado quase estacionário e suas objeções ao Big Bang. Para expressar sua opinião desdenhosa em relação ao *establishment* científico, em uma das páginas do livro eles colocaram a foto de gansos andando em uma estrada suja com a legenda: "Este é o nosso ponto de vista em relação à abordagem conformista à cosmologia padrão (Big Bang quente). Resistimos à tentação de dar nomes a alguns dos principais gansos." Na época, contudo, Hoyle havia abandonado a sabedoria cosmológica convencional já fazia tanto tempo que pouquíssimos se deram ao trabalho de apontar as falhas da teoria modificada. Talvez a melhor coisa dita sobre o livro tenha aparecido em uma crítica do jornal britânico *Sunday Telegraph*, e ela dizia respeito não exatamente ao conteúdo do livro, mas à personalidade ardente de Hoyle: "Hoyle apresenta uma revisão sistemática das evidências da teoria do Big Bang, e lhe dá um bom pontapé [...] é difícil não ficarmos impressionados com a audácia do trabalho de demolição [...] Só espero ter um milésimo do espírito combatente de Hoyle quando, como ele, chegar aos 85 anos."

Dissidência e negação

A mancada de Hoyle foi um pouco diferente da de Darwin, Kelvin e Pauling em dois aspectos importantes. Em primeiro lugar, há a questão da escala do tópico, no contexto em que cada mancada ocorreu. A mancada de Darwin envolveu apenas um elemento da sua teoria (ainda que um elemento de extrema importância). A mancada de Kelvin diz respeito a uma pressuposição que está na base de um cálculo em particular (ainda que muito significativo). A mancada de Pauling afetou um modelo específico (infelizmente, da molécula mais crucial). A mancada de Hoyle, por outro lado, dizia respeito a não menos que *uma teoria inteira* para o universo como um todo. Em segundo lugar, e o mais importante, Hoyle não fez nada errado ao propor o modelo do estado estacionário — ao contrário de Darwin, que não percebeu as implicações de um mecanismo biológico falho; de Kelvin, que negligenciou processos físicos imprevistos; e de Pauling, que ignorou regras básicas da química. A teoria, em si, era ousada, excepcionalmente inteligente, e estava de acordo com todos os fatos provenientes de observações da época. A mancada de Hoyle está na sua recusa insistente, quase irritante, em reconhecer que a teoria estava errada mesmo enquanto ela era destruída por um acúmulo de evidências contraditórias, bem como no uso de critérios assimétricos de julgamento em relação às teorias do Big Bang e do estado estacionário. O que pode ter causado esse comportamento intransigente? Para responder a essa pergunta intrigante, comecei pedindo a opinião de alguns ex-alunos e colegas mais jovens de Hoyle.

O cosmologista Jayant Narlikar foi aluno de graduação de Hoyle e continuou colaborando com ele por toda a sua vida. Os dois pesquisadores desenvolveram, entre outras coisas, uma teoria da gravidade conhecida como teoria de Hoyle-Narlikar, que se encaixa no modelo do estado quase estacionário. Narlikar sugeriu que o desprezo de Hoyle pelo modelo do Big Bang provinha, ao menos a princípio, do fato de Hoyle genuinamente não ter sido convencido por algumas das premissas físicas da grande explosão.[39] Por exemplo, lembrou Narlikar, Hoyle apontou que todas as outras radiações cósmicas de fundo analisadas (ópticas, de raios X, infravermelhas), de acordo com a observação, estavam associadas a objetos astrofísicos (estrelas, galáxias ativas, etc.), e ele não via razão para que a radiação cósmica de fundo em micro-ondas pudesse ser diferente e relacionada a um evento em particular (o Big Bang). Do mesmo modo, por volta de 1956, ele achava que as estrelas de alguma forma podiam produzir a energia observada na radiação cósmica de fundo em micro-ondas, bastava encontrar um meio de sintetizar todo o hélio nas estrelas. Pelo lado emocional, Narlikar acha que o fato de Hoyle não ter uma crença religiosa pode ter contribuído para a sua objeção à ideia de que o universo surgira de uma vez só.

Os astrofísicos Peter Eggleton e John Faulkner foram ambos alunos de pesquisa de Hoyle no início da década de 1960, mas fiquei surpreso ao descobrir que suas impressões eram bastante diferentes. Eggleton lembrou-se de Hoyle como alguém que sabia tudo o que valia a pena saber em astrofísica na época e que conhecia todo mundo que era alguém na comunidade.[40] Ele observou que uma caracterização espirituosa certa vez feita para descrever o estudioso vitoriano Benjamin Jowett também se encaixava em Hoyle: "O que ele não sabia não era conhecimento."[41] No que diz respeito à atitude de Hoyle em relação à ciência, Eggleton tinha a impressão de que, se a comunidade científica acreditasse em alguma coisa, Hoyle se sentiria inclinado a acreditar no oposto para ver até onde poderia ir. Quando insisti em saber por que ele achava que Hoyle relutou tanto em aceitar o Big Bang, Eggleton expressou a opinião de que a rejeição de Hoyle à ideia de que a vida na Terra emergiu de uma evolução química natural era a raiz dessa resistência. De acordo com Eggleton, Hoyle insistia em que a origem da vida requerera muito mais tempo do que a idade do universo conforme inferida da teoria do Big Bang. Este é um ponto interessante, ao qual retornaremos em breve.

Faulkner admitiu que ele mesmo ficava perplexo diante da posição inflexível de Hoyle em relação ao Big Bang.[42] Em sua opinião, Hoyle "saiu um pouco de si, pois desenvolveu um amor pela sua ideia [a teoria do estado estacionário] e não queria desistir dela". Ele fez outro comentário interessante, contando que no final dos anos 1960 o interesse de Hoyle pelo que poderíamos chamar de "ciência normativa" diminuiu, dando lugar a uma trajetória mais dissidente.

Martin Rees, membro da Real Sociedade Britânica de Astronomia, sucedeu Hoyle tanto como professor plumiano quanto como diretor do Instituto de Astronomia da Universidade de Cambridge.[43] Ele tem uma lembrança carinhosa de Hoyle como alguém que sempre o apoiava, apesar de o trabalho de Rees com radiação cósmica de fundo em micro-ondas e quasares ter ajudado a derrubar a teoria do estado estacionário. Rees continua tendo a mais alta consideração por Hoyle — cujo retrato está na parede do seu escritório no Instituto de Astronomia. Rees ofereceu duas possíveis causas para a dissidência de Hoyle. Em primeiro lugar, ele enfatizou os efeitos negativos do isolamento científico. Ele explicou que, a partir da metade da década de 1960, Hoyle conversava sobre ciência quase exclusivamente com seus colaboradores mais próximos: um grupo muito pequeno que incluía Jayant Narlikar, Chandra Wickramasinghe e os Burbidges. Como esses cientistas raramente discordavam de Hoyle, aí está uma receita pouco recomendável para a possibilidade de mudança de pontos de vista. Para a minha surpresa, Rees me contou que, apesar de ter sido sempre generoso e encorajador, Hoyle quase nunca discutia ciência com ele. Na verdade, Hoyle não comparava impressões sobre descobertas científicas com nenhum cosmologista jovem que não concordasse com ele.

Rees fez uma segunda observação interessante, que lembra um dos comentários de Faulkner. Ele observou que, no final da sua vida profissional, alguns cientistas perdem o interesse pelos avanços incrementais de rotina que costumam caracterizar grandes esforços científicos e voltam sua atenção para ramos inteiramente novos da ciência, às vezes até fora da sua área de especialização. Rees citou a preocupação quase obsessiva de Linus Pauling com a vitamina C no final da sua carreira como exemplo desse fenômeno, e achava que os equívocos de Hoyle com respeito à origem da vida na Terra se enquadravam no padrão.

Não há dúvidas de que os fatores sugeridos por Rees, Eggleton e Faulkner tiveram um papel na teimosia de Hoyle. As maiores evidências estão em algumas afirmações feitas pelo próprio Hoyle. Em *Home Is Where the Wind Blows* [Lar é onde o vento sopra], ele escreveu o seguinte parágrafo notável:

A MESMA COISA POR TODA A ETERNIDADE?

O problema do *establishment* científico remonta aos pequenos grupos de caça da pré-história. É provável que, para uma caçada ser bem-sucedida, fosse necessário o grupo inteiro. Considerando que a direção da presa era incerta, da mesma forma que a direção da teoria correta na ciência a princípio é incerta, o grupo precisava decidir que caminho seguir, e depois todos tinham de agir conforme a decisão, mesmo que ela tivesse sido tomada aleatoriamente. O dissidente que argumentasse que a direção correta era precisamente a oposta à escolhida tinha de ser expulso do grupo, assim como o cientista que hoje adota um ponto de vista diferente do contexto vê seus artigos serem rejeitados por periódicos e seus pedidos por financiamentos para pesquisas sumariamente dispensados por agências estatais. A vida deve ter sido difícil na pré-história, pois, mesmo que o grupo de caça não encontrasse a presa na direção escolhida, ele precisava seguir na mesma direção, visto que parar e discutir seria criar incerteza e arriscar o surgimento de opiniões diferentes, com o grupo então se separando desastrosamente. É por isso que a primeira prioridade entre os cientistas não é estarem corretos, e sim que todos pensem da mesma forma. É essa motivação talvez primitiva que cria o *establishment*.[44]

Seria difícil imaginar uma defesa mais forte da dissidência na comunidade científica dominante. Aqui, Hoyle ecoa as palavras do influente físico do século II Galeno de Pérgamo: "Desde a minha mais tenra juventude, eu desprezei a opinião da multidão e ansiei pela verdade e pelo conhecimento, acreditando que não havia para o homem posse mais nobre ou divina."[45] Entretanto, como Rees apontou, o isolamento tem seu preço. A ciência avança não em uma linha reta de A a B, mas em uma trajetória em zigue-zague formada pela reavaliação crítica e pela interação que permite a identificação de falhas. A avaliação contínua permitida pela comunidade científica que ele tanto desprezava é o que cria os freios e contrapesos que impedem cientistas de irem longe demais na direção errada. Ao se impor o isolamento acadêmico, Hoyle privou a si mesmo dessas forças corretivas.

As ideias idiossincráticas de Hoyle sobre a origem da vida sem dúvida também alimentaram sua recusa em abandonar a teoria do estado estacionário. Nas palavras do próprio Hoyle:

> Acredito que o ponto de vista filosófico adequado para pensar sobre a evolução de forma cosmológica envolve questões superastronômicas, como inevitavelmente entendemos à medida que tentamos compreender a origem da ordem biológica. Diante de problemas de ordem superastronômica de complexidade, os biólogos vêm recorrendo a contos de fadas. Isso fica evidente na observação da ordem de aminoácidos em qualquer uma de centenas de enzimas [Hoyle estimava que a probabilidade de formar duzentas enzimas *aleatoriamente* a partir dos aminoácidos era de cerca de um em $10^{40.000}$.] [...] para se ter alguma esperança de resolver o problema das origens biológicas de forma racional, *faz-se necessário um universo com uma tela essencialmente ilimitada* [ênfase nossa], um universo no qual a entropia por unidade de massa [uma medida da desordem] não aumenta inexoravelmente, como acontece nas cosmologias do Big Bang. É para fornecer exatamente essa tela ilimitada que a teoria do estado estacionário é necessária, ou ao menos é o que me parece.

Em outras palavras, Hoyle acreditava que um universo em evolução, com a desordem crescente que lhe é associada, não oferece as condições necessárias para o surgimento de algo tão ordenado quanto a biologia. Ele tampouco pensava que a idade do universo, conforme se depreende do valor da constante de Hubble, era suficiente para a formação de moléculas complexas. Devo observar que o pensamento predominante na biologia evolucionária rejeita completamente esse argumento. Hoyle tentou basicamente ressuscitar a "analogia do relojoeiro" que caracterizava todos os argumentos do desenho inteligente pela comparação da origem aleatória de uma célula viva à probabilidade de "um tornado varrer um ferro-velho e montar um Boeing 747 do material contido nele". O biólogo Richard Dawkins chamou esse raciocínio de "falácia de Hoyle", apontando que a biologia não requer estruturas vitais complexas para surgir em uma única etapa.⁴⁶ Organismos capazes de se reproduzir podem gerar complexidade por meio de mutações sucessivas, enquanto objetos inanimados, por outro lado, não transmitem modificações reprodutivas.

Para irmos um pouco além dessas explicações parciais para a mancada de Hoyle, especialmente em se tratando da sua aparente recusa em admitir ter cometido um erro, precisamos entender o conceito da negação um pouco melhor. A negação raramente atrai compaixão, em especial nos círculos científicos.⁴⁷ Os cientistas, com razão, consideram a negação o oposto do espírito da pesquisa, em que velhas teorias precisam dar lugar às novas sempre que resultados experimentais assim determinam. A pesquisa, no entanto, é feita por seres humanos, e o próprio Sigmund Freud já havia postulado que os seres humanos desenvolveram a negação como um de seus mecanismos de defesa contra traumas ou realidades externas que ameaçam seu ego. Sabemos, por exemplo, que a negação é um dos primeiros estágios do luto. O que talvez poucos saibam é que a experiência de se estar errado em algo importante também constitui um trauma. O sistema judiciário fornece uma grande quantidade de evidências disso. Já houve vários incidentes em que tanto vítimas de crimes violentos quanto promotores se negaram terminantemente a acreditar que a pessoa a princípio considerada culpada na verdade era inocente, mesmo depois de evidências provenientes de exames de DNA ou novos testemunhos terem inocentado definitivamente o acusado. A negação oferece à mente perturbada um meio de evitar reviver experiências que o indivíduo acreditava terem sido encerradas com sucesso. É claro que não podemos comparar o equívoco em uma teoria científica à condenação de um inocente, mas a experiência, não obstante, também é traumática, e podemos presumir que, nesse sentido, a negação pode ter tido um papel na mancada de Hoyle.

Já observei várias vezes que a *ideia* da teoria do estado estacionário era brilhante na época em que foi proposta. Olhando em retrospecto, o universo no estado estacionário, com sua criação contínua de matéria, apresenta várias características em comum com os modelos atuais do universo inflacionário: a pressuposição de que o cosmo passou por um arroubo de crescimento mais rápido do que a luz quando tinha apenas uma fração de um segundo. Em alguns aspectos, o universo no estado estacionário é apenas um universo em que a inflação ocorre sempre. O físico Alan Guth propôs a inflação em 1981 para explicar, entre outras coisas, a homogeneidade cósmica e a isotropia.[48] Hoyle teve o prazer de destacar em um artigo publicado com Narlikar em 1963 que eles haviam mostrado que o campo de criação proposto pelos dois "atua de forma a resolver uma anisotropia [dependência da direção] inicial ou uma heterogeneidade [afastamento da uniformidade]", e que "parece que o universo alcança a regularidade observada independentemente de condições-limite iniciais". Essas são precisamente as propriedades atribuídas na atualidade à inflação.[49] O brilhantismo de Hoyle também fica claro no fato de que ele fazia parte de um pequeno grupo de cientistas capazes de investigar ao mesmo tempo duas teorias mutuamente incompatíveis. Apesar de se manter contrário ao Big Bang por toda a sua vida, Hoyle na verdade contribuiu com estudos importantes para a nucleossíntese do Big Bang, em particular no que diz respeito à abundância cósmica do hélio e à síntese de elementos a temperaturas muito elevadas.[50]

Lord Rees certa vez descreveu Hoyle como "o astrofísico mais criativo e original da sua geração". Como um astrofísico humilde, concordo completamente. As teorias de Hoyle, mesmo quando comprovadamente erradas, eram sempre motivadoras, estimulando áreas inteiras e catalisando novas ideias. Não é de surpreender que hoje haja uma estátua de Hoyle — vide imagem 21 do encarte — em frente ao prédio batizado em sua homenagem no Instituto de Astronomia de Cambridge, que ele fundou em 1966.

Por mais importantes que as contribuições de Hoyle possam ter sido, não há dúvidas de que o principal responsável pela compreensão atual das engrenagens do cosmos é Albert Einstein. Suas teorias da relatividade especial e da relatividade geral revolucionaram por completo a nossa visão de dois dos conceitos mais básicos da existência: espaço e tempo. Curiosamente, a expressão "a maior mancada" passou a ser associada a uma das ideias do cientista mais icônico de todos os tempos.

10

A "MAIOR MANCADA"

> Minha matéria dispersa as galáxias, mas une a Terra. Que nenhuma "repulsão cósmica" interfira para nos dividir!
>
> SIR ARTHUR EDDINGTON

Quando jogo minhas chaves para o alto, elas alcançam uma altura máxima e depois caem de volta na minha mão. Apenas por um instante, as chaves param ao alcançarem o ponto mais alto. É óbvio que a força de atração gravitacional da Terra é responsável por esse comportamento. Se eu pudesse jogar as chaves a uma velocidade de cerca de mais de 11 quilômetros por segundo, elas escapariam completamente à Terra, como aconteceu, por exemplo, à espaçonave Pioneer 10, que perdeu a comunicação com a Terra em 2003, quando a sonda chegou a uma distância maior que 11 bilhões de quilômetros do planeta. No entanto, na ausência de uma força oposta, a força gravitacional da Terra não permite que as chaves flutuem.

Dois cientistas mostraram de forma independente na década de 1920 que o comportamento do espaço-tempo cósmico deveria ser muito semelhante. Esses dois pesquisadores, o matemático e meteorologista russo Aleksandr Friedmann e o padre e cosmologista belga Georges Lemaître, aplicaram a teoria de Einstein da relatividade geral ao universo como um todo. Eles logo perceberam que a atração gravitacional de toda matéria e radiação presente no universo indica que o espaço-tempo, a combinação de Einstein entre espaço e tempo, pode tanto se expandir quanto se contrair, mas não pode ficar parado e estável em uma extensão determinada. Esses importantes achados no final das contas forneceram a base teórica para a descoberta por Lemaître e Hubble de que nosso universo está se expandindo. Mas vamos começar do princípio.

Em 1917, Einstein tentou primeiro entender a evolução do universo inteiro sob a luz das suas equações da relatividade geral.[1] Esse foi o início da transformação dos problemas cosmológicos de filosofia especulativa em física. A expansão do universo ainda não havia sido descoberta. Além disso, Einstein não apenas desconhecia quaisquer movimentos de grande escala, como até aquele momento a maioria dos astrônomos ainda acreditava que o universo se limitava à nossa galáxia, a Via Láctea, não contendo mais nada além dela. As observações do astrônomo Vesto Slipher do *desvio para o vermelho* (os alongamentos da luz, mais tarde interpretados como velocidades de afastamento das galáxias) das "nebulosas" ainda não eram amplamente conhecidas nem compreendidas. O astrônomo Heber Curtis apresentara evidências preliminares da possibilidade de que a galáxia Andrômeda, M31, estivesse fora da Via Láctea, mas foi apenas em 1924 que Edwin Hubble confirmou definitivamente esse fato crucial — de que a nossa galáxia não representa o universo inteiro.[2]

Convencido em 1917 de que o cosmo era imutável e estático em suas escalas mais amplas, Einstein precisava encontrar uma forma de demonstrar como o universo descrito pelas suas equações se mantinha sem cair sob o próprio peso. Para alcançar uma configuração estática com uma distribuição uniforme de matéria, Einstein apresentou o palpite de que deveria haver alguma força repulsiva para contrabalançar precisamente a gravidade. Assim, pouco mais de um ano depois de ter publicado a teoria da relatividade geral, Einstein teve a ideia do que, pelo menos à primeira vista, parecia ser uma solução brilhante. Em um artigo seminal intitulado "Cosmological Considerations on the General Theory of Relativity" [Considerações cosmológicas sobre a Teoria da Relatividade Geral], ele introduziu um novo termo em suas equações. Esse termo teve um efeito surpreendente: gerou uma força gravitacional repulsiva! A repulsão cósmica deveria atuar no universo inteiro, levando todas as partes do universo a empurrar as outras — exatamente o oposto do que fazem a matéria e a energia. Como descobriremos, massa e energia curvam o espaço-tempo de tal forma que levam à aglomeração da matéria. O novo termo cosmológico curvava o espaço-tempo de forma oposta, levando à separação da matéria. A força da repulsão era determinada pelo valor de uma nova constante introduzida por Einstein (juntando-se à familiar força da gravidade). A nova constante, agora conhecida como *constante cosmológica*, era representada pela letra grega lambda, ou λ. Einstein demonstrou que podia determinar um valor para a constante cosmológica de forma a equilibrar com exatidão as forças atrativas e repulsivas da gravidade. O resultado era um universo estático, eterno, homogêneo e imutável, de tamanho fixo. Esse modelo mais tarde ficou conhecido como "universo de Einstein". O cientista concluiu seu artigo com o que acabaria por se tornar um comentário significativo: "O *único* [ênfase nossa] propósito desse termo é possibilitar uma distribuição quase estática da matéria, conforme requerido pelas pequenas velocidades das estrelas."[3] Note que Einstein fala das "velocidades das estrelas", e não das galáxias, já que a existência e o movimento das últimas na época ainda se encontravam para além dos horizontes astronômicos.

Com poucas exceções, o julgamento de decisões em retrospecto pode ser injusto. Os cosmologistas costumam enfatizar o fato de que, ao introduzir a constante cosmológica, Einstein perdeu uma oportunidade de ouro de fazer uma previsão espetacular. Se ele houvesse se atido às suas equações originais, poderia ter previsto mais de uma década antes das observações de Hubble que o universo deveria estar se contraindo ou expandindo. Isso é verdade. Entretanto, como argumentarei no próximo capítulo, a introdução da constante cosmológica poderia ter constituído uma previsão igualmente importante.

Talvez você esteja se perguntando como Einstein pode ter acrescentado o novo termo repulsivo às suas equações sem ter comprometido todos os outros êxitos da teoria da relatividade geral na explicação de vários fenômenos confusos. Por exemplo, a relatividade geral esclareceu a leve mudança na órbita do planeta Mercúrio a cada passagem ao redor do Sol. É claro que Einstein sabia que a constante poderia prejudicar a compatibilidade com as observações. Então, para evitar consequências indesejadas, ele modificou suas equações de forma que a repulsão cósmica aumentava proporcionalmente à separação espacial.[4] Isto é, a repulsão era imperceptível nas escalas de distância do sistema solar, mas se tornava cada vez mais notável em grandes distâncias cosmológicas. Consequentemente, todas as verificações experimentais da relatividade geral (que usava medidas que cobriam distâncias relativamente curtas) poderiam ser preservadas.

Inexplicavelmente, Einstein cometeu um erro espantoso ao pensar que a constante cosmológica poderia produzir um universo estático. Ainda que a modificação de fato tenha permitido formalmente uma solução estática das equações, essa solução descrevia um estado de *equilíbrio instável* — algo parecido com um lápis em pé ou uma bola no topo de um monte —, o menor desvio do repouso resultando em forças que afastariam o sistema ainda mais do equilíbrio. É possível entender isso mesmo sem a ajuda de uma matemática sofisticada. A força repulsiva aumenta com a distância, enquanto a força de atração da gravidade diminui. O resultado disso é que, embora possamos encontrar densidade de massa na qual as duas forças se compensam com precisão, a mínima perturbação na forma, digamos, de uma pequena expansão *aumentaria* a força repulsiva e *reduziria* a atrativa, acelerando a expansão. Do mesmo modo, a menor contração resultaria no colapso total. Eddington foi o primeiro a chamar atenção para esse erro em 1930, e ele creditou a Lemaître a percepção original.[5] Entretanto, na época, o fato de que o universo estava se expandindo havia se tornado amplamente conhecido, então esse erro em particular do universo estático de Einstein já não era mais do interesse de ninguém. Também devo acrescentar que, em seu artigo original, Einstein não especificou nem a origem física nem as características precisas da constante cosmológica. Retornaremos a essas questões intrigantes — e também à de como a gravidade pode exercer uma força repulsiva — no próximo capítulo.

Apesar dessas questões em aberto, de forma geral, Einstein ficou satisfeito por ter conseguido (ou assim ele pensava) construir um modelo para um universo estático — um cosmo que ele considerava compatível com o pensamento astronômico predominante. A princípio, ele também ficou satisfeito com a constante cosmológica por outra razão. A nova modificação das equações originais do campo gravitacional parecia se encaixar na teoria com os mesmos princípios filosóficos que Einstein já usara na concepção da relatividade geral. Em particular, as equações originais (sem a constante cosmológica) pareciam requerer o que os físicos chamavam de "condições-limite", ou a especificação de valores de grandezas físicas a distâncias infinitas. Isso não estava de acordo com o "espírito da relatividade", nas palavras de Einstein. Ao contrário dos conceitos de Newton do espaço e do tempo absolutos, uma das premissas básicas da relatividade geral fora a inexistência de um sistema absoluto de referência. Além disso, Einstein insistia em que a distribuição da matéria e da energia deveria determinar a estrutura do espaço-tempo.[6] Por exemplo, um universo no qual a distribuição da matéria está se esgotando com destino ao nada não teria sido satisfatório, já que o espaço-tempo não poderia ser definido apropriadamente sem a presença de massa ou energia. Contudo, para o desgosto de Einstein, as equações originais admitiam um espaço-tempo *vazio* como solução. Assim, ele ficou feliz ao descobrir que o universo estático não precisava de condições-limite, já que era finito e se curvava sobre si mesmo como a superfície de uma esfera, sem nenhuma extremidade. Um raio de luz nesse universo retornava ao seu ponto de origem antes de iniciar um novo circuito. No sentido filosófico, Einstein, como Platão muito antes dele, sempre evitou o ilimitado — aquilo que o filósofo Georg Wilhelm Hegel chamava de "infinito ruim".

Acho que alguns leitores podem estar enferrujados na teoria da relatividade geral, então aí vai um breve resumo dos seus princípios centrais.[7]

Espaço-tempo curvo

Na teoria da relatividade especial, que antecedeu a enunciação da relatividade geral, Einstein recorreu à noção de Newton de um tempo absoluto ou universal, um tempo que todos os relógios seriam capazes de medir. O objetivo de Newton era apresentar o tempo absoluto e o espaço absoluto simetricamente. Nesse sentido, ele afirmou: "O tempo absoluto, verdadeiro e matemático, a partir de si mesmo, e de acordo com sua própria natureza, flui igualmente sem relação a nada externo." Ao adotar como tema central da relatividade especial o postulado de que a velocidade da luz deve ser *a mesma* para todos os observadores, não importa o quão rápido ou em que direção eles estejam se movimentando, Einstein teve que pagar o preço de ligar espaço e tempo para sempre em uma entidade combinada chamada espaço-tempo. Inúmeros experimentos desde então confirmaram o fato de que não pode haver concordância entre os intervalos de tempo medidos por dois observadores se movimentando de forma relativa um ao outro. Em 2010, ao comparar dois relógios atômicos ópticos conectados por meio de uma fibra óptica, pesquisadores do National Institute of Standards and Technology conseguiram observar esse efeito da "dilatação do tempo" mesmo para velocidades relativas tão baixas quanto 35 quilômetros por hora![8]

Dado o papel central da luz (falando de forma mais geral, da radiação eletromagnética) na teoria, a relatividade especial foi formulada para concordar com as leis que descrevem a eletricidade e o magnetismo. Na verdade, Einstein intitulou o artigo de 1905 em que apresentou a teoria de "On the Electrodynamics of Moving Bodies" [Sobre a eletrodinâmica dos corpos em movimento]. Entretanto, já em 1907 ele estava se tornando ciente do fato de que a relatividade especial era incompatível com a gravidade de Newton. A força gravitacional de Newton deveria atuar instantaneamente em todo o espaço. A implicação era que, por exemplo, quando a Via Láctea e a galáxia Andrômeda colidirem daqui a alguns bilhões de anos, a mudança no campo gravitacional devido à redistribuição de massa seria sentida simultaneamente no cosmos inteiro. Essa condição estava claramente em conflito com a relatividade especial, já que significaria que a informação pode viajar mais rápido do que a luz — o que seria impossível na relatividade especial. Além disso, o mero conceito da simultaneidade geral requereria a existência do próprio tempo universal que a relatividade especial invalidava minuciosamente. Embora não pudesse usar esse exemplo em particular em 1907, por não estar a par dele, Einstein entendia completamente o princípio. A fim de superar essas dificuldades — e, em especial, permitir que sua teoria se aplicasse ao movimento acelerado — Einstein embarcou em uma trajetória sinuosa que envolveu muitos passos equivocados, mas que no final das contas o conduziu à relatividade geral.

A relatividade geral ainda hoje é considerada por muitos a teoria física mais inteligente já formulada. O famoso físico Richard Feynman confessou certa vez: "Ainda não consigo entender como ele pensou nela." A teoria baseava-se principalmente em duas ideias fantásticas: (1) a equivalência entre a gravidade e a aceleração, e (2) a transformação do papel do espaço-tempo de um espectador passivo em um dos principais agentes no drama da dinâmica universal.[9] Em primeiro lugar, ao contemplar a experiência de uma pessoa que está em queda livre no campo gravitacional da Terra, Einstein percebeu que aceleração e gravidade são essencialmente indistinguíveis. Uma pessoa que vive em um elevador fechado na Terra, com o elevador acelerando para cima continuamente, pode pensar viver em um lugar que possui uma gravidade maior — uma balança certamente registraria um peso maior do que o seu peso normal. Da mesma forma, astronautas do ônibus espacial experimentavam a sensação de "não ter peso" porque tanto eles quanto o ônibus espacial estavam submetidos à mesma aceleração em relação à Terra. Em sua palestra de Kyoto em 1922, um discurso de improviso para alunos e membros do corpo docente, Einstein contou como a ideia lhe ocorreu: "Eu estava sentado em uma cadeira no escritório de patentes de Berna quando de súbito me ocorreu: 'Se uma pessoa está em queda livre, não sente o próprio peso.' Fiquei perplexo. Esse simples pensamento me causou uma impressão profunda. Foi ele quem me levou à teoria da gravidade."[10]

A segunda ideia de Einstein revolucionou a gravidade de Newton. Ele afirmou que a gravidade não era uma força misteriosa que atuava através do espaço. Em vez disso, massa e energia curvam o espaço-tempo da mesma maneira que uma pessoa sobre um trampolim. Einstein definiu a gravidade como a curvatura do espaço-tempo. Isto é, planetas movem-se ao longo das trajetórias mais curtas no espaço-tempo criado pelo Sol da mesma forma que uma bola de golfe segue a ondulação da grama, ou que um jipe avança sobre as dunas do deserto do Saara. A luz também não viaja em linhas retas, mas se distorce ao passar nas vizinhanças curvas de grandes massas. A imagem 22 do encarte mostra uma carta escrita por Einstein em 1913, quando ele estava desenvolvendo a teoria. Nela, endereçada ao astrônomo americano George Ellery Hale, Einstein explica a refração da luz em um campo gravitacional e o desvio da luz de uma estrela distante provocado pelo Sol. Essa previsão foi testada pela primeira vez em 1919 durante um eclipse solar. A pessoa que organizou as observações (no Brasil e na Ilha do Príncipe, no Golfo da Guiné) foi Arthur Eddington, e os desvios registrados por sua equipe e pela expedição liderada pelo astrônomo irlandês Andrew Crommelin (de cerca de 1,98 e 1,61 segundos de arco) eram consistentes, dentro dos erros estimados para a observação, com a previsão de Einstein de 1,74 segundo de arco.[11] (A gravidade newtoniana previa metade disso.) O tempo também é "curvo" na relatividade geral. Relógios que ficam perto de corpos espessos andam mais devagar do que relógios que ficam mais distantes deles. Experiências confirmaram esse efeito, que também é levado em conta pelos satélites GPS.[12]

A principal premissa de Einstein na relatividade geral era uma ideia revolucionária: o que identificamos como a força da gravidade não passa de uma manifestação do fato de que massa e energia fazem o espaço-tempo se curvar. Nesse sentido, Einstein estava mais inclinado, ao menos em espírito, aos pontos de vista geométricos (e não dinâmicos) dos astrônomos da Grécia antiga do que a Newton e sua ênfase às forças. Em vez de ser um fundo rígido e fixo, o espaço-tempo pode se flexionar, curvar e alongar em reação à presença de matéria e energia, e essas curvaturas, por sua vez, fazem a matéria se mover como ela se move. Como o influente físico John Archibald Wheeler certa vez colocou: "A matéria diz ao espaço-tempo como se curvar, e o espaço-tempo diz à matéria como se mover." Matéria e energia se tornam parceiras eternas para o espaço e o tempo.

Ao introduzir a relatividade geral, Einstein resolveu de forma brilhante o problema da propagação mais rápida do que a luz da força gravitacional — o problema que perseguia a teoria de Newton. Na relatividade geral, a velocidade da transmissão se resume ao quão rápido as ondulações do tecido do espaço-tempo podem viajar de um ponto a outro. Einstein mostrou que essas curvaturas e intumescências — a manifestação geométrica da gravidade — viajam precisamente na velocidade da luz. Em outras palavras, alterações no campo gravitacional não podem ser transmitidas instantaneamente.

O peso de uma palavra

Por mais satisfeito que Einstein pudesse ter estado com a constante cosmológica e seu universo estático, essa satisfação duraria pouco, já que novas descobertas científicas derrubariam este conceito. Em primeiro lugar, houve algumas decepções teóricas, a primeira quase de imediato.[13] Apenas um mês depois da publicação do artigo cosmológico de Einstein, seu colega e amigo Willem de Sitter encontrou uma solução para as equações de Einstein sem nenhuma matéria.[14] Um cosmos destituído de matéria estava claramente em contradição com a aspiração de Einstein de conectar a geometria do universo ao seu conteúdo de massa e energia. Por outro lado, o próprio de Sitter ficou muito satisfeito, já que objetara à introdução da constante cosmológica desde o início. Em uma carta para Einstein datada de 20 de março de 1917, ele argumentou que a lambda pode ter sido desejável filosófica, mas não fisicamente. Ele estava particularmente perturbado com o fato de achar que o valor da constante cosmológica não poderia ser determinado empiricamente. Naquele instante, o próprio Einstein estava mantendo a mente aberta a todas as opções. Na resposta para de Sitter, de 14 de abril de 1917, ele escreveu profeticamente um belo parágrafo, que lembra muito a famosa profecia de Darwin: "Em um futuro distante [...] será lançada luz sobre a origem do homem e sua história" (Vide o capítulo 2):

> De qualquer forma, uma coisa é certa. A teoria da relatividade geral *permite* a inclusão de $\lambda g\mu_v$ [o termo cosmológico] nas equações de campo. Um dia, nosso conhecimento da composição do céu de estrelas fixas, dos aparentes movimentos das estrelas fixas e da posição das linhas espectrais como uma função da distância provavelmente terá ido longe o bastante para que possamos decidir empiricamente se λ deve ou não desaparecer. A convicção é uma boa causa, mas um mau juiz!

Como veremos no próximo capítulo, Einstein previu com precisão o que os astrônomos alcançariam 81 anos mais tarde. Contudo, em 1917, os reveses não cessaram. Apesar de o modelo criado por de Sitter a princípio parecer estático, isso se provou uma ilusão. Mais tarde, o trabalho dos físicos Felix Klein e Hermann Weyl mostrou que, quando corpos de teste eram inseridos no modelo, eles não ficavam em repouso, mas se afastavam uns dos outros.

O segundo golpe teórico veio de Aleksandr Friedmann. Como observei anteriormente, Friedmann em 1922 mostrou que as equações de Einstein (com ou sem o termo cosmológico) permitiam soluções não estáticas, nas quais o universo ou se expandia ou se contraía. Isso levou um desapontado Einstein a escrever em 1923 para seu amigo Weyl: "Se não há um mundo quase estático, então eliminamos o termo cosmológico." Mas o desafio mais sério vinha de observações.[15] Como vimos no capítulo 9, Lemaître (quase) e Hubble (sem sombra de dúvidas) mostraram no final da década de 1920 que, na verdade, o universo não é estático — ele está se expandindo. Einstein se deu conta das implicações de imediato. Em um universo em expansão, a força atrativa da gravidade só torna a expansão mais lenta. Depois da descoberta de Hubble, portanto, ele teve de admitir que não havia mais necessidade de um complexo jogo de malabarismo entre a atração e a repulsão; consequentemente, a constante cosmológica poderia ser removida das equações. Em um artigo publicado em 1931, ele abandonou formalmente o termo, já que "a teoria da relatividade parece satisfazer os resultados de Hubble mais naturalmente... sem o termo λ".[16] Depois, em 1932, em um artigo que Einstein publicou com de Sitter, os autores concluíram: "Historicamente, o termo contendo a 'constante cosmológica' λ foi introduzido nas equações de campo a fim de nos permitir explicar em teoria a existência de uma densidade média finita em um universo estático. Agora, parece que no caso dinâmico esse fim pode ser alcançado sem a introdução de λ."[17]

Einstein estava ciente do fato de que, sem a constante cosmológica, a taxa de expansão medida por Hubble produzia uma idade para o universo muito curta se comparada à estimativa das idades estelares, mas ele inicialmente achava que o problema poderia estar na última. A maior contribuição para o erro na taxa de expansão cósmica determinada pela observação foi corrigida apenas nos anos 1960, mas incertezas de um fator de cerca de dois na taxa prevaleceram até o advento do Telescópio Espacial Hubble. Surpreendentemente, contudo, a banida constante cosmológica retornaria com um estrondo em 1998.

Você perceberá que a linguagem usada por Einstein e de Sitter em relação à constante cosmológica não é negativa; eles apenas observam que, em um universo em expansão, ela não é necessária. Entretanto, se você já leu qualquer relato da história da constante cosmológica, sem dúvida terá lido que Einstein qualificou a introdução dela em suas equações como a "maior mancada" que já cometera. Einstein realmente disse isso? E se disse, por quê?

Depois de analisar cuidadosamente todos os documentos disponíveis, primeiro confirmei uma desconfiança que alguns historiadores da ciência já tinham: a história de que Einstein teria chamado a constante cosmológica de sua "maior mancada" vem de uma única fonte — do exuberante George Gamow. Lembremos que Gamow foi o responsável pela ideia da nucleossíntese do Big Bang, bem como por parte do pensamento original sobre o código genético. James Watson, o codescobridor da estrutura do DNA, certa vez disse que Gamow estava "muito frequentemente um passo à frente de todos". Gamow contou a história da "maior mancada" em dois lugares. Em um artigo intitulado "The Evolutionary Universe" [O universo evolucionário], publicado na edição de setembro de 1956 da *Scientific American,* Gamow escreveu: "Einstein observou para mim muitos anos atrás que a ideia da repulsão cósmica foi a maior mancada que ele havia dado na vida inteira."[18] Ele repetiu a mesma história [e, por alguma razão, a maioria dos relatos sobre a história da constante cosmológica só estão a par desta fonte] em sua autobiografia, *My World Line* [Minha "linha de universo"], publicada postumamente em 1970: "Assim, a equação da gravidade original de Einstein estava correta, e a sua alteração [para introduzir a constante cosmológica] foi um erro. Muito mais tarde, quando eu discutia os problemas cosmológicos com Einstein, ele observou que a introdução do termo cosmológico foi a maior mancada que ele já dera em sua vida."[19]

Como, porém, Gamow era conhecido por embelezar muitas de suas anedotas (sua primeira esposa certa vez disse que "Em mais de vinte anos, Geo nunca se sentiu mais feliz do que com a perpetuação de uma pegadinha"), decidi ir um pouco mais fundo na tentativa de verificar a autenticidade do relato. Minha motivação para investigar essa citação em particular foi aumentada pelo fato de que a ressurreição recente da constante cosmológica transformou a "maior mancada" em uma das frases mais citadas de Einstein. Da última vez que chequei, havia mais de meio milhão de páginas no Google contendo "Einstein" e "*biggest blunder*"!*

Comecei tentando verificar se Gamow dizia estar citando Einstein diretamente. Infelizmente, nenhuma das duas citações acima mencionadas parece suficiente para determinar se Gamow estava afirmando ter ouvido o próprio Einstein usar a expressão "maior mancada" de sua vida ou se estava apenas tentando transmitir o espírito da conversa. Entretanto, em *My World Line*, Gamow continua dizendo: "Mas essa 'mancada', rejeitada por Einstein, mesmo hoje às vezes ainda é usada

---

* A expressão original usada por Einstein, aqui traduzida como "maior mancada". [*N. da T.*]

por cosmologistas, e a constante cosmológica representada pela letra grega 'λ' continua mostrando sua cara feia." O uso das aspas na palavra "mancada" parece ao menos sugerir que Gamow pretendia indicar uma citação autêntica. O fato de Gamow ter usado precisamente a mesma linguagem duas vezes também é uma indicação de que ele estava tentando ao menos dar a impressão de estar citando as palavras exatas de Einstein. Observemos também que Gamow revela sua própria aversão à constante cosmológica por meio da expressão "sua cara feia".

Curiosamente, descobri que Einstein na verdade usou a expressão "cometi um grande erro na minha vida", mas em um contexto completamente diferente. Linus Pauling conversou com Einstein (como um grande cientista e pacifista com outro) em Princeton no dia 16 de novembro de 1954. Imediatamente após a conversa, Pauling escreveu em seu diário o que Einstein lhe tinha dito (a imagem 23 do encarte mostra a entrada no diário de Pauling): "Ele havia cometido um grande erro — quando assinara a carta para o presidente Roosevelt recomendando a produção de bombas atômicas; mas havia certa justificação — o perigo de que os alemães as produzissem." É claro que esse fato não necessariamente elimina a possibilidade de Einstein ter usado as palavras "maior mancada" também em um contexto científico, embora a linguagem empregada na conversa com Pauling ("*um* grande erro") nos faça refletir.

A segunda questão que eu queria tentar resolver era a das circunstâncias: *quando* Einstein poderia ter usado essa expressão com Gamow? Em *My World Line*, Gamow dá a impressão de que ele e Einstein eram amigos muito íntimos. Ele conta que, durante a Segunda Guerra Mundial, os dois serviram na mesma época como consultores da Division of High Explosives do Bureau of Ordenance [Divisão de Explosivos do Escritório de Material Bélico] da Marinha americana. Como Einstein na época não podia voar de Princeton para Washington, DC, Gamow foi, em suas palavras, "selecionado" pela Marinha para levar os documentos para Einstein "sexta-feira sim, sexta-feira não", já que ele "conhecia Einstein de antes, por razões não militares". Gamow prossegue descrevendo um elo afetivo e íntimo entre ele e Einstein.

Einstein me encontrava em seu escritório em casa, vestindo seu famoso suéter, e analisava todas as propostas, uma a uma... Depois da parte dos negócios da visita, almoçávamos na casa de Einstein ou na lanchonete do Instituto de Estudos Avançados, que não ficava muito longe, e a conversa girava em torno dos problemas da astrofísica e da cosmologia... Jamais me esquecerei dessas visitas a Princeton, durante as quais passei a conhecer Einstein muito melhor do que o conhecera antes.[20]

Partindo da veracidade dessa descrição, o físico Gino Segrè naturalmente concluiu em seu livro *Ordinary Geniuses: Max Delbruck, George Gamow, and the Origins of Genomics and Big Bang Cosmology* [Gênios ordinários: Max Delbruck, George Gamow e as origens da genômica e cosmologia do Big Bang] que Einstein fez a observação sobre a "maior mancada" durante uma dessas "conversas em Princeton na Segunda Guerra Mundial".[21] Albrecht Fölsing, que escreveu uma das biografias mais precisas de Einstein, também admitiu que o relato de Gamow era autêntico, e repetiu a suposta citação da "maior mancada", como fizeram muitos outros.[22] Infelizmente, como descobri, a realidade era muito diferente.

Stephen Brunauer já era um bem-sucedido cientista especializado na ciência das superfícies quando se tornou, na patente de tenente, chefe de pesquisa e desenvolvimento de explosivos da Marinha americana durante a Segunda Guerra Mundial. Em determinado ponto, ele consultou as divisões militares e civis para saber se Einstein estava trabalhando para eles.[23] A resposta de ambos os lados foi negativa. Eles explicaram a Brunauer que Einstein era um pacifista e que, além disso, não estava "interessado em nada prático". Como não pretendia aceitar essa caracterização como algo definitivo, Brunauer visitou Einstein em Princeton no dia 16 de maio de 1943 e o recrutou como consultor da Marinha por uma remuneração de 25 dólares por dia. Brunauer também foi o oficial que recrutou Gamow no dia 20 de setembro de 1943. (Sua carta para Gamow é exibida na imagem 24 do encarte.) Em um artigo publicado em 1986, intitulado "Einstein and the Navy:... 'an unbeatable combination'" [Einstein e a Marinha... "uma combinação imbatível"], Brunauer descreveu o episódio inteiro com detalhes. Ele mencionou que, além de si mesmo, alguns outros cientistas da divisão ocasionalmente recorriam aos serviços de Einstein, incluindo os físicos Raymond Seeger, John Bardeen (que ganharia dois prêmios Nobel de física) e George Gamow, e o químico Henry Eyring. Ao explicar qual era o papel preciso de Gamow, Brunauer escreveu: "Mais tarde, Gamow daria a impressão de que era o homem de ligação entre a Marinha e Einstein, de que o visitava a cada duas semanas e de que o professor 'ouvia', mas não fazia contribuições — nada disso era verdade. Era eu quem o visitava com mais frequência, e isso quer dizer aproximadamente a cada dois meses."

Essa narrativa lança uma luz completamente diferente sobre a interação entre Einstein e Gamow. A análise das poucas cartas, bastante formais, trocadas entre Gamow e Einstein aumentou a minha impressão de que os dois não eram íntimos. Em uma delas, Gamow pedia a opinião de Einstein sobre a ideia de que o universo como um todo podia ter um momento angular (uma medida de rotação) diferente de zero.[24] Em outra, Gamow anexou seu artigo sobre a síntese dos elementos no Big Bang.[25] Einstein respondia às cartas de Gamow educadamente, mas em nenhum momento mencionou a constante cosmológica.[26] Talvez a informação mais reveladora encontrada em toda a correspondência, contudo, seja um comentário acrescentado por Gamow a uma carta de Einstein de 4 de agosto de 1946. Einstein informara a Gamow que havia lido o manuscrito sobre a nucleossíntese do Big Bang e que estava "convencido de que a abundância de elementos em função do peso atômico é um ponto de partida muito importante para as especulações cosmogônicas".[27] Gamow escreveu no fim da carta: "É claro que o velho hoje em dia concorda com quase tudo."

Mas se Einstein e Gamow não eram íntimos, não é curiosa a possibilidade de Einstein ter usado uma linguagem tão forte (a "maior mancada" de toda a sua vida) em relação à constante cosmológica com Gamow, e não com qualquer outro de seus amigos e colegas mais próximos?[28] A fim de explorar isso mais a fundo, li com atenção os artigos, livros e correspondência pessoal escritos por Einstein depois de 1932, em busca de uma segunda menção da constante cosmológica. Adotei 1932 como ponto de partida porque esse foi o ano em que Einstein e de Sitter declararam que a constante cosmológica era desnecessária.

Os escritos de Einstein não deixam dúvida de que, depois da descoberta da expansão cósmica, ele ficou triste por ter introduzido a constante cosmológica. Por exemplo, em 1942, o físico Peter Bergmann, seu assistente e colaborador, publicou o livro *Introduction to the Theory of Relativity* [Introdução à teoria da relatividade], que continha um prólogo de Einstein, que mais tarde revisaria a obra. O livro sequer menciona a constante cosmológica. Por outro lado, na segunda edição do seu próprio livro *The Meaning of Relativity* [O significado da relatividade], Einstein adicionou um apêndice em que fez uma observação sobre o termo cosmológico:

> A introdução do "membro cosmológico" nas equações da gravidade, embora possível do ponto de vista da relatividade, deve ser rejeitado do ponto de vista da economia lógica. Friedman[n] foi o primeiro a mostrar que é possível conciliar uma densidade finita de matéria universal com a forma original das equações da gravidade caso se admita a variabilidade do tempo da distância métrica de dois pontos de massa.[29]

Em outras palavras, Einstein reconheceu que os princípios da relatividade geral permitiam a adição do termo de repulsão cosmológica às equações, mas, uma vez que ele não era necessário, invocou a simplicidade matemática para rejeitá-lo. Einstein ainda complementou seu comentário com uma nota de rodapé:

> Se a expansão de Hubble houvesse sido descoberta à época da criação da teoria da relatividade geral, o membro cosmológico jamais teria sido introduzido. Agora, parece muito menos justificado introduzir tal membro nas equações de campo, já que sua introdução perde sua única justificativa original — a de dar uma solução natural para o problema cosmológico.[30]

A "MAIOR MANCADA"

No apêndice 4 do seu popular livro *Relativity: The Special and General Theory* [A teoria da relatividade especial e geral], Einstein também observou que o termo cosmológico "não era necessário para a teoria, bem como não parecia natural de um ponto de vista teórico". Da mesma forma, a edição revisada de 1958 do livro do ganhador do prêmio Nobel Wolfgang Pauli, *Theory of Relativity* [Teoria da relatividade], incluía uma nota de rodapé complementar sobre o fato de que Einstein estava inteiramente ciente das soluções de Friedmann e Lemaître e da descoberta de Hubble.[31] De acordo com o autor, um membro do círculo íntimo de Einstein, este posteriormente teria rejeitado o termo cosmológico como "supérfluo e não mais justificado". Pauli comentou ainda que ele mesmo aceitou completamente o novo ponto de vista de Einstein. Em nenhum momento, contudo, ele faz qualquer alusão ao comentário "maior mancada".

Uma análise de todos os registros de Einstein sobre a constante cosmológica deixa absolutamente claro que ele a condenou apenas por dois motivos: uma simplicidade motivada pela estética e a lamentação pelo equívoco na motivação que levou à sua introdução. Como observei no capítulo 2, a simplicidade no que diz respeito aos *princípios* envolvidos é considerada um atributo inconfundível de uma bela teoria. Para Einstein, a simplicidade era mais do que isso — era quase um critério da realidade: "Nossa experiência até esta data justifica o fato de estarmos certos de que o ideal da simplicidade matemática se encontra presente na natureza."[32] A experiência de Einstein durante o desenvolvimento da relatividade geral havia apenas aumentado sua confiança nos princípios matemáticos. Quando ele tentou seguir o que acreditava serem limites físicos, não chegou a lugar algum, ao passo que, ao seguir as equações mais naturais de uma perspectiva matemática, ele abriu a porta para uma "teoria de beleza incomparável", em suas próprias palavras. O acréscimo de outra constante (a constante cosmológica) às equações não representava a beleza reducionista para Einstein, mas ele estava disposto a conviver com ela enquanto parecesse imposta pelo que ele percebia como uma realidade estática. Depois que foi descoberto que o cosmos está se expandindo dinamicamente, Einstein ficou feliz em livrar sua teoria do que ele considerava excesso de bagagem. Ele transmitiu esse sentimento em uma carta escrita para Georges Lemaître em 26 de setembro de 1947.[33] Trata-se de uma resposta para uma carta enviada pelo cosmologista belga em 30 de julho do mesmo ano.[34] Nessa carta (e em um artigo subsequente), Lemaître fez o máximo para persuadir Einstein de que a constante cosmológica era realmente necessária para explicar uma série de fatos cósmicos, inclusive a idade do universo.

Einstein primeiro admitiu que "a introdução do termo λ oferece uma possibilidade" de evitar contradição com as idades geológicas. Lembremos que a idade do universo sugerida pelas observações originais de Hubble era muito menor do que a idade da Terra. Lemaître achava que poderia resolver esse conflito se as equações incluíssem a constante cosmológica. Entretanto, Einstein repetiu seus argumentos reducionistas para justificar o fato de continuar relutando em aceitar a constante cosmológica. Ele escreveu:

> Fiquei com a consciência pesada desde que introduzi esse termo. Mas na época eu não enxergava nenhuma outra possibilidade para lidar com o fato da existência de uma densidade média finita de matéria. Na verdade, eu achava muito deselegante que a lei do campo de gravidade fosse composta por dois termos logicamente independentes conectados por uma adição. *Quanto à justificativa desses sentimentos em relação à simplicidade lógica, é difícil argumentar* [ênfase nossa]. Não posso evitar senti-los com muita força, e não sou capaz de acreditar que uma coisa tão feia esteja presente na natureza.[35]

Em outras palavras, a motivação original não existia mais, e Einstein acreditava que a simplicidade estética havia sido violada, então ele não achava que a natureza precisava de uma constante cosmológica. Ele pensou na época que essa foi sua "maior mancada"?[36] É pouco provável. Sim, o conceito não o agradava, tendo Einstein dito já em 1919 que o termo era "seriamente prejudicial à beleza formal da teoria". Contudo, a relatividade geral definitivamente *permitia* a introdução do termo cosmológico sem violar quaisquer dos princípios fundamentais que haviam servido de base para a teoria. Nesse sentido, Einstein sabia que a constante cosmológica não havia sido uma mancada de forma alguma mesmo antes das descobertas mais recentes sobre ela. A experiência adquirida na física teórica desde a época de Einstein mostrou que qualquer termo permitido pelos princípios básicos provavelmente é necessário. O reducionismo se aplica aos fundamentos, não à forma específica das equações. As leis da física, portanto, lembram as regras do romance arturiano do autor inglês T. H. White *The Once and Future King* [O único e futuro rei]: "Tudo que não é proibido é obrigatório."[37]

Para concluir, é praticamente impossível provar sem sombra de dúvida que alguém *não disse* algo. Não obstante, o meu palpite, com base no conjunto inteiro das evidências, é que Einstein pode ter ficado com a "consciência pesada" por causa da introdução da constante cosmológica, em especial por ter perdido a chance de prever a expansão cósmica, mas que ele nunca a chamou de a "maior mancada" que já havia cometido. Essa parte foi, na minha humilde opinião, quase certamente um exagero de Gamow. Em um artigo intitulado "Einstein's Greatest Blunder" [A maior mancada de Einstein], o astrônomo J. P. Leahy, da Universidade de Manchester, fez o seguinte comentário engraçado: "Se Einstein não houvesse feito essa observação para Gamow, Gamow teria se sentido imensamente tentado a inventá-la."[38] Minha conclusão é que Gamow provavelmente *a inventou!*

Você pode se perguntar por que a anedota de Gamow se tornou um dos elementos mais memoráveis do folclore da física. Acredito que isso pode ser explicado por três fatores. Em primeiro lugar, as pessoas em geral, e a mídia em particular, adoram superlativos. As notícias da ciência são sempre mais atraentes quando envolvem os termos "o mais rápido", "o mais distante", "o maior" ou "o primeiro". Sendo humano, Einstein cometeu muitos erros, mas nenhum desses outros erros gerou tantas manchetes quanto o chamado maior erro. Em segundo, Einstein se tornou a personificação da genialidade — o homem que apenas por meio da sua capacidade intelectual descobriu como funciona o universo.[39] Ele foi o cientista que demonstrou que a matemática pura pode descobrir o que cria e também criar o que descobre. Foi dito sobre os gregos antigos que eles consideravam o universo um mistério e o entendiam como uma *polis* (cidade-estado). Da perspectiva da cosmologia moderna, esse ditado se aplica ainda melhor a Einstein. (A imagem 26 do encarte é minha foto favorita de Einstein.) O fato de que até uma potência científica pode falhar é ao mesmo tempo fascinante e uma lição maravilhosa de humildade — e de como a ciência realmente avança. Nem as mentes mais impressionantes são infalíveis; elas apenas preparam o caminho para o próximo nível de compreensão. A terceira razão para a popularidade da constante cosmológica, às vezes chamada de o fator de correção mais famoso na história da ciência, é a sua resistência. Como o traficante Pablo Escobar e o místico russo Grigori Rasputin, a constante cosmológica se provou extremamente dura de matar, apesar de Einstein tê-la condenado oitenta anos atrás. E sua ostensiva "mancada" não apenas se recusou a morrer, mas na última década tornou-se o centro das atenções. O que deu à constante cosmológica suas sete vidas, e por que ela voltou a ficar sob os holofotes?

Viciados em λ

Mesmo durante a vida de Einstein, alguns cientistas não quiseram abandonar a constante cosmológica. O físico Richard C. Tolman, por exemplo, escreveu para Einstein em 1931: "Atribuir, definitivamente, o valor 0 a λ, na ausência de determinação experimental da sua magnitude, parece arbitrário e não necessariamente correto."[40] Além do seu sentimento geral de que λ não deveria ser rejeitada apenas por ter sido introduzida pelas razões erradas, Lemaître tinha mais duas motivações principais para querer manter a constante cosmológica viva. Em primeiro lugar, ela oferecia uma solução em potencial para a discrepância entre a idade pequena identificada do universo (como as observações de Hubble pareciam sugerir) e as escalas de tempo geológicas. Em alguns dos modelos de Lemaître, um universo com uma constante cosmológica poderia permanecer por um longo tempo em estado de hesitação, assim prolongando a idade do cosmos.[41] A segunda razão de Lemaître para defender λ estava relacionada às suas ideias sobre a formação das galáxias. Ele conjecturou que as regiões de densidade mais elevada seriam ampliadas e cresceriam para se tornar protogaláxias durante a fase de hesitação. Embora no final dos anos 1960 tenha sido demonstrado que essa ideia em particular não funcionava, ela ajudou a manter a constante cosmológica em banho-maria por algum tempo.[42]

Arthur Eddington era outro dos maiores defensores da constante cosmológica. Ele a defendia ao ponto de ter declarado desafiadoramente: "O retorno ao ponto de vista anterior [sem a constante cosmológica] é impensável. Abandonar a constante cósmica seria o equivalente a retornar à teoria newtoniana."[43] O principal argumento para a defesa de Eddington era que ele pensava que a gravidade repulsiva era a verdadeira explicação para a expansão observada do universo. Em suas palavras:

> Há apenas duas formas de explicar as altas velocidades de afastamento das nebulosas: (1) elas foram produzidas por uma força vinda de fora, como supusemos, ou (2) velocidades tão ou ainda mais altas existem desde o início da presente ordem das coisas. Várias explicações rivais do afastamento das nebulosas, que não o aceitam como evidência de uma força repulsiva, foram apresentadas. Elas necessariamente adotam a segunda alternativa e postulam que as elevadas velocidades existem desde o início. Isso pode ser verdade; mas dificilmente pode ser chamado de *explicação* para as elevadas velocidades.[44]

Em outras palavras, Eddington reconheceu que, mesmo sem a constante cosmológica, a relatividade geral permitia uma solução com o universo em expansão. Todavia, essa solução tinha de presumir que o cosmos começou com altas velocidades, sem oferecer uma explicação para as condições iniciais em particular. O *modelo inflacionário* — a ideia de que o universo passou por uma expansão estupenda quando tinha apenas uma fração de segundo de idade — nasceu de uma insatisfação semelhante com a necessidade de se adotarem condições iniciais específicas como uma causa para os efeitos cósmicos observados.[45] Por exemplo, presume-se que a inflação fez o tecido do universo inchar tanto que achatou a geometria cósmica. Ao mesmo tempo, acredita-se que a inflação foi o agente que pegou flutuações quânticas de tamanho subatômico na densidade da matéria e as fez inflar em escalas cosmológicas. Esses foram os aumentos de densidade que mais tarde se tornariam as sementes para a formação da estrutura cósmica.

Como já observei no capítulo 9, o modelo do estado estacionário de 1948 de Hoyle reproduzia algumas das características da cosmologia inflacionária. O termo do campo que Hoyle introduzira nas equações de Einstein para a criação contínua de matéria de muitas formas atuava como uma constante cosmológica. Em particular, ela levou o universo a se expandir exponencialmente. Por conseguinte, a cosmologia do estado estacionário ajudou a manter um tipo de fator cosmológico repulsivo em voga por outros quinze anos ou mais.

Quando William McCrea, astrônomo e velho defensor de Hoyle, resumiu as então prevalentes ideias sobre a constante cosmológica em 1971, ele teve a presciência de distinguir duas possibilidades: ou a relatividade geral é uma teoria completa e autoconsistente, ou a relatividade geral deveria ser considerada apenas parte de uma "teoria de tudo" mais ampla que descreve o cosmos e todos os fenômenos ocorridos dentro dele.[46] No primeiro caso, observou McCrea, a constante cosmológica torna-se um inconveniente, já que seu valor não pode ser determinado a partir da própria teoria. No segundo, ele argumentou com perspicácia, o valor da constante cosmológica pode ser fixado mediante a conexão entre a relatividade geral e outros ramos relevantes da física. Como logo veremos, os físicos estão tentando entender a natureza da constante cosmológica exatamente por meio dos seus esforços para unir o grande ao pequeno — a relatividade geral à mecânica quântica.

11

DO ESPAÇO VAZIO

> Se admitirmos que o éter é até certo ponto condensável e extensível, e acreditarmos que ele se estende por todo o espaço, então devemos concluir que não existe gravidade mútua entre suas partes, e não podemos acreditar que ele é gravitacionalmente atraído pelo Sol ou pela Terra ou qualquer matéria ponderável; isso quer dizer que devemos acreditar que o éter é uma substância que foge à lei da gravidade universal.
>
> LORD KELVIN

A constante cosmológica introduziu no vocabulário da física uma força gravitacional repulsiva que é proporcional à distância e atua na e sobre a atração gravitacional comum entre as massas. Como acontece a tantos outros conceitos físicos, Newton foi o primeiro a considerar os efeitos de uma força semelhante.[1] No seu notório *Principia*, ele discutiu, além da força normal da gravidade, uma força que "aumenta em uma simples razão de distância". Newton conseguiu mostrar que, para esse tipo de força, como ocorre à gravidade, se poderia tratar massas esféricas como se toda a massa estivesse concentrada nos seus centros. O que ele não fez, contudo, foi examinar completamente o problema para o caso em que duas forças atuam em conjunto. Newton poderia ter dado mais atenção a esse cenário se houvesse percebido, ou levado mais a sério, o fato de que a sua lei da gravidade não poderia ser facilmente aplicada ao universo como um todo. Se alguém tenta calcular a força gravitacional em qualquer ponto em um cosmos de tamanho infinito e densidade uniforme, o cálculo não gera nenhum valor definido.[2] É um pouco como tentar calcular a soma da sequência infinita 1-1+1-1+1-1... O resultado depende de onde paramos.

Perto do final do século XIX, alguns físicos tentaram encontrar uma solução para esse problema.[3] Eles sugeriram soluções que iam de pequenas modificações na lei da gravidade de Newton à introdução de conceitos mais exóticos, como massas negativas. O onipresente Lord Kelvin propôs, por exemplo, que o éter — que antes se presumia permear todo o espaço — não gravitava. (Vide sua citação no início deste capítulo.) No final das contas, todos esses esforços iniciais culminaram na teoria da relatividade geral de Einstein e na complementação subsequente das suas equações com a constante cosmológica. Como vimos, contudo, Einstein a repudiaria mais tarde, e, exceto pela sua rápida encarnação como parte da cosmologia do estado estacionário de Hoyle, ela foi essencialmente banida da teoria por algumas décadas. Observações astronômicas realizadas no final da década de 1960 forneceram a ignição para uma nova ascensão dessa fênix das cinzas. Os astrônomos pareciam estar encontrando um excesso nas contagens dos quasares aglomerados por volta de um período de 10 bilhões de anos atrás. Esse excesso de densidade poderia ser explicado caso o tamanho do universo de alguma forma tenha permanecido aproximadamente com as dimensões que ele tinha na época — cerca de um terço do seu tamanho atual.[4] Na verdade, alguns astrofísicos demonstraram que esse ócio cósmico poderia ser obtido pelo modelo de Lemaître, já que ele envolvia (com o emprego da constante cosmológica) uma fase de hesitação preguiçosa, quase estática. Apesar de não ter sobrevivido por muito tempo, esse modelo em particular chamou atenção para uma possível interpretação da constante cosmológica: a da *densidade de energia do espaço vazio*. Essa ideia é tão fundamental, e ainda assim parece tão absurda, que merece uma explicação.

Das maiores às menores escalas

Por definição, equações matemáticas são expressões ou proposições que declaram a igualdade de duas grandezas. A equação mais famosa de Einstein, $E = mc^2$, por exemplo, expressa o fato de que a energia associada a uma determinada massa (do lado esquerdo do sinal de igualdade) é igual ao produto dessa massa pelo quadrado da velocidade da luz (do lado direito). A equação original de Einstein da relatividade geral era a seguinte: ela apresentava do lado esquerdo um termo descrevendo a curvatura do espaço, e do lado direito um termo especificando a distribuição de massa e energia (multiplicado pela constante de Newton denotando a intensidade da força gravitacional). Essa era uma manifestação clara da essência da relatividade geral. Matéria e energia (lado direito) determinam a geometria do espaço-tempo (lado esquerdo), que é a expressão da gravidade. Quando introduziu a constante cosmológica, Einstein a acrescentou no lado esquerdo (multiplicada por uma grandeza que define distâncias), já que pensava nela como mais uma propriedade geométrica do espaço-tempo.[5] Entretanto, se passarmos esse termo para o lado direito, ele adquire um significado físico completamente novo.[6] Em vez de descrever a geometria, o termo cosmológico passa a fazer parte do orçamento de energia cósmica. As características dessa nova forma de energia, contudo, são diferentes das características da energia associada à matéria e à radiação de duas maneiras importantes. Em primeiro lugar, enquanto a densidade da matéria (tanto da matéria comum quanto da que é chamada "escura", que não emite luz) diminui à medida que o universo se expande, a densidade da energia que corresponde à constante cosmológica permanece eternamente *constante*. E se isso já não é estranho o bastante, essa nova forma de energia tem uma pressão negativa!

Mas há um problema: a pressão positiva, como a exercida por um gás comprimido comum, empurra para fora. A pressão negativa, por outro lado, suga para dentro. Essa propriedade é crucial, já que, na relatividade geral, além da massa e da energia, a pressão também é uma fonte de gravidade — ela aplica sua própria força gravitacional. Além disso, enquanto a pressão positiva gera uma força atrativa de gravidade, a pressão negativa contribui com uma *força gravitacional repulsiva* (característica que provavelmente faz Newton se revirar no túmulo). Esse era precisamente o atributo da constante cosmológica que Einstein havia usado na tentativa de manter o universo estático. A simetria básica da relatividade geral, segundo a qual as leis da natureza devem fazer as mesmas previsões em diferentes quadros de referência, implica que apenas o vácuo — literalmente espaço vazio — pode ter uma energia cuja densidade não dilui com a expansão. Por sinal, como o espaço vazio pode diluir ainda mais? Mas que energia do vácuo? Por que o espaço vazio teria qualquer energia? O espaço vazio não é simplesmente "nada"?

Não no mundo bizarro da mecânica quântica. Quando entramos no reino subatômico, o vácuo está longe de ser nada. Na verdade, ele é um frenesi de pares hipotéticos (no sentido de que não podem ser observados diretamente) de partículas e antipartículas que surgem ou deixam de existir em escalas de tempo extremamente curtas. Por consequência, até o espaço vazio pode ser dotado de uma densidade energética e, ao mesmo tempo, ser uma fonte de gravidade. Essa é uma interpretação *física* inteiramente diferente da que a princípio foi sugerida por Einstein.[7] Ele considerava a constante cosmológica uma possível peculiaridade do espaço-tempo — descrevendo o universo em suas maiores escalas cósmicas. A identificação da constante cosmológica com a energia do espaço vazio, ainda que matematicamente equivalente, lhe dá uma relação íntima com as menores escalas subatômicas — o território da mecânica quântica. A observação de McCrea de 1971 de que seria possível determinar o valor da constante cosmológica a partir da física clássica, fora da relatividade geral, provou-se verdadeiramente visionária.

Devo notar que o próprio Einstein fez uma tentativa interessante de ligar a constante cosmológica a partículas elementares. No que poderia ser considerado sua primeira incursão na arena da tentativa de unir gravidade e eletromagnetismo, Einstein propôs em 1919 que talvez partículas com cargas elétricas estivessem sendo mantidas juntas por forças gravitacionais.[8] Isso o levou a uma restrição eletromagnética sobre o valor da constante cosmológica. No entanto, com a exceção de uma pequena observação adicional sobre o assunto em 1927, Einstein jamais retornou a esse tópico.[9]

A ideia de que o vácuo não é vazio, e sim poderia conter uma grande quantidade de energia, na verdade não é nova. O primeiro a propô-la foi o físico-químico alemão Walther Nernst, em 1916, mas como seu principal foco de interesse era a química, Nernst não considerou as implicações da sua ideia para a cosmologia. Os estudiosos da mecânica quântica dos anos 1920, em particular Wolfgang Pauli, discutiram o fato de que no domínio quântico a menor energia possível de qualquer campo não é zero.[10] A chamada *energia de ponto zero* é uma consequência da semelhança dos sistemas da mecânica quântica a ondas, o que os submete a flutuações turbulentas mesmo no seu estado fundamental. Contudo, nem as conclusões de Pauli se propagaram para considerações cosmológicas. A primeira pessoa a ligar especificamente a constante cosmológica à energia do espaço vazio foi Lemaître. Em um artigo publicado em 1934, não muito tempo depois de ter se encontrado com Einstein, Lemaître escreveu: "Tudo acontece como se a energia *in vacuo* fosse diferente de zero."[11] Depois, ele disse ainda que a densidade energética do vácuo deveria ser associada a uma pressão negativa e que "esse é essencialmente o sentido da constante cosmológica λ". A imagem 27 do encarte mostra um encontro em Pasadena entre Einstein e Lemaître em janeiro de 1933.

Por mais perspicazes que fossem os comentários de Lemaître, o assunto passou mais de três décadas adormecido, até que uma breve renovação do interesse pela constante cosmológica atraiu a atenção do versátil físico judeu bielorrusso Yakov Zeldovich. Em 1967, Zeldovich fez a primeira tentativa genuína para calcular a contribuição das turbulências no vácuo para o valor da constante cosmológica.[12] Infelizmente, pelo caminho, ele fez algumas suposições ad hoc sem articular seu raciocínio. Em particular, Zeldovich presumia que a maioria das energias de ponto zero de alguma forma poderia neutralizar-se, deixando apenas a interação gravitacional entre as partículas hipotéticas no vácuo. Mesmo com essa omissão não justificada, o valor que ele obteve era totalmente inaceitável: cerca de 1 bilhão de vezes maior do que a densidade energética de toda a matéria e radiação no universo observável.

Tentativas mais recentes de estimar a energia do espaço vazio só pioraram o problema, produzindo valores muito mais elevados — na verdade, tão altos que só podem ser considerados absurdos. Por exemplo, os físicos primeiro presumiram ingenuamente que poderiam somar as energias de ponto zero até a escala em que a nossa teoria da gravidade deixa de se aplicar. Isto é, até o ponto em que o universo se torna tão pequeno que é necessário ter uma teoria quântica da gravidade (teoria atualmente inexistente). Em outras palavras, a hipótese era que a constante cosmológica deveria corresponder à densidade cósmica quando o universo tinha apenas uma fração minúscula de 1 segundo de idade, mesmo antes de as massas das partículas subatômicas terem sido impressas. Entretanto, quando físicos de partículas fizeram essa estimativa, o resultado foi um valor de 123 ordens de magnitude (o algarismo 1 seguido por 123 zeros) maior do que a densidade energética cósmica combinada na matéria e na radiação.[13] A discrepância ridícula levou o ganhador do prêmio Nobel de física Steven Weinberg a chamá-la de "o pior erro de uma estimativa de ordem de magnitude da história da ciência". Obviamente, se a densidade energética do espaço vazio realmente fosse tão alta, não apenas não haveria galáxias nem estrelas, mas a enorme repulsão teria destruído instantaneamente até átomos e núcleos. Em uma tentativa desesperada de corrigir a estimativa grosseira, os físicos usaram princípios da simetria para conjecturar que a soma das energias de ponto zero deveria ser cortada a uma energia inferior. Infelizmente, apesar de a estimativa revisada ter resultado em um valor consideravelmente mais baixo, a energia ainda era cerca de 53 ordens de magnitude alta demais.

Diante dessa crise, alguns físicos passaram a acreditar que um mecanismo ainda não descoberto de alguma forma cancelava completamente as diferentes contribuições da energia do vácuo para produzir um valor de exatamente zero para a constante cosmológica. Você verá que, do ponto de vista matemático, isso é precisamente o equivalente à simples remoção de Einstein da constante cosmológica das suas equações. Presumir o desaparecimento da constante cosmológica significa que o termo repulsivo não precisa ser incluído na equação. O raciocínio, todavia, era completamente diferente. A descoberta de Hubble da expansão cósmica logo derrubou a motivação original de Einstein para a introdução da constante cosmológica. Não obstante, muitos físicos não concordaram com a atribuição do valor específico de zero a lambda pelo único intuito da simplificação ou como paliativo para uma "consciência pesada". Sob o seu disfarce moderno como a energia do espaço vazio, por outro lado, a constante cosmológica parece obrigatória da perspectiva da mecânica quântica, a não ser que todas as diferentes flutuações quânticas de alguma maneira conspirem para produzir uma soma equivalente a zero. Essa frustrante situação inconclusiva durou até 1998, quando novas observações astronômicas transformaram o assunto no que alguns consideram o maior desafio atual da física.

O universo acelerado

Desde as observações de Hubble no final da década de 1920, sabíamos que vivíamos em um universo em expansão. A teoria de Einstein da relatividade geral forneceu a interpretação natural para as descobertas de Hubble: a expansão é um alongamento do tecido do próprio espaço-tempo. A distância entre quaisquer duas galáxias aumenta tal qual a distância entre dois pedacinhos de papel colados na superfície de um balão esférico quando o balão é inflado. Porém, da mesma forma que a gravidade da Terra reduz a velocidade do movimento de qualquer objeto jogado para cima, seria de se pressupor que a expansão cósmica estivesse desacelerando devido à atração gravitacional mútua de toda a matéria e energia no universo. Entretanto, em 1998, duas equipes de astrônomos, trabalhando independentemente, descobriram que a expansão cósmica não está desacelerando; na verdade, ao longo dos últimos 6 bilhões de anos, ela tem acelerado![14] Uma equipe, o Supernova Cosmology Project, foi liderada por Saul Perlmutter, do Lawrence Berkeley National Laboratory, e a outra, o High-Z Supernova Search Team, foi liderada por Brian Schmidt, do Observatório Mount Stromlo e Siding Spring, e por Adam Riess, do Space Telescope Science Institute e da Universidade Johns Hopkins.

A descoberta da expansão acelerada a princípio foi um choque, já que significava que parte da força repulsiva — do tipo esperado do ponto de vista da constante cosmológica — leva a expansão do universo a acelerar.[15] Para alcançar sua surpreendente conclusão, os astrônomos recorreram a observações de explosões estelares muito luminosas conhecidas como supernovas tipo Ia. Essas estrelas que explodem são tão luminosas (na intensidade máxima, elas podem ofuscar completamente as galáxias em que residem) que podem ser detectadas (e a evolução da sua luminosidade acompanhada) a uma distância de mais da metade do universo observável. Além disso, o que torna as supernovas tipo Ia particularmente adequadas para esse tipo de estudo é o fato de que elas são excelentes *velas-padrão*: possuem luminosidades intrínsecas que no pico são quase as mesmas, e os pequenos desvios da uniformidade podem ser calibrados empiricamente. Como a claridade observada da fonte de luz é inversamente proporcional ao quadrado da sua distância — um objeto três vezes mais longe do que o outro é nove vezes menos claro —, o conhecimento da luminosidade intrínseca combinado à medida da luminosidade aparente permite uma determinação confiável da distância da fonte.

Supernovas tipo Ia são muito raras, geralmente ocorrendo apenas uma vez por século em uma galáxia.[16] Por conseguinte, cada equipe precisou examinar milhares de galáxias para colher uma amostra de algumas dúzias de supernovas. Os astrônomos determinaram as distâncias dessas supernovas e das galáxias em que estão localizadas, e as velocidades de afastamento das últimas. Com esses dados, eles compararam seus resultados com as previsões de uma lei linear de Hubble. Se a expansão do universo de fato estava desacelerando, como todos esperavam, eles deveriam ter descoberto que galáxias a, digamos, 2 bilhões de anos-luz de distância pareciam mais claras do que o previsto, já que estariam mais próximas do que a expansão uniforme teria previsto. Em vez disso, Riess, Schmidt, Perlmutter e seus colegas descobriram que as galáxias distantes pareciam *menos claras* do que o esperado, indicando que haviam alcançado uma distância maior. Uma análise precisa mostrou que os resultados implicam que aproximadamente nos últimos 6 bilhões de anos houve uma aceleração cósmica. Em 2011, Perlmutter, Schmidt e Riess ganharam juntos o prêmio Nobel de física pela descoberta crucial.

Desde a descoberta inicial em 1998, mais peças do quebra-cabeça surgiram, todas corroborando o fato de que uma nova forma de energia suavemente distribuída está produzindo uma gravidade repulsiva que está impelindo o universo a acelerar. Em primeiro lugar, a amostra das supernovas aumentou significativamente, e agora cobre uma grande amplidão de distâncias, dando às descobertas uma base muito mais firme. Em segundo, Riess e seus colaboradores mostraram por meio de observações subsequentes que a fase atual de 6 bilhões de anos de aceleração na evolução cósmica foi precedida por um período de desaceleração. Surge um quadro belamente arrebatador: quando o universo era menor e muito mais denso, a gravidade era a força dominante e desacelerava a expansão. Lembremos, contudo, que a constante cosmológica, como seu nome sugere, não diminui; a densidade energética do vácuo é constante. As densidades da matéria e da radiação, por outro lado, eram incrivelmente elevadas nos primórdios do universo, mas diminuíram continuamente à medida que ele se expandiu. Depois que a densidade energética da matéria diminuiu a ponto de se tornar menor do que a do vácuo (cerca de 6 bilhões de anos atrás), teve início a aceleração.

A evidência mais convincente do universo acelerado veio da combinação de observações detalhadas nas flutuações da radiação cósmica de fundo em micro-ondas feitas pela Wilkinson Microwave Anisotropy

Probe (WMAP) com as das supernovas e da complementação dessas observações com mensurações separadas da taxa de expansão atual (a constante de Hubble).[17] Reunindo todas essas restrições obtidas das observações, os astrônomos conseguiram determinar precisamente a atual contribuição da suposta energia do vácuo para o orçamento total de energia cósmica. As observações revelaram que a matéria (tanto a comum quanto a escura) contribui com cerca de 27% da densidade energética do universo, ao passo que a "energia escura" — o nome dado ao componente suave que é consistente com o que seria a energia do vácuo — contribui com cerca de 73%. Em outras palavras, a constante cosmológica, tão resistente, ou algo muito parecido com a sua versão atual — a energia do espaço vazio — hoje é a forma de energia dominante no universo!

Para ser claro, o valor medido da densidade energética associada à constante cosmológica ainda é de 53 a 123 ordens de magnitude menor do que aquilo que os ingênuos cálculos da energia do vácuo produzem, mas o fato de que ela definitivamente não é igual a zero frustrou muitas expectativas de vários físicos teóricos. Lembremos que, dada a incrível discrepância entre qualquer valor razoável para a constante cosmológica — que o universo fosse capaz de acomodar sem ficar superlotado — e as expectativas teóricas, os físicos previam que uma simetria ainda não descoberta pudesse anular completamente a constante cosmológica. Ou seja, eles esperavam que as diferentes contribuições das energias de ponto zero, por maiores que elas pudessem ser individualmente, formassem pares de sinais opostos a fim de que o resultado total fosse zero.

Algumas dessas expectativas estavam atreladas a conceitos como o da supersimetria: físicos de partículas acreditam que todas as partículas que conhecemos e amamos, como os elétrons e os quarks (que constituem os prótons e os nêutrons) devem ter pares supersimétricos ainda não descobertos com as mesmas cargas (por exemplo, elétricas e nucleares), mas com os spins reduzidos em meia unidade mecânica quântica.¹⁸ Por exemplo, o elétron possui um spin de ½, e seu par "sombra" supersimétrico deve ter um spin de 0. Se todos os superpares também tivessem a mesma massa que seus pares conhecidos, a teoria prevê que a contribuição de cada par na verdade se anularia. Infelizmente, sabemos que os superpares do elétron, do quark e do fugidio neutrino não podem ter a mesma massa, respectivamente, que o elétron, o quark e o neutrino, ou já teriam sido descobertos. Levando esse fato em conta, a contribuição total para a energia do vácuo é maior do que a observada por cerca de 53 ordens de magnitude. Até se poderia pensar que outra simetria ainda não descoberta pudesse produzir o cancelamento desejado da constante cosmológica. Entretanto, a revolucionária mensuração da aceleração cósmica mostrou que isso não é muito provável. O valor extremamente pequeno, mas maior do que zero, da constante cosmológica convenceu muitos teóricos de que é inútil buscar uma explicação com base em argumentos de simetria. Afinal de contas, como é possível reduzir um número para 0,0000000 00000000000000000000000000000000000000001 do seu original sem anulá-lo por completo? A solução para isso parece requerer um nível de ajuste fino que a maioria dos físicos não está disposta a aceitar. Teria sido muito mais fácil, em princípio, imaginar um cenário hipotético que tornasse a energia do vácuo precisamente igual a zero do que um que lhe atribuísse o valor minúsculo observado. Então, é possível resolver esse problema? O desespero levou alguns físicos a recorrerem a um dos conceitos mais controversos na história da ciência — o raciocínio antrópico, uma linha de pensamento na qual a mera existência de observadores humanos é tida como parte da explicação. O próprio Einstein não teve nenhuma participação nisso, mas foi a constante cosmológica — a ideia, ou "mancada", de Einstein — que convenceu boa parte dos principais teóricos da atualidade a considerar seriamente a condição. Segue-se uma explicação resumida da confusão.

Raciocínio antrópico

Quase todos concordariam que a pergunta "Existe vida extraterrestre inteligente?" atualmente é uma das mais intrigantes na ciência. O fato de ela ser uma pergunta razoável a se fazer vem de uma verdade importante: as propriedades do nosso universo e as leis que o governam permitiram o surgimento de formas de vida complexas.[19] É óbvio que as peculiaridades biológicas precisas dos seres humanos dependem crucialmente das propriedades e da história da Terra, mas alguns requisitos básicos pareceriam necessários para a materialização de qualquer forma de vida inteligente. Por exemplo, galáxias compostas por estrelas, e planetas orbitando em volta de pelo menos algumas dessas estrelas, parecem razoavelmente genéricas. Da mesma forma, a nucleossíntese nos interiores estelares precisou produzir os tijolos da vida: átomos como o carbono, o oxigênio e o ferro. O universo também teve que fornecer um ambiente hospitaleiro — por um tempo longo o bastante — onde esses átomos pudessem se combinar e formar moléculas complexas de vida, permitindo o desenvolvimento de vida primitiva para a fase "inteligente".

Em princípio, se poderia imaginar universos "contrafatuais" que não são propícios ao surgimento da complexidade. Consideremos, por exemplo, um universo com as mesmas leis que a nossa natureza e os mesmos valores de todas as "constantes da natureza", exceto uma. Ou seja, as intensidades das forças gravitacionais, eletromagnéticas e nucleares são idênticas às presentes no nosso universo, bem como as proporções das massas de todas as partículas elementares. Contudo, o valor de um parâmetro — a constante cosmológica — é mil vezes mais alto nesse universo hipotético. Nesse universo, a força repulsiva associada à constante cosmológica teria resultado em uma expansão tão rápida que nenhuma galáxia poderia ter se formado.

Como vimos, a questão que herdamos de Einstein foi: por que sequer deveria haver uma constante cosmológica? A física moderna transformou essa questão em: por que o espaço vazio deveria exercer uma força repulsiva? No entanto, depois da descoberta da expansão acelerada, agora perguntamos: por que a constante cosmológica (ou a força exercida pelo vácuo) é tão pequena? Em 1987, depois de todas as tentativas malsucedidas de pôr um fim definitivo na discussão sobre a energia do espaço vazio, o físico Steven Weinberg lançou uma ousada questão "E se?".[20] E se a constante cosmológica não for realmente fundamental — explícita dentro da moldura da "teoria de tudo" — mas *acidental*? Isto é, imagine que existe um grande grupo de universos — um "multiverso" — e que a constante cosmológica pode assumir diferentes valores em diferentes universos. Alguns universos, tal como o contrafatual que discutimos com um lambda 2 mil vezes maior, não teriam desenvolvido complexidade e vida. Nós, humanos, nos encontramos em um dos universos "biofílicos". Nesse caso, nenhuma grande teoria unificada das forças básicas fixaria o valor da constante cosmológica. Em vez disso, o valor seria determinado pelo simples requisito de que deveria estar dentro da faixa que permitiria o desenvolvimento dos seres humanos. Em um universo com uma constante cosmológica elevada demais, não haveria ninguém para fazer perguntas sobre o seu valor. O físico Brandon Carter, o primeiro a ter apresentado esse tipo de argumento na década de 1970, chamou-o de "princípio antrópico".[21] As tentativas de delinear os domínios "pró-vida" são, assim, descritas como raciocínio antrópico. Sob que condições podemos sequer tentar aplicar esse tipo de raciocínio para explicar o valor da constante cosmológica?

A fim de fazer qualquer sentido, o raciocínio antrópico conta com três pressuposições básicas:

1. As observações estão sujeitas a um "viés de seleção" — uma filtragem da realidade física — pelo mero fato de serem executadas por humanos.
2. Algumas das chamadas "constantes da natureza" são acidentais, e não fundamentais.
3. Nosso universo é apenas um membro de um grupo gigantesco de universos.

Examinemos rapidamente um desses pontos e tentemos analisar sua viabilidade.

O viés de seleção é o terror dos estatísticos. Ele é uma distorção dos resultados, introduzida pelas ferramentas de coleta de dados ou pelo método de acúmulo de dados. Seguem alguns exemplos simples para demonstrar o efeito. Imagine que você queira testar uma estratégia de investimento pelo exame do desempenho de um grande grupo de ações dentro de um período de vinte anos de dados. Talvez você se sinta tentado a incluir no estudo apenas as ações para as quais tenha informações completas referentes a todo o período de vinte anos. Porém, a eliminação de ações que deixaram de ser vendidas durante esse período levaria a resultados tendenciosos, já que essas seriam precisamente as ações que não sobreviveram ao mercado.

Na Segunda Guerra Mundial, o matemático judeu austro-húngaro Abraham Wald demonstrou uma compreensão notável sobre o viés de seleção. Wald recebeu a tarefa de examinar dados sobre os locais atingidos por fogo inimigo em aeronaves que retornavam, a fim de recomendar que partes das aeronaves deveriam ser reforçadas para o aumento da probabilidade de sobrevivência.[22] Para a surpresa dos seus superiores, Wald recomendou a adição de blindagem a partes da aeronave que *não* apresentavam danos. Ele percebeu que os buracos das balas que viu nas aeronaves sobreviventes indicavam locais onde uma aeronave poderia ser atingida e ainda assim sobreviver. Assim, concluiu que os aviões derrubados provavelmente foram atingidos precisamente onde as aeronaves sobreviventes haviam tido a sorte de não serem.

Os astrônomos conhecem muito bem o *viés de Malmquist* (assim chamado por causa do astrônomo sueco Gunnar Malmquist, que o desenvolveu muito nos anos 1920).[23] Quando astrônomos observam estrelas ou galáxias, seus telescópios só são sensíveis a uma determinada claridade. Todavia, objetos intrinsecamente mais luminosos podem ser observados a distâncias maiores. Isso cria uma falsa tendência de aumento da luminosidade intrínseca média de acordo com a distância simplesmente porque os objetos menos luminosos não são vistos.

Brandon Carter apontou que não deveríamos levar o princípio copernicano — o fato de que não somos nada especiais no cosmos — muito longe. Ele lembrou aos astrônomos que são os seres humanos que fazem observações do universo; consequentemente, eles não deveriam ficar surpresos se descobrissem que as propriedades do cosmos estão de acordo com a existência humana. Por exemplo, não poderíamos descobrir que nosso universo não contém carbono, já que somos formas de vida que têm o carbono como base. A princípio, a maioria dos pesquisadores considerou o raciocínio antrópico de Carter nada além de uma afirmação trivialmente óbvia. Nas últimas duas décadas, contudo, o princípio antrópico conquistou alguma popularidade. Hoje, vários dos mais importantes teóricos aceitam o fato de que, no contexto de um multiverso, o raciocínio antrópico pode levar a uma explicação natural para o valor de outra forma impensável da constante cosmológica. Para recapitular: se lambda fosse muito maior (como algumas considerações probabilísticas parecem requerer), a aceleração cósmica teria deixado a gravidade para trás antes que as galáxias tivessem a chance de se formar. O fato de nos encontrarmos na galáxia Via Láctea necessariamente dá às nossas observações a tendência de reduzir os valores da constante cosmológica no nosso universo.

Mas o quão razoável é a suposição de que algumas constantes físicas são "acidentais"? Um exemplo histórico pode ajudar a esclarecer o conceito. Em 1597, o grande astrônomo alemão Johannes Kepler publicou um tratado conhecido como *Mysterium Cosmographicum* [O mistério cósmico].[24] No livro, Kepler pensava ter encontrado a solução para dois perturbadores enigmas cósmicos: por que havia precisamente seis planetas no sistema solar (apenas seis eram conhecidos na época) e o que determinava os tamanhos das órbitas planetárias? Mesmo na época de Kepler, suas respostas para o mistério beiravam a loucura. Ele desenvolveu um modelo para o sistema solar encaixando os cinco sólidos regulares conhecidos como *sólidos platônicos* (tetraedro, cubo, octaedro, dodecaedro e icosaedro) um dentro do outro. Com uma esfera exterior correspondendo às estrelas fixas, os sólidos determinavam precisamente seis espaçamentos, o que, para Kepler, "explicava" o número de planetas. Ao escolher uma ordem em particular para encaixar um sólido no outro, Kepler conseguiu determinar aproximadamente os tamanhos relativos corretos para as órbitas do sistema solar. No entanto, o principal problema do modelo de Kepler não estava nos seus detalhes geométricos — afinal, Kepler usou a matemática que conhecia para explicar observações preexistentes. A principal falha foi que Kepler não percebeu que nem o número de planetas nem os tamanhos das órbitas eram grandezas fundamentais — que pudessem ser explicadas com base em noções primitivas. Embora as leis da física de fato governassem o processo geral da formação de planetas a partir de um disco protoplanetário de gás e poeira, o ambiente particular de qualquer objeto estelar jovem determina o resultado final.

Sabemos hoje que existem bilhões de planetas extrassolares na Via Láctea, e cada sistema planetário é diferente no que diz respeito aos seus membros e às suas propriedades orbitais. Tanto o número de planetas quanto as dimensões dos seus circuitos são acidentais — da mesma forma, por exemplo, que o formato preciso de qualquer floco de neve individual.

Existe uma grandeza particular no sistema solar que foi crucial para a nossa existência: a distância entre a Terra e o Sol. A Terra se encontra na zona habitável do Sol — a estreita faixa circum-estelar que permite a existência de água na forma líquida na superfície do planeta. A distâncias muito menores, a água evapora, e a distâncias muito maiores, ela congela. A água foi essencial para o surgimento da vida na Terra, já que permitiu que as moléculas se combinassem facilmente na "sopa" da jovem Terra e formassem longas cadeias enquanto abrigadas da radiação ultravioleta prejudicial. Kepler ficou obcecado pela ideia de encontrar uma explicação baseada em noções primitivas para a distância entre a Terra e o Sol, mas essa obsessão sofreu com equívocos. Não havia nada que impedisse a Terra (em princípio) de ter se formado a uma distância diferente. Contudo, se essa distância houvesse sido significativamente maior ou menor, não teria havido nenhum Kepler para pensar nisso.

DO ESPAÇO VAZIO

Entre os bilhões de sistemas solares da Via Láctea, muitos provavelmente não têm vida, já que não têm o planeta certo na zona habitável ao redor da estrela central. Embora as leis da física tenham determinado a órbita da Terra, não existe uma explicação mais profunda para o seu raio além do fato de que, se houvesse sido muito diferente, não estaríamos aqui.

Isso nos leva ao último ingrediente necessário do raciocínio antrópico: para que a explicação de que o valor da constante cosmológica é uma grandeza acidental em um multiverso funcione, deve existir um multiverso. Mas existe? Não sabemos, mas isso nunca impediu que físicos inteligentes especulassem. O que sabemos é que, em um cenário teórico conhecido como "inflação eterna", a distensão dramática do espaço-tempo pode produzir um multiverso infinito em tempo e espaço. Esse multiverso supostamente geraria regiões em expansão continuamente, que evoluiriam para se tornar "universos compactos".[25] O Big Bang a partir do qual o nosso próprio "universo compacto" passou a existir é apenas um evento em um esquema muito maior de substrato em expansão exponencial. Algumas versões da "teoria das cordas" (agora às vezes chamada de "teoria M") também permitem uma grande variedade de universos (mais do que 10^{500}!), cada um potencialmente caracterizado por valores diferentes de constantes físicas. Se esse cenário estiver correto, então o que temos tradicionalmente chamado de "universo" pode, na verdade, ser apenas uma parte do espaço-tempo em uma vasta paisagem cósmica.[26]

Não devemos ter a impressão de que todos os físicos (ou a maioria) acreditam que a solução do quebra-cabeça da energia do espaço vazio virá do raciocínio antrópico. A mera menção do "multiverso" e do "princípio antrópico" pode aumentar a pressão sanguínea de alguns físicos. Existem duas principais razões para essa reação adversa. Em primeiro lugar, como já mencionei no capítulo 9, desde o trabalho pioneiro do filósofo Karl Popper, para que uma teoria científica seja digna do seu nome, ela precisa ser refutável por meio de experiências ou observações. Esse requisito tornou-se a fundação do "método científico". Uma suposição sobre a existência de um grupo de universos potencialmente inobserváveis parece, ao menos à primeira vista, estar em conflito com esse pré-requisito e, portanto, pertencer ao reino da metafísica, e não ao da física. Observe, contudo, que o limite entre o que definimos como o que é e o que não é observável não é claro. Consideremos, por exemplo, o "horizonte de partículas": a superfície ao nosso redor a partir da qual a radiação emitida pelo Big Bang nos alcança. No modelo Einstein-de Sitter — o do universo da curvatura homogênea, isotrópica e constante, sem constante cosmológica — a expansão cósmica desacelera, e seria possível esperar seguramente que todos os objetos neste momento localizados além do horizonte venham a se tornar observáveis em um futuro distante. Entretanto, desde 1998, sabemos que não vivemos no cosmos de Einstein e de Sitter: nosso universo está acelerando. Nesse universo, qualquer objeto agora localizado além do horizonte ficará lá para sempre. Além disso, se a expansão acelerada continuar, como previsto de acordo com uma constante cosmológica, até galáxias que agora podemos ver se tornarão invisíveis para nós! À medida que a sua velocidade de afastamento se aproximar da velocidade da luz, a radiação se prolongará (desvio para o vermelho) até o ponto em que o seu comprimento de onda ultrapassará o tamanho do universo. (Não há limite para a rapidez da distensão do espaço-tempo, já que não há movimento de massa.) Assim, até mesmo o nosso universo acelerado contém objetos que nem nós nem gerações futuras de astrônomos jamais conseguiremos observar. Não obstante, não poderíamos considerar esses objetos parte da metafísica. O que nos daria segurança em relação a universos potencialmente inobserváveis? A resposta é uma extensão natural do método científico: podemos acreditar na sua existência se eles forem explicados por uma teoria que ganhe credibilidade por ser corroborada de outras formas. Acreditamos nas propriedades dos buracos negros porque a sua existência é prevista pela relatividade geral — uma teoria que foi testada em inúmeros experimentos. As regras devem ser uma extrapolação direta das ideias de Popper: se uma teoria faz previsões testáveis e refutáveis nas partes do universo que podem ser observadas, devemos nos preparar para aceitar suas previsões nessas partes do universo (ou multiverso) inacessíveis para observações diretas.

A segunda principal razão para as paixões hostis provocadas pelo raciocínio antrópico é que, para alguns cientistas, ele aponta para o "fim da física". Seguindo Descartes, a maioria dos físicos sonha, acima de tudo, com uma teoria matemática autossuficiente, capaz de explicar e determinar todas as constantes microfísicas, bem como toda a evolução cósmica. Por conseguinte, entende-se eles busquem, nas palavras do cosmologista Edward Milne, "um caminho único em direção à compreensão dessa entidade única que é o universo". Há pouquíssimas dúvidas de que essa também era a esperança de Einstein. Em uma palestra realizada em Oxford em 1933, o cientista disse: "Estou convicto de que a construção matemática pura nos permite descobrir os conceitos e as leis que os conectam, a partir dos quais temos a chave para compreender os fenômenos da natureza."[27] Como é notório, Einstein não aceitava bem sequer a característica probabilística da mecânica quântica, embora levasse completamente em conta seus sucessos. Em uma carta escrita em 4 de dezembro de 1926 para Max Born, um dos fundadores da mecânica quântica, Einstein explicou seu ponto de vista:

> Não há dúvidas de que a mecânica quântica é impressionante. Mas uma voz interior me diz *que ela ainda não é a solução* [ênfase nossa]. A teoria rende muito, mas dificilmente nos aproxima dos segredos do Velho. Eu, de qualquer forma, estou convencido de que Ele não joga dados.

É provável que o conceito de variáveis acidentais em um multiverso potencialmente inobservável tivesse deixado Einstein ainda mais perturbado. Note, porém, que as reservas de Einstein em relação à mecânica quântica provinham mais de fatores psicológicos — a sua crença de que ele sabia em que direção olhar — do que da física propriamente dita. Esse também pode ser o caso das objeções ao raciocínio antrópico. A despeito da experiência dos últimos séculos, não há garantias de que a realidade física de fato esteja sujeita e submetida em sua totalidade a explicações de noções primitivas. A busca por tais descrições pode provar-se tão inútil quanto a busca de Kepler por um belo modelo geométrico para o sistema solar. O que costumamos chamar de constantes fundamentais, e talvez até de leis da natureza, poderiam, no final das contas, ser meras variáveis acidentais e circunstâncias locais do nosso universo. O princípio antrópico poderia, afinal, exercer um papel semelhante ao do atribuído pelo filósofo Bertrand Russell à filosofia: "O objetivo da filosofia é iniciar algo tão simples que parece não valer a pena declarar, e terminar com algo tão paradoxal que ninguém acreditará."

O pensamento antrópico sobre a natureza da constante cosmológica demonstra o impacto profundo que a tentativa aparentemente singela de Einstein de garantir um universo estático continua tendo na física avançada. Como, então, podemos avaliar a "maior mancada" de Einstein hoje?

O segundo *annus mirabilis*

O ano de 1905 costuma ser chamado de *annus mirabilis* ("ano miraculoso") de Einstein, já que durante esse ano ele publicou artigos pioneiros sobre como a luz faz materiais metálicos emitirem elétrons (o "efeito fotoelétrico", que deu origem à mecânica quântica e lhe rendeu o prêmio Nobel), sobre o deslocamento de partículas suspensas em um fluido (o "movimento browniano") e sobre a teoria da "relatividade especial". Embora 1905 tenha realmente sido um ano maravilhoso para Einstein, na verdade ele teve um segundo *annus mirabilis* (quinze meses, para ser exato) de novembro de 1915 a fevereiro de 1917. Durante esse período, ele publicou não menos que quinze tratados, incluindo a obra-prima do seu trabalho — a relatividade geral — e duas contribuições significativas para a mecânica quântica. Nasceram, assim, a cosmologia moderna e, com ela, a constante cosmológica.

Espero que as evidências apresentadas no capítulo 10 tenham convencido o leitor de que, muito provavelmente, Einstein nunca usou a expressão "maior mancada". Além disso, a introdução da constante cosmológica não foi, de forma alguma, uma mancada, já que os princípios da relatividade geral deram sinal verde a esse termo. Pensar que a constante cosmológica garantiria um universo estático definitivamente foi um erro do qual ele poderia ter se arrependido, mas não um erro a ser qualificado como uma "mancada" da magnitude considerada neste livro. A verdadeira mancada de Einstein foi *remover* a constante cosmológica! Lembremos que remover o termo da equação é o mesmo que atribuir arbitrariamente o valor *zero* a lambda. Ao fazê-lo, Einstein limitou o alcance da sua teoria — um preço alto a se pagar para a precisão da equação, mesmo antes da descoberta recente da aceleração cósmica.

A simplicidade é uma virtude quando se aplica às noções primitivas, e não à forma das equações. No caso da constante cosmológica, Einstein cometeu o equívoco de sacrificar a generalidade no altar da elegância superficial. Uma analogia simples pode ajudar a esclarecer esse conceito. Quando Kepler descobriu que as órbitas planetárias eram elípticas, e não circulares, o grande Galileu Galilei se recusou a acreditar nisso. Galileu ainda estava preso aos ideais estéticos da Antiguidade, que presumiam que as órbitas tinham de ser perfeitamente simétricas. A física mostrou, contudo, que esse era um preconceito infundado. A simetria envolvida na verdade vai muito mais fundo do que a mera simetria das formas. A Lei de Newton da gravidade universal afirma que as órbitas elípticas (uma consequência natural dessa lei) podem ter qualquer direção no espaço. Em outras palavras, a lei não muda, não importa se medimos as direções em relação ao norte, ao sul ou à estrela mais próxima — ela é simétrica sob rotações. Quando Einstein chamou a constante cosmológica de "feia", também foi tendencioso e imprudente. Em vez disso, ele deveria ter se atido ao seu instinto inicial de que viria o dia em que poderíamos "decidir empiricamente se λ deve ou não desaparecer", como ele escreveu para de Sitter. Esse dia chegou em 1998.

Erros geniais

Mais de 20% dos artigos originais de Einstein continham erros de algum tipo. Em vários casos, embora ele tenha cometido erros ao longo do caminho, o resultado final ainda assim estava correto. Com frequência, essa é a marca registrada de grandes teóricos: eles são guiados mais por intuição do que por formalismo. Em uma carta escrita em 3 de fevereiro de 1915 para o físico holandês Hendrik Lorentz, Einstein apresentou seu próprio ponto de vista sobre erros cometidos em teorias científicas.

> Um teórico pode se desviar de duas maneiras:
> 1. O diabo o engana com uma hipótese falsa. (Se for o caso, ele merece a nossa piedade.)
> 2. Seus argumentos são errôneos e negligentes. (Se for o caso, ele merece uma surra.)

Apesar de Einstein certamente ter cometido erros dos dois tipos, seu instinto único na física lhe mostrou, em muitos casos, o caminho para as respostas certas. Infelizmente, nós, meros mortais, não podemos nem imitar nem adquirir seu talento.

Em 1949, o colaborador de Einstein, Leopold Infeld, descreveu assim seu artigo pioneiro sobre a cosmologia:

> Embora seja difícil exagerar a importância desse artigo [...] as ideias originais de Einstein, vistas da perspectiva da nossa atualidade, são antiquadas, se não até erradas... Na verdade, esse é mais um exemplo que mostra como uma solução errada de um problema fundamental pode ser incomparavelmente mais importante do que a solução correta de um problema trivial e pouco interessante.[28]

O ensaio de Infeld foi incluído em um volume escrito em homenagem a Einstein, intitulado *Albert Einstein: Philosopher-Scientist* [Albert Einstein: filósofo-cientista]. Não menos que seis ganhadores do prêmio Nobel contribuíram para o livro. Em sua contribuição, Georges Lemaître descreveu o que considerava como fortes razões para manter a constante cosmológica nas equações: "A história da ciência fornece muitos exemplos de descobertas feitas por razões não mais consideradas satisfatórias. Pode ser que a descoberta da constante cosmológica [por Einstein] seja um desses casos."[29] E como ele estava certo.

O próprio Einstein, contudo, não se convenceu. Em "Remarks Concerning the Essays Brought Together in This Cooperative Volume" [Observações sobre os ensaios reunidos neste volume cooperativo], ele repetiu seus argumentos anteriores.

> A introdução dessa constante implica uma renúncia considerável à simplicidade lógica da teoria, renúncia que para mim pareceu inevitável apenas porque não tínhamos razões para duvidar da natureza essencialmente estática do espaço.[30]

Ele disse ainda que, após a descoberta de Hubble da expansão cósmica e a demonstração de Friedmann de que a expansão poderia ser acomodada no contexto das equações originais, ele achou que a introdução de lambda era "no presente [em 1949] injustificada". Observe, aliás, que, apesar de Einstein ter tecido esses comentários pouco depois da sua correspondência com Gamow, ainda assim não há nenhuma alusão à expressão "maior mancada".

Por um lado, você poderia argumentar que Einstein estava certo ao se recusar a adicionar às suas equações um termo que não era absolutamente necessário de acordo com as observações. Por outro, Einstein já havia perdido uma oportunidade de prever a expansão cósmica ao aceitar a falta de evidências sobre os movimentos estelares. Ao renunciar a constante cosmológica, ele perdeu uma segunda oportunidade, desta vez de prever o universo acelerado! Se estivéssemos falando de qualquer cientista comum, dois lapsos como esses com certeza poderiam ter sido considerados falta de perspicácia — algo que dificilmente poderíamos concluir em relação a Einstein. As falhas de Einstein nos fazem lembrar que a lógica humana está sujeita a erros, mesmo quando exercitada por um gênio monumental.[31]

Einstein continuou pensando em uma teoria unificada e na natureza da realidade física até o final de sua vida. Já em 1940, ele previu as dificuldades com que os estudiosos da teoria das cordas se depararicam no presente: "Os dois sistemas [a relatividade geral e a teoria quântica] não contradizem diretamente um ao outro; mas parecem pouco adaptados à fusão em uma teoria unificada." Então, apenas um mês antes da sua morte, em 1955, aos 76 anos, ele demonstrou insegurança: "Parece incerto que uma teoria [clássica] de campos possa explicar a estrutura atomística da matéria e da radiação, bem como os fenômenos quânticos." Einstein, contudo, encontrou algum consolo nas palavras do dramaturgo do século XVIII Gotthold Ephraim Lessing: "A ânsia pela verdade é mais preciosa do que sua possessão garantida."[32] Com todas as mancadas, talvez ninguém na história recente tenha ansiado mais pela verdade do que Albert Einstein.

Epílogo

> Eu, honestamente, o aconselharia a não tentar encontrar a razão e a explicação para tudo... Tentar e encontrar a razão para tudo é muito perigoso, e leva a nada além de decepção e insatisfação, perturbando sua mente e, no final, fazendo-o sofrer.
>
> RAINHA VITÓRIA

Nenhuma teoria científica possui um valor absoluto e permanente. À medida que métodos e ferramentas usados em experiências e observações avançam, teorias podem ser refutadas ou transformadas em novas formas capazes de incorporar algumas ideias anteriores. O próprio Einstein enfatizou essa natureza evolucionária das teorias da física: "O destino mais belo de uma teoria física é apontar o caminho para o estabelecimento de uma teoria mais inclusiva, na qual sobrevive como um caso-limite." A teoria da evolução da vida de Darwin pela seleção natural só foi reforçada pela aplicação da genética moderna. A teoria da gravidade de Newton continua viva como um caso-limite dentro da relatividade geral. O caminho para uma teoria "nova e aperfeiçoada" não é nada fácil, e o progresso definitivamente não é uma corrida precipitada em direção à verdade. Se notáveis como Darwin, Kelvin, Pauling, Hoyle e Einstein puderam cometer mancadas sérias, o que dizer de cientistas comuns? Quando James Joyce escreveu em *Ulisses* que "Um homem genial não comete erros. Seus erros são propositais e são portas para a descoberta", ele quis que a primeira parte do seu comentário fosse uma provocação. Como vimos neste livro, contudo, as mancadas dos gênios muitas vezes são realmente portas para a descoberta.

No conto de fadas de 1987 do cineasta Rob Reiner *The Princess Bride* [A princesa prometida], um dos personagens entra em uma disputa de capacidade intelectual com o protagonista. Em um ponto, ele exclama: "Você foi vítima de um dos erros clássicos! O mais famoso é: nunca se envolva em uma guerra por terras na Ásia." Acho que todos podemos concordar que a história recente mostrou que essa afirmação é um bom conselho. O famoso matemático e filósofo Bertrand Russell sugeriu outra dica para aqueles que querem evitar o fanatismo: "Não se sinta absolutamente seguro de nada."[1] Os exemplos deste livro demonstram que esse "mandamento" também pode ser adotado como uma dica útil para evitar grandes mancadas — mas eu não estou absolutamente seguro em relação a isso... Embora a dúvida geralmente seja vista como um sinal de fraqueza, também é um eficiente mecanismo de defesa, e é um princípio de operação essencial para a ciência.

Kelvin, Hoyle e Einstein revelaram outro lado fascinante da natureza humana. Assim como as pessoas (incluindo os cientistas) de vez em quando relutam em admitir seus erros, elas também ocasionalmente podem se opor a novas ideias com teimosia. Max Planck, um dos precursores da mecânica quântica, certa vez observou com cinismo: "A nova verdade científica não vence por convencer seus oponentes e fazê-los verem a luz, mas sim porque seus oponentes acabam morrendo, e uma nova geração familiarizada com ela cresce." Isso pode ser triste, mas é verdade.

Os psicólogos Amos Tversky e Daniel Kahneman estabeleceram uma base cognitiva para erros humanos comuns usando o conceito da *heurística*: regras práticas simples que guiam a tomada de decisões.[2] Uma de suas descobertas foi que as pessoas tendem a usar mais o raciocínio intuitivo — baseado em grande parte na sua experiência pessoal — do que dados reais. Naturalmente, cientistas do calibre de Darwin, Pauling e Einstein acreditavam que sua intuição os levaria à resposta correta mesmo quando o caminho diante de si era enganoso ou quando o cenário científico mudava a um ritmo frenético. Como observei acima, Bertrand Russell entendia os riscos do excesso de confiança e certeza, e achava que havia descoberto uma solução quando defendia o hábito de desafiar crenças "com base em observações e influências tão impessoais e tão livres de tendenciosidades locais e temperamentais quanto possível para os seres humanos". Infelizmente, não é fácil seguir seu conselho. A neurociência moderna mostrou claramente que o córtex orbitofrontal (região do lobo frontal do cérebro) integra emoções ao fluxo do raciocínio racional. Os humanos não são seres puramente racionais, capazes de se desligar completamente das suas paixões.

Apesar dos seus erros — e talvez até *por causa* deles — os cinco indivíduos que estudei e apresentei neste livro produziram não apenas inovações dentro das suas respectivas ciências, mas também grandes criações intelectuais. Ao contrário de muitos trabalhos científicos que visam apenas profissionais envolvidos na mesma disciplina como seu público-alvo, as criações desses mestres atravessaram as fronteiras entre ciência e cultura geral. O impacto de suas ideias foi sentido muito além do seu significado imediato para a biologia, a geologia, a física ou a química. Nesse sentido, o trabalho de Darwin, Kelvin, Pauling, Hoyle e Einstein se aproxima em espírito às realizações da literatura, da arte e da música, abrindo caminhos para além da erudição.

Não há forma melhor de concluir um livro sobre mancadas do que com um lembrete importante — ou um apelo à humildade, se preferir — que ninguém seria capaz de expressar de forma mais eloquente do que Darwin:

> Devemos, contudo, reconhecer, como me parece, que um homem com todas as suas nobres qualidades, com a solidariedade sentida pelos mais desprovidos, com a benevolência estendida não apenas a outros homens, mas à criatura viva mais humilde, com seu intelecto divino, que penetrou nos movimentos e na constituição do sistema solar — com todas essas exaltadas capacidades — o Homem ainda traz em seu corpo a marca indelével de sua origem modesta.[3]

Notas

Capítulo 1: Erros e mancadas

1. Uma descrição detalhada pode ser encontrada em Evans e Smith (1973). Você também encontrará um resumo on-line em www.mark-weeks.com/chess/72fs$$.htm.
2. Uma descrição desse triste caso pode ser encontrada on-line, p. ex., em www.innocence project.org/Content/Ray_Krone.php.
3. Alan John Percival Taylor (1906-90). Taylor, 1963.
4. Wilson, 1913.

Capítulo 2: A origem

1. Ao que parece, o recorde é do abutre-de-rüppell *(Gyps rueppellii)*; vide www.straightdope.com/columns/read/1976/how-high-can-birds-and--bees-fly.
2. Vide, p. ex., "Jacques Piccard", *Encyclopedia of World Biography*, 2004. On-line em www.encyclopedia.com/doc/1G2-3404707243.html.
3. Chapman, 2009.
4. Mora et al., 2011.
5. Gans et al., 2005.
6. Nome científico *Amphiprion ocellaris*.

7. Aristóteles, século IV a.C.
8. Plínio, o Velho, século I d.C. Pode ser baixado de www.perseus.tufts.edu.
9. Cícero, 45 a.C.
10. Paley, 1802. William Paley (1743-1805) publicou um livro influente intitulado *Natural Theology,* no qual ele comparou uma rocha natural a um relógio. Ironicamente, por meio da datação radiométrica (vide o capítulo 5), as rochas podem determinar a idade da Terra — um intervalo de tempo muito maior do que o jamais medido pelo relógio de qualquer relojoeiro.
11. Existem, é claro, várias edições de *A origem das espécies.* Duas que achei particularmente atraentes foram *The Annotated Origin,* com notas de James T. Costa (Darwin, 2009), e uma reimpressa em fac-símile com introdução de Ernst Mayr (Darwin, 1964).
12. Darwin, 2009 [1859], p. 488. O próprio Darwin realizou sua previsão em *A descendência do homem,* publicado em 1871, e em *A expressão das emoções no homem e nos animais,* publicado no ano seguinte. Desenvolvimentos atuais na psicologia evolucionária podem ser vistos como descendentes dessas obras pioneiras.
13. Darwin, 1981 [1871]. Doze anos depois de *A origem das espécies,* Darwin ganhou confiança o bastante para incluir os seres humanos na teoria da evolução — questão que tentou evitar em *A origem das espécies.* É quase certo que os ataques ao darwinismo teriam sido muito menos pronunciados se a evolução não houvesse sido aplicada ao homem. As ideias expostas por Darwin em *A descendência do homem* inspiraram esforços de inúmeros membros da família de Louis Leakey na busca de fósseis de hominídeos na África.
14. Existem diversos livros excelentes sobre a evolução e a seleção natural em vários níveis. Aqui estão apenas alguns que achei muito úteis: Ridley, 2004a é um compêndio de primeira classe; Ridley, 2004b é uma antologia maravilhosa de artigos de alto nível, bem como Hodge e Radick, 2009 (sobre Darwin), e Ruse e Richards, 2009 (sobre *A origem das espécies).* Uma abordagem filosófica provocante pode ser encontrada em Dennett, 1995. Depew e Weber, 1995 é uma excelente revisão da história da teoria evolucionária. Wilson, 1992 é uma análise arrebatadora da biodiversidade. Dawkins, 1986, 2009, Carroll, 2009, e Coyne, 2009 são livros populares soberbos. Pallen, 2009 é uma introdução rápida e extremamente acessível.

Finalmente, aqui estão alguns websites muito úteis sobre a evolução www.evolution.berkeley.edu; www.pbs.org/evolution; e www.nationalacademies.org.evolution.

15. Gould, 2002 é um trabalho notável sobre a história e as origens da teoria da evolução. Outra análise histórica de alto nível é Bowler, 2009.
16. Resistências a antibióticos e pesticidas, desenvolvidas após alguns anos, são exemplos da microevolução. A origem dos mamíferos depois dos répteis é um exemplo de macroevolução. Um resumo excelente sobre a macroevolução pode ser encontrado em Carroll, Grenier e Weatherbee, 2001.
17. Dobzhansky, 1973.
18. Charles Lyell (1797-1875) desenvolveu muito o conceito de que as mudanças geológicas são resultado do acúmulo contínuo de transformações minúsculas ocorridas ao longo de períodos imensuravelmente longos de tempo em seu influente livro *Principles of Geology*. Lyell, 1830-33.
19. Classificada como *Priscomyzon riniensis*. Gess et al., 2006.
20. Esse pilar da evolução darwiniana foi confirmado por muitas descobertas espetaculares. Por exemplo, as descobertas de fósseis de dinossauros com penas, como o *Microraptor gui* e o *Mei long*, estão de acordo com a ideia de que os pássaros evoluíram a partir dos répteis.
21. Boas descrições da especiação podem ser encontradas em Schilthuizen, 2001 e Coyne e Orr, 2004.
22. Uma discussão interessante sobre a árvore da vida pode ser encontrada em Dennett, 1995.
23. Elgvin et al., 2011.
24. O estudo que confirmou a especulação de Nabokov é Vila et al., 2011.
25. Em um estudo impressionante, Meredith et al., 2011 usaram 26 genes para construir a filogenia das famílias dos mamíferos e para estimar em que momentos ocorreram as ramificações.
26. Livio, 2000.
27. Esse termo, do qual muitos abusam, às vezes é usado incorretamente para sugerir que é possível ignorar complexidades e reduzir completamente uma disciplina em outra. Ninguém deveria tentar entender o "Don Juan" de Lord Byron da perspectiva das leis da física. Uma boa discussão sobre o reducionismo no sentido a que me refiro aqui pode ser encontrada em Weinberg, 1992.

28. Eg, Hutchinson 1959.
29. Como a determinação do genoma era feita com métodos anteriores, isso pode ser incerto; McGrath e Katz, 2004.
30. Bell, 2008 é um livro bastante abrangente. Vide também Endler, 1986.
31. Darwin e Seward, 1903.
32. Darwin 1964 [1859], p. 61.
33. Uma descrição muito acessível da seleção natural pode ser encontrada em Mayr, 2001. Para um compêndio sobre seleção: Bell, 2008. Endler, 1986 apresenta grande parte das evidências para a seleção natural.
34. Marchant, 1916, p. 171.
35. Malthus argumentou em *An Essay on the Principle of Population* [Um ensaio sobre o princípio da população] (publicado em 1798) que os seres humanos reproduzem muito e que, consequentemente, caso não sejam controladas, a fome e "a morte prematura devem, de uma forma ou de outra, visitar a raça humana". As ideias de Malthus influenciaram não apenas Darwin e Wallace, mas também a filosofia econômica e política.
36. O geólogo Frederick Wollaston Hutton (1836-1905) fez uma análise de *A origem das espécies* para *Geologist*.
37. Bowersox, 1999.
38. O geneticista britânico Bernard Kettlewell (1907-79) foi o principal pesquisador da mariposa *Biston betularia* e do melanismo industrial. Suas descobertas foram questionadas por alguns (p. ex., Wells, 2000; Hooper, 2003), e apoiadas por outros (p. ex., Majerus, 1998). Um resumo em linguagem acessível desse debate pode ser encontrado em de Roode, 2007.
39. Popper, 1976, p. 151.
40. Popper, 1978; e também Miller, 1985.
41. Existe uma rica literatura sobre a deriva genética. Uma palestra on-line de Stephen Stearns pode ser encontrada em www.cosmolearning.com/video-lectures/neutral-evolution-genetic-drift-66 87. Outras fontes de fácil acesso incluem Kliman et al., 2008, e www.ucl.ac.uk/~ucbhdjm/courses/b242/InbrDrift/InbrDrift.html. Hartl e Clark, 2006, é um longo compêndio sobre a genética das populações.
42. Manifestação da comunidade Amish do que é conhecido como "efeito do fundador". Quando uma população é reduzida a um tamanho muito

pequeno em razão de alterações ambientais ou migração, os genes dos "fundadores" da população resultante ficam representados de forma desproporcional.
43. Lydia Ernestine Becker (1827-90) publicou o *Women's Suffrage Journal* entre 1870 e 1890. A citação sobre Darwin vem do discurso dela como presidente da Manchester Ladies' Literary Society de 30 de janeiro de 1867. Ele foi publicado em Becker, 1869. Também está descrito em Blackburn, 1902, parte 2.

Capítulo 3: Sim, tudo o que eu herdar, há de sumir

1. Darwin, 2009, p. 13.
2. A expressão foi usada pela primeira vez em Hardin, 1959, p. 107.
3. Darwin, 2009, p. 160.
4. Brownlie e Lloyd Prichard, 1963.
5. Jenkin, 1867. O artigo foi reproduzido em Hull, 1973, p. 303, e também pode ser encontrado on-line em www.victorian web.org/science/science_texts/jenkins.html.
6. Discussões excelentes dos argumentos de Jenkin podem ser encontradas em Bulmer, 2004, Vorzimmer, 1963, e Hull, 1973.
7. Davis, 1871.
8. Uma descrição encantadora de Mendel e seu trabalho pode ser encontrada em Mawer, 2006.
9. A descrição aqui apresentada é uma versão bastante simplificada da explicação de Ridley, 2004a, p. 35-39.
10. Explicada com detalhes pela primeira vez em Fisher, 1930.
11. Darwin, 1958 [1892], p. 18. Uma análise mais detalhada das tentativas numéricas de Darwin pode ser encontrada em Parshall, 1982.
12. Carta para Wallace de 2 de fevereiro de 1869 que pode ser encontrada em Marchant, 1916, vol. 1. Vide também Darwin, 1887, vol. 2, p. 288.
13. Darwin, 1909 [1842], p. 3.
14. Hodge, 1987.
15. Darwin, 2009 [1859], p. 160.

16. Darwin retornou a essa noção em uma carta escrita para Wallace em 23 de setembro de 1868 (Darwin e Seward, 1903, vol. 2, p. 84). Darwin escreveu: "Acredito ser impossível entender como, por exemplo, algumas penas vermelhas na cabeça de um pássaro macho, a princípio transmitidas para ambos os sexos, poderiam passar a ser transmitidas somente para os machos. Não é apenas que as fêmeas seriam produzidas pelos machos com penas vermelhas, e não teriam penas vermelhas; mas essas fêmeas devem ter uma tendência latente de produzir tais penas, do contrário causariam a deterioração das penas vermelhas de seus filhos machos."
17. Darwin estava trabalhando na quinta edição de *A origem das espécies*; em F. Darwin, 1887, vol. 3, p. 107. Vide também Bulmer, 2004, Morris, 1994.
18. Peckham, 1959, p. 178.
19. Peckham, 1959, p. 178.
20. Não se sabe qual é a data precisa dessa carta, mas como ela foi enviada de Moor Park, com certeza é anterior a 12 de novembro de 1857. Em Darwin e Seward, 1903, vol. 1, p. 102.
21. Darwin, 1868, vol. 2, p. 374.
22. Marchant, 1916, vol. 1, p. 166.
23. Marchant, 1916, vol. 1, p. 168.
24. Carta datada de "Terça-feira, fevereiro de 1866". Marchant, 1916, vol. 1, p. 159.
25. Uma bela discussão sobre a correspondência entre Darwin e Wallace pode ser encontrada em Dawkins, 2009.
26. Além de Mawer, 2006, Orel, 1996 apresenta um relato detalhado da vida e da obra de Mendel. Vide também Brannigan, 1981.
27. Kitcher, 1982, p. 9; Rose, 1998, p. 33; Henig, 2000, p. 143-44.
28. Dover, 2000, p. 11.
29. Sclater, 2003. Vide também Keynes, 2002.
30. Uma ótima descrição das influências entre Darwin e Mendel (ou da falta delas) pode ser encontrada em de Beer, 1964.
31. Mendel, 1866 [1865], p. 36 (citado em de Beer, 1964).
32. Darwin, 1964 [1859], p. 7; ou Darwin, 2009, p. 8.
33. Mendel, 1866, p. 39 (citado em de Beer, 1964).

34. Para uma discussão das primeiras respostas do Vaticano à evolução, vide Harrison, 2001.
35. O efeito foi demonstrado por Kruger e Dunning, 1999. Uma descrição acessível pode ser encontrada em Chabris e Simons, 2010.

Capítulo 4: Qual é a idade da Terra?

1. Os hindus antigos acreditavam que um ciclo de destruição e regeneração durava 4,32 milhões de anos (p. ex., Holmes, 1947, p. 99-108).
2. Teófilo de Antioquia (c115-180 d.C.) foi convertido para o cristianismo quando adulto. Só um de seus trechos sobreviveu, em um manuscrito do século XI. Ele foi citado em Haber, 1959, p. 17, e Dalrymple, 1991, p. 19.
3. Ussher (1581-1656) calculou que a Criação ocorreu no ano 710 do período juliano; Brice, 1982.
4. A nota foi removida no início do século XX. Kirkaldy, 1971, p. 5.
5. Spinoza, 1925, vol. 3, p. 98.
6. Fílon, século I, livro I.
7. Kant, 1754. Uma tradução para o inglês pode ser encontrada em Reinhardt e Oldroyd, 1982.
8. A referência é *A Plurality of Worlds* [A pluralidade dos mundos], de Fontenelle.
9. Carozzi, 1969 contém uma tradução para o inglês do livro escrito por de Maillet em 1748.
10. MacCurdy, 1939, p. 342.
11. de Maillet, 1748; Cyrano de Bergerac foi o autor do criativo *Viagem aos Impérios do Sol e da Lua*, de dois volumes.
12. Newton, 1687; vide a tradução para o inglês de Motte, 1848, p. 486.
13. O 12º volume de *Natural History: General and Particular* [História natural: geral e particular], de Buffon, era intitulado *Epochs of Nature* [Épocas da natureza]. No livro, ele dividiu a história da Terra em sete épocas e tentou estimar a duração de cada uma. Uma boa descrição pode ser encontrada em Haber, 1959, p. 118.
14. Hutton, 1788.

15. Richard Kirwan foi o presidente da Real Academia Irlandesa. Ele escreveu uma série de artigos e um livro apoiando a descrição bíblica e contra Hutton. A citação foi tirada de Kirwan, 1797.
16. Lyell, 1830-33.
17. Existem várias biografias detalhadas de Lord Kelvin. As que achei mais reveladoras foram Gray, 1908, Thompson, 1910 (reimpressa em 1976), Smith e Wise, 1989, Lindley, 2004, e Sharlin e Sharlin, 1979. Wilson, 1987 contém uma descrição comparativa da física de Kelvin e a do físico vitoriano Sir George Gabriel Stokes (Stokes viveu em 1819-1903, Kelvin, em 1824-1907). Burchfield, 1990 se concentra na obra de Kelvin sobre o problema da idade da Terra.
18. "Senior Wrangler" era o estudante universitário que tirava as notas mais altas nos exames para as premiações de matemática de Cambridge, conhecidas como "Tripos". A maioria esperava que William Thomson fosse nomeado Senior Wrangler. Na verdade, o seu tutor, doutor Cookson, observou que seria "uma grande surpresa para a Universidade se ele não fosse". Thomson, por outro lado, não estava tão convencido. No início da competição, outro estudante, Stephen Parkinson, ao que parece mais eficiente em respostas rápidas e econômicas, acabou sendo o candidato a vencer. No final, o mais talentoso, mas menos rápido, Kelvin ficou em segundo. Thomson superou Parkinson, contudo, nos exames para o prêmio Smith's, concedido pela maior eficiência em uma série de exames e que requeria um entendimento analítico mais profundo.
19. Kelvin fez esse comentário nas Palestras de Baltimore sobre a dinâmica molecular e a teoria ondulatória da luz, feitas na Universidade Johns Hopkins, em 1884.
20. Kelvin, 1864.
21. Kelvin, 1862.
22. Kelvin, 1864. O artigo foi lido em 28 de abril de 1862.
23. Kelvin fez inúmeras contribuições para a termodinâmica. Em 1844, ele escreveu um artigo sobre a "idade" das distribuições de temperatura. Basicamente, ele mostrou que uma distribuição de temperatura no presente pode ser o resultado apenas de uma distribuição de um calor existente em

um tempo finito no passado. Em 1848, formulou a escala absoluta que leva seu nome. Em um artigo de 1851 intitulado "On the Dynamical Theory of Heat" [Sobre a teoria dinâmica do calor], ele formulou uma versão do que é conhecido hoje como a segunda lei da termodinâmica.

24. Kelvin, 1864.
25. Uma boa descrição do desenvolvimento da teoria da condutividade térmica pode ser encontrada em Narasimhan, 2010.
26. Kelvin admitiu que "somos muito ignorantes em relação aos efeitos causados pelas altas temperaturas na alteração das condutividades e no calor específico das rochas, e também em relação ao seu calor latente das fusões". Esses tipos de incertezas acabaram tendo um papel importante na sua mancada.
27. Essa escala de tempo é conhecida como Kelvin-Helmholtz.
28. Kelvin, 1862. Shaviv, 2009 apresenta uma exposição muito detalhada, mas bastante acessível, da teoria da estrutura e da evolução estelar.
29. Thomson, 1899. Chamberlin, 1899 contém uma explicação sobre o discurso de Kelvin de 1899.
30. No dia 27 de fevereiro de 1868; Kelvin, 1891-94, vol. 2, p. 10.
31. Kelvin, 1891-94, vol. 2, p. 10.
32. A velocidade angular da Terra na sua rotação ao redor do eixo é mais elevada que a velocidade da Lua em sua órbita. Por conseguinte, as forças de maré tendem a reduzir a velocidade de rotação da Terra e aumentar a distância entre a Terra e a Lua.
33. Kelvin, 1868.
34. Em Trinity College, Cambridge, George Darwin (1845-1912) foi Second Wrangler e ganhou o segundo lugar no prêmio Smith's.
35. Darwin repetiu o resultado da sua carta de 1878 considerando a rigidez da Terra no discurso por ocasião da sua posse como presidente da Associação Britânica em 1886 (G. H. Darwin, 1886), concluindo que não achava ter nenhum direito de estar "tão confiante em relação à estrutura interna da Terra a ponto de alegar que a Terra não se ajustaria em toda a sua massa quase completamente para o equilíbrio".
36. G. H. Darwin em Stratton e Jackson 1907-16, vol. 3, p. 5.
37. Kelvin, 1891-94, vol. 2, p. 304.

38. Discurso de posse para a presidência de Kelvin, intitulado "On the Origin of Life" [Sobre a origem da vida], em Edimburgo, em agosto de 1871. Kelvin, 1891-94, vol. 2, p. 132.
39. Kelvin, 1891-94, vol. 2, p. 132.
40. Burchfield, 1990 (especialmente os capítulos 3 e 4) fornece uma ampla discussão sobre a influência e o impacto de Kelvin.
41. O evento ocorreu durante o encontro da Associação Britânica para o Avanço da Ciência, que teve sua 30ª conferência anual realizada de 27 de junho a 4 de julho de 1860. O principal evento, ocorrido em 30 de junho, foi uma palestra bastante longa do historiador da ciência John William Draper. Estimativas da audiência (no *Evening Star*) ficaram entre quatrocentos e setecentos (edição de 2 de julho). Os comentários feitos pelo bispo Wilberforce depois da palestra aparentemente duraram cerca de meia hora. Ele concluiu que "as conclusões do senhor Darwin são uma hipótese, levantadas muito antifilosoficamente à dignidade de uma teoria causal" (conforme relatado em 7 de julho no *Athenaeum*). A análise mais detalhada dos detalhes do evento pode ser encontrada em Jensen, 1988. Vide também Lucas, 1979.
42. Sidgwick, 1898.
43. Por exemplo, o *Press* publicou em 7 de julho: "[O bispo] perguntou ao professor [Huxley] se ele preferiria um macaco ao seu avô ou avó." O próprio Huxley escrevera para o amigo doutor Frederick Dryster em 9 de setembro de 1860: "exceto, é claro, que a questão levantada quanto às minhas predileções pessoais na questão da descendência... Se, então, disse eu, perguntarem a mim se eu preferiria ter um pobre macaco como avô ou um homem extremamente talentoso por natureza e dotado de bons recursos e influência, e ainda assim que empregue essas capacidades para o mero propósito de introduzir o ridículo em uma discussão científica séria — eu afirmo, sem hesitar, minha preferência pelo macaco." A carta pode ser encontrada em *The Huxley Papers,* 15, 117 (Londres: Imperial College); ela é citada em Foskett, 1953.
44. Moore, 1979, p. 60.
45. Huxley, 1909 [1869], p. 335-36.
46. Tait, 1869.

NOTAS

47. A lista publicada na edição de dezembro de 1999 do *Physics World* incluía, nesta ordem: Albert Einstein, Isaac Newton, James Clerk Maxwell, Niels Bohr, Werner Heisenberg, Galileu Galilei, Richard Feynman, Paul Dirac, Erwin Schrödinger e Ernest Rutherford. Listas com pequenas diferenças foram publicadas em outras pesquisas. (Em particular, Newton ganhou o primeiro lugar em várias, enquanto Einstein ficou com o segundo.)
48. Vide, p. ex. Dalrymple, 2001.

Capítulo 5: A certeza geralmente é uma ilusão

1. Huxley, 1909 [1869].
2. John Perry (1850-1920) nasceu na Irlanda. Depois de ter sido professor de engenharia mecânica tanto no Reino Unido quanto no Japão, ele foi nomeado professor de engenharia e matemática na Finsbury Technical College, em Londres. Em 1896, ganhou uma cadeira na Royal College of Science. Ao longo da carreira, Perry introduziu novos métodos de ensino de matemática e trabalhou em problemas de eletricidade aplicada. Vide, p. ex., Nudds, McMillan, Weaire e McKenna Lawlor, 1988; Armstrong, 1920.
3. Salisbury argumentou que 100 milhões de anos não eram suficientes para que a seleção natural transformasse águas-vivas em seres humanos, e também repetiu a objeção de Kelvin com base no argumento do desenho inteligente. Salisbury, 1894. Descrito também em Shipley, 2001.
4. Perry escreveu para Oliver Lodge no dia 31 de outubro de 1894. Ele acrescentou que, se a seleção natural fosse rejeitada, a única alternativa seria apelar à divina providência, e ele considerava isso destrutivo para o raciocínio científico. Shipley, 2001.
5. Para os físicos Joseph Larmor e George FitzGerald, bem como para Osborne Reynolds e Peter Guthrie Tait. Ele também escreveu para Kelvin em 17 de outubro de 1894, e novamente nos dias 22 e 23 do mesmo mês (Cambridge University Library, *Papers of Lord Kelvin Add. MS.* 7342, P56, P57, P58).
6. O jantar ocorreu em 28 de outubro de 1894. Perry escreveu para Oliver Lodge em 29 de outubro (University College London, Lodge Papers Add. MS. 89).

7. Perry, 1895a.
8. Um trecho da carta de Tait pode ser encontrado em Perry, 1895a.
9. Carta de Perry para Tait de 26 de novembro de 1894. Essa carta também foi incluída em Perry, 1895a. Perry também observou "Descobri que muitos dos meus amigos concordam comigo".
10. Carta de Tait para Perry de 27 de novembro de 1894 (Cambridge University Library, Papers of Lord Kelvin, Add. MS. 7342, P59d). Incluída em Perry, 1895a.
11. Carta de Perry para Tait de 29 de novembro de 1894. Incluída em Perry, 1895a. Perry enfatizou dois argumentos em sua carta: (1) que havia certa fluidez no interior da Terra, de forma que o calor podia ser transportado por convecção, e (2) que, de acordo com os resultados obtidos por Robert Weber, a condutividade das rochas aumentava com o aumento da temperatura. Mais tarde, descobriu-se que o último estava errado.
12. Carta de Kelvin para Perry de 13 de dezembro de 1894. Incluída em Perry, 1895a, p. 227. Kelvin estava particularmente interessado em checar os resultados de Weber sobre a condutividade.
13. Kelvin para Perry em 13 de dezembro de 1894. Incluída em Perry, 1895a.
14. De sua parte, Perry pediu a assistência do matemático Oliver Heaviside, e publicou uma análise matemática mais sofisticada do problema; Perry, 1895b.
15. Thomson (Lord Kelvin), 1895, Thomson (Lord Kelvin) e Murray, 1895. Kelvin tirou suas conclusões com base na mensuração do ponto de fusão da diábase, um basalto, pelo geólogo Carl Bakus.
16. Perry, 1895c. O debate inteiro é descrito com detalhes em Shipley, 2001 e Burchfield, 1990.
17. A descoberta da radioatividade pode ser encontrada em Becquerel, 1896; a descoberta da produção do calor pode ser encontrada em Curie e Laborde, 1903.
18. Wilson, 1903. Sua carta para o editor tinha apenas 15 linhas.
19. Darwin, 1903. Ele especulava que a idade estimada por Kelvin podia ser aumentada por um fator de 10 ou 20.
20. Joly, 1903.
21. Eve, 1939 apresenta uma boa biografia e descrição do trabalho de Rutherford.

22. Ele discutiu isso em uma carta para o físico inglês Lord Rayleigh de 24 de agosto de 1903, e também com o próprio Rutherford e com Pierre e Marie Curie em sua primeira visita à Inglaterra.
23. Kelvin, 1904.
24. O físico e ganhador do prêmio Nobel Sir Joseph John "J. J." Thomson (nenhuma relação com Lord Kelvin), que descobriu o elétron, relembrou em 1936 que Kelvin admitiu em uma conversa que a descoberta do aquecimento radioativo prejudicou suas suposições no cálculo da idade da Terra; Thomson, 1936, p. 420. Kelvin fez uma confissão semelhante durante o encontro da Associação Britânica; Eve, 1939, p. 109.
25. Começou com uma carta de Kelvin, publicada em 9 de agosto de 1906, na qual ele repetiu sua crença de que a energia do Sol era apenas gravitacional e afirmou que a radioatividade não passava de uma hipótese. Várias cartas divergentes de Frederick Soddy, Oliver Lodge, Robert John Strutt (físico e filho de Lord Rayleigh) e Kelvin apareceram durante cerca de um mês. Em sua carta de 15 de agosto, Lodge disse sobre Kelvin que "sua mente brilhantemente original nem sempre se submeteu com paciência à tarefa de assimilar o trabalho de outros pelo processo da leitura". O episódio é descrito resumidamente em Eve, 1939, p. 140-41, Burchfield, 1990, p. 165 e Lindley, 2004, p. 303. Uma análise da controvérsia pode ser encontrada em Soddy, 1906.
26. Citação, p. ex., em Eve, 1939, p. 107.
27. Holmes, 1947 apresenta uma ótima análise. A idade hoje aceita foi determinada pela primeira vez pelo geólogo Clair Patterson por meio do uso de dados do meteorito Canyon Diablo (Patterson, 1956). Cientistas do Argonne National Laboratory deram outro uso interessante à datação radiométrica. Pela utilização do decaimento do raro isótopo criptônio-81, em 2011 eles conseguiram rastrear o antigo aquífero Arenito Núbia, que se estende pela África.
28. Eve, 1939, p. 107.
29. England, Molnar e Richter, 2007; Richter, 1986.
30. O texto clássico é Festinger, 1957. Estudos mais recentes revelaram detalhes complexos, tanto na área psicológica quanto na da neurociência;

p. ex., Cooper e Fazio, 1984, vol. 17, p. 229; Lee e Schwartz, 2010; Van Overwalle e Jordens, 2002; Van Veen et al., 2009.
31. Descrições interessantes e uma análise dos eventos relacionados à morte de Schneerson podem ser encontradas em Ochs, 2005 e Dein, 2001.
32. Brehm, 1956.
33. Olds e Milner, 1954; Olds, 1956 é uma versão acessível.
34. Muitos estudos foram realizados sobre as reações afetivas positivas e as dependências. Vide, p. ex., Bozarth, 1994; Fiorino, Coury e Phillips, 1997; Berridge, 2003; e Wise, 1998. Um relato acessível pode ser encontrado em Nestler e Malenka, 2004, e Linden, 2011 e Bloom, 2010 são livros populares e muito acessíveis sobre a experiência do prazer.
35. Burton, 2008, p. 99-100, e p. 218.
36. O raciocínio motivado implica uma regulação da emoção. Os estudos sugerem que o raciocínio motivado é qualitativamente diferente quando os resultados não têm um significado emocional para as pessoas. Uma longa análise sobre o raciocínio motivado pode ser encontrada em Kunda, 1990. O envolvimento da emoção na tomada de decisões é discutido, p. ex., em Bechara, Damasio e Damasio, 2000. Coleman, 1995 contém um relato acessível. Westen et al., 2006 apresenta os estudos com ressonância magnética.
37. King, 1893.
38. Uma boa discussão da importância da estimativa de Kelvin para a idade do Sol pode ser encontrada em Stacey, 2000.
39. O problema da geração de energia nas estrelas é discutido no capítulo 8.
40. Darwin inseriu essa frase na sexta edição; Peckham, 1959, p. 728.

Capítulo 6: Intérprete da vida

1. Hager, 1995, p. 374, apresenta uma ótima descrição do evento.
2. Watson voltava de Nápoles para Copenhague, Dinamarca, onde era professor assistente de pós-doutorado, e parou em Genebra.
3. "Chemists Solve a Great Mystery: Protein Structure Is Determined" [Químicos solucionam grande mistério: estrutura da proteína determinada], *Life*, 24 de setembro de 1951, p. 77-78.
4. Existem várias biografias de Pauling. Achei as seguintes particularmente

úteis: Hager, 1995; Serafini, 1989; Goertzel e Goertzel, 1995; e Marinacci, 1995. Inúmeros livros cobrem diversos aspectos do trabalho de Pauling com maestria. Entre estes, gostaria de mencionar Olby, 1974; Lightman, 2005; Judson, 1996; e, é claro, o fantástico website da Oregon State University: http://osulibrary.oregonstate.edu/specialcollections//coll/pauling.
5. Pauling, 1935; Pauling e Coryell, 1936. Pauling e o químico Charles D. Coryell realizaram o experimento suspendendo um tubo de sangue de vaca entre os polos de um grande ímã; Judson, 1996, p. 501-2, apresenta uma boa descrição.
6. Pauling não tinha muita experiência com moléculas de proteína, então convenceu Mirsky, que estava no Rockefeller Institute for Medical Research, a passar o ano de 1935-36 no Caltech. (Ele também convenceu o presidente do Rockefeller Institute a permitir isso!)
7. Mirsky e Pauling, 1936. Hsien Wu já havia feito um trabalho anterior em 1931.
8. Como seria muito significante para o trabalho subsequente de Pauling, os autores observaram que "essa cadeia é dobrada com uma configuração definida de forma única, na qual é mantida por ligações de hidrogênio". Ligações de hidrogênio — nas quais o hidrogênio é ligado por dois átomos, formando uma ponte entre eles — estavam prestes a se tornar a marca registrada de Pauling.
9. Astbury, 1936.
10. Pauling descreveu suas atividades na época em um ditado dado em 1982. A transcrição foi publicada pela sua assistente, Dorothy Munro; Pauling, 1996.
11. O papel original usado por Pauling em 1948, no qual ele desenhou e dobrou a estrutura, nunca foi encontrado.
12. Corey tinha uma experiência considerável em estudos sobre proteínas com raios X. Muitos anos depois, Pauling fez o elegante comentário que, na verdade, poderia ter sido Corey quem o convencera.
13. Pauling, 1996. Devo observar que, em um relato anterior, em 1955, Pauling diz ter encontrado apenas uma das duas hélices em Oxford, enquanto a outra teria sido descoberta por Herman Branson quando Pauling retornou ao Caltech.

14. Olby, 1974, p. 278, apresenta uma excelente descrição, ainda que um pouco técnica, da trajetória até a alfa-hélice.
15. Pauling escreveu para o químico e cristalógrafo Edward Hughes. Citado no website The Pauling Blog, sob o título "An Era of Discovery in Protein Structure" [Uma era de descobrimento na estrutura da proteína].
16. Pauling admitiu em entrevistas posteriores que estivera preocupado, achando que o grupo do Cavendish pudesse sair na frente na checagem dos modelos. Olby, 1974, p. 281; Hager, 1995, p. 330.
17. De acordo com Pauling, 1955, Branson pode ter encontrado apenas uma das duas hélices depois que Pauling lhe explicou todas as importantes restrições envolvidas. Em Pauling, 1996, ele dá a impressão de que havia descoberto ambas as hélices em Oxford, e que Branson mais tarde as teria confirmado.
18. [Configuração da cadeia polipeptídica em proteínas cristalinas]: Bragg, Kendrew e Perutz, 1950.
19. Boas descrições da técnica e de suas explicações podem ser encontradas, p. ex., em McPherson, 2003. Blow, 2002 apresenta um resumo com menos detalhes físicos.
20. Bragg, Kendrew e Perutz, 1950.
21. Perutz, 1987.
22. Isso foi confirmado por Alex Rich, Jack Dunitz e Horace Freeland Judson em conversas com o autor.
23. Pauling e Corey, 1950.
24. Pauling, Corey e Branson, 1951. Um fato um tanto triste: Branson escreveu uma carta em 1984 para os biógrafos de Pauling, Ted e Ben Goertzel, alegando que teria sido ele, e não Pauling, que havia descoberto "duas estruturas em espiral de acordo com todos os dados". Em 1995, ele acrescentou que Corey não teve nenhuma participação na descoberta (Goertzel e Goertzel, 1995, p. 95-98). Essas alegações não estão de acordo com as memórias de vários outros cientistas, que se lembravam dos modelos de Pauling de Oxford, e nem com o fato de que Branson concordara em ter seu nome colocado após o de Pauling e Corey no artigo. O próprio Branson observou que Pauling era "um dos impressionantes intelectos científicos da nossa época, que merece os prêmios Nobel".

25. Dunitz em conversa com o autor, 23 de novembro de 2010.
26. Perutz, 1987.
27. Dunitz, 1991 contém um resumo conciso das realizações de Pauling.
28. Pauling, 1948a.
29. Pauling, 1939, p. 265.
30. Francoeur, 2001, p. 95. Vide também Nye, 2001, p. 117.
31. Pauling, 1948b.
32. Pauling, 1948b.
33. p. ex., Levene e Bass, 1931. Olby, 1974, p. 73-96 apresenta uma boa descrição do trabalho inicial.
34. Wilson, 1925.
35. Essa noção, conhecida como o "paradigma da proteína", é descrita, p. ex., em Kay, 1993.
36. Avery, MacLeod e McCarty, 1944.
37. A carta foi escrita em 13 de maio de 1943. Ela faz parte da "The Oswald T. Avery Collection", on-line sob Profiles in Science: National Library of Medicine, em http://profiles.nlm.nih.gov/ps/retrieve/ResourceMetadata/CCBDVF.
38. O fato de o artigo ter sido publicado em 1944, durante a guerra, também pode ter contribuído para esse impacto relativamente pequeno.
39. P. Pauling, 1973.
40. Ronwin, 1951.
41. Pauling e Schomaker, 1952a.
42. Ele escreveu para Pauling indicando um artigo publicado pelo químico Ludwig Anschütz em 1927, no qual o último sugeria que o fósforo se conectava a cinco átomos de oxigênio em algumas estruturas.
43. Pauling e Schomaker, 1952b.
44. O bioquímico Gerald Oster escreveu para Pauling contando sobre isso em 9 de agosto de 1951. Oster interpretou a demora de Wilkins na publicação das imagens como falta de interesse da sua parte. Na verdade, Wilkins estava trabalhando para confirmar os resultados com ferramentas melhores.
45. Embora, obviamente, existam vários relatos sobre a descoberta da estrutura do DNA, os autobiográficos conservam um valor especial, con-

trovérsias à parte. Recomendo, particularmente, Watson, 1980 (Norton Critical Edition). Ela inclui, além do texto original (e controverso) de Watson, uma excelente seleção de análises. Também são altamente recomendáveis Crick, 1988 e Wilkins, 2003. Infelizmente, Rosalind Franklin não viveu o bastante para escrever sua própria autobiografia, mas duas biografias — Sayre, 1975 e Maddox, 2002 — preenchem muito bem essa lacuna. Mais recentemente, a irmã de Franklin, Jenifer Glynn, escreveu um belo livro de memórias (Glynn, 2012). Outra perspectiva interessante das experiências de Franklin como uma mulher em um laboratório dominado por homens pode ser encontrada em Des Jardins, 2010, p. 180-95.
46. Watson, 1980, p. 13.
47. Randall escreveu para Franklin em 4 de dezembro de 1950. Ele acrescentou: "Com isso, não estou sugerindo que deveríamos desistir de toda a ideia de trabalhar em soluções, mas achamos que o trabalho sobre as fibras teria resultados mais imediatos e, talvez, fundamentais." A carta é reproduzida, p. ex., em Olby, 1974, p. 346, e Maddox, 2002, p. 114. Vide também Klug, 1968a, b.
48. Watson, 1951, citado em Olby, 1974, p. 354.
49. Olby, 1974, p. 310.
50. Watson, 1980, p. 9.
51. Crick, 1988, p. 64.
52. Crick, 1988, p. 70.
53. Crick, 1988, p. 64.
54. John Randall escreveu para Pauling em 28 de agosto de 1951. Ele começou explicando que, ao contrário da interpretação de Gerald Oster, Wilkins tinha grande interesse pelo trabalho com o DNA: "Sinto muito em informar que Oster está completamente enganado sobre as nossas intenções em relação ao ácido nucleico. Wilkins e outros estão ocupados trabalhando na interpretação das imagens de raios X do ácido desoxirribonucleico." Pauling respondeu educadamente em 25 de setembro de 1951, dizendo que sentia muito por ter incomodado Randall. Todos os documentos relevantes se encontram no website da Oregon State University.
55. Chargaff, 1978, p. 101.

56. Chargaff, 1978, p. 101. Chargaff acrescentou (p. 102): "Eu disse a eles tudo que sabia. Se eles já haviam ouvido falar sobre regras de combinação, omitiram isso."
57. Crick em uma entrevista gravada com Robert Olby; Olby, 1974, p. 294.
58. Um esboço descrevendo sua abordagem foi escrito por Crick (Olby, 1974, p. 357). Crick afirma claramente no esboço que seu primeiro modelo com Watson foi "estimulado pelos resultados apresentados pelos trabalhadores da King's College, Londres, em um seminário realizado em 21 de novembro de 1951". Ele também se refere claramente ao modelo da alfa-hélice de Pauling.
59. Franklin encontrou oito moléculas por nucleotídeo, enquanto Watson reportou quatro moléculas por ponto do retículo.
60. Gann e Witkowski, 2010.
61. Gann e Witkowski, 2010.
62. Gann e Witkowski, 2010.
63. Uma excelente descrição do trabalho de Franklin pode ser encontrada em Klug, 1968a, com alguns esclarecimentos em Klug, 1968b e informações adicionais em Klug, 1974. Elkin, 2003 apresenta uma perspectiva histórica, e Braun, Tierney e Schmitzer, 2011 oferecem uma explicação didática sobre o trabalho técnico.
64. De acordo com Klug, 1968a, a atitude contrária a estruturas helicoidais demonstrada por Franklin por volta de maio de 1952 provinha da sua incerteza em relação à capacidade de sobrevivência desse tipo de estrutura na forma A do DNA. Sua relutância geral em presumir qualquer coisa sobre a estrutura é refletida na declaração: "Nenhuma tentativa me fará introduzir hipóteses concernentes a detalhes da estrutura no presente estágio" (Franklin e Gosling, 1953a).
65. Crick, 1988, p. 69.
66. A imagem de 1951 do DNA de Beighton encontra-se no Special Collections, Astbury Papers, C7, na Universidade de Leeds. As imagens podem ser vistas on-line em www.leeds.ac.uk/heritage/Astbury/Beighton_photo/index.html.
67. O episódio é descrito na íntegra e com detalhes em Hager, 1995, p. 400-407. A atmosfera geral anticomunista da época é assustadoramente retratada, p. ex., em Coute, 1978.

68. Pauling escreveu para Harry Truman em 29 de fevereiro de 1952.
69. O *New York Times* publicou algumas histórias e mais tarde discutiu o sistema de passaportes inteiro em um paralelo com os problemas de Pauling em 19 de maio de 1952, com um artigo intitulado "Dr. Pauling's Predicament" [O problema do doutor Pauling]. O *Washington Post* escreveu em 13 de maio de 1952, "Pauling, Noted Chemist, Refused Passport" [Pauling, renomado químico, tem passaporte negado], e o *Daily Sun-Times* de Chicago publicou no dia 14 de maio de 1952 um artigo com o título "America's Own Iron Curtain" [A cortina de ferro da América].
70. Entrevista concedida ao autor em 15 de novembro de 2010.
71. Chargaff, 1950, e também Chargaff, Zamenhof e Green, 1950.
72. Hershey e Chase, 1952.
73. Williams, 1952.
74. Um exemplo das imagens de difração de raios X das fibras de DNA obtidas por Florence Bell no laboratório de Astbury pode ser visto na coleção on-line da Universidade de Leeds, em www.leeds.ac.uk/heritage/Astbury/Bell_Thesis/index.html; os artigos publicados foram Astbury e Bell, 1938, e Astbury e Bell, 1939.
75. Pauling e Corey, 1953.
76. Pauling e Corey, 1953.
77. Judson (1996, p. 131) ouviu um relato desse encontro de um cientista que havia trabalhado no Caltech naquele inverno. Pauling aparentemente estava tentando se animar, dados os seus problemas políticos da época.
78. A carta de Pauling para Alexander Todd está no website da Oregon State University, em http://osulibrary.orst.edu/specialcollections/coll/pauling/dna/corr/sci9.001.16-1p-todd-19521219 .html.
79. Essa carta também está no website da Oregon State University, em http://osulibrary.orst.edu/specialcollections/coll/pauling/dna/corr/sci14.014.7--lp-moe-19521219.html.
80. P. Pauling, 1973.
81. Carta de Peter Pauling para Linus, Ava Helen e Crellin Pauling, irmão de Peter. Em http://osulibrary.orst.edu/specialcollections/coll/pauling/dna/corr/bio5.041.6-peterpauling-paulings -19530113.html.

82. Carta de Peter Pauling para Linus e Ava Helen Pauling. A transcrição contém um erro, dizendo "I am in direct manner" [Estou, de forma direta], quando deveria dizer (vide o original) "in an indirect manner" [de uma forma indireta]. Em http://osulibrary.orst.edu/specialcollections/coll/pauling/dna/corr/ bio5.041.6-peterpauling-lp-19530123.html.

Capítulo 7: Afinal de contas, de quem é o DNA?

1. Descrição de Watson, 1980, p. 94.
2. Watson, 1980, p. 95. Watson escreveu "Em vez de xerez, deixei Francis pagar um uísque para mim".
3. Wilkins acrescentou: "Não é possível que ele tenha checado com cuidado os detalhes do que eles publicaram sobre os pares de bases naquele artigo; quase todos os detalhes simplesmente estão errados." Citação de Judson, 1996, p. 80. O próprio Pauling admitiu para Judson (1996, p. 135): "Não estávamos trabalhando muito duro naquilo."
4. O próprio Pauling mencionou isso na sua segunda Hitchcock Foundation Lecture, "Chemical Bonds in Biology" [Ligações químicas na biologia], dada na Universidade da Califórnia, em Berkeley, no dia 17 de janeiro de 1983.
5. Conversei com Alex Rich no dia 15 de novembro de 2010 e com Jack Dunitz em 23 de novembro de 2010.
6. P. Pauling, 1973.
7. Em uma série de artigos seminais, Kahneman e Tversky discutem esse tópico com detalhes. Vide, p. ex., Kahneman e Tversky, 1973, 1982. Também Kahneman, Slovic e Tversky, 1982, e Cosmides e Tooby, 1996. Um relato excelente pode ser encontrado em Kahneman, 2011. Schulz, 2010, p. 115-32, discute belamente alguns aspectos do raciocínio indutivo no que diz respeito aos equívocos.
8. Entrevista para o *New Scientist*; Else, 2011.
9. Lehrer, 2009 oferece uma descrição detalhada do processo de decisão.
10. Kahneman, 2011, p. 363-74, apresenta muitos exemplos esclarecedores. Curiosamente, estudos com ressonância magnética mostraram que as reações emocionais na amígdala (a região do cérebro associada aos sentimentos negativos) das pessoas que se dão conta de que "90% magra" é o

mesmo que "10% gorda" são muito semelhantes às daquelas que são afetadas pelo framing negativo. As diferenças surgem no córtex pré-frontal, que controla as emoções pensando nelas racionalmente. Vide, p. ex., de Martino et al., 2006.
11. Carta de Linus Pauling para Henry Allen Moe de 19 de dezembro de 1952. Em http://osulibrary.orst.edu/specialcollections/ coll/pauling/dna;shcorr/scil4.014.7-lp-moe-19521219.html.
12. Esse comentário de Ava Helen foi repetido muitas vezes por Pauling. Vide, p. ex., Hager, 1995, p. 431.
13. Pauling e Corey, 1953, p. 96. Observação importante, já que mostra que Pauling relacionava a estrutura à capacidade de transmissão de informações. Pauling e Corey também falaram do sequenciamento de aminoácidos, observando que, no que dizia respeito às dimensões envolvidas, os ácidos nucleicos eram "adequados para a ordenação de resíduos de aminoácidos em uma proteína". Seu intuito foi deixado claro por Matt Meselson em sua palestra sobre Pauling. Em http://osulibrary.oregonstate.edu/specialcollections/events/1995/paulingconference/video-s3-2-meselson.html.
14. Carta de Linus Pauling para Peter Pauling de 27 de março de 1953. Em http://osulibrary.orst.edu/specialcollections/coll/pauling/dna/corr/sci9.001.33-lp-peterpauling19530327.html.
15. No contexto do Betula Project (projeto de pesquisa sobre a memória), o psicólogo Lars-Goran Nilsson e seus colegas fizeram vários testes de memória com pessoas entre 35 e 80 anos, e repetiram os testes a intervalos de um ano. O projeto teve início em 1988, e os pesquisadores estudaram um total de 4.200 indivíduos. Uma coleção de artigos descrevendo muitos dos resultados pode ser encontrada em Bäckman e Nyberg, 2010.
16. Conversa de 18 de abril de 2011. Jack Szostak, ganhador do prêmio Nobel de fisiologia ou medicina, a quem também perguntei sobre o erro químico de Pauling, foi mais um que sugeriu que Pauling pode ter achado que encontraria uma forma de fazer a estrutura funcionar de uma perspectiva química.
17. Watson e Crick, 1953a.
18. Além disso, o espaçamento entre os sucessivos pontos escuros indica a distância coberta por uma volta completa da hélice (34 angstrons), e a dis-

tância entre o centro da forma X (Figura 14) até o topo indica a distância entre as sucessivas bases.

19. Watson, 1980, p. 98.
20. Na época, havia dúvidas no que dizia respeito à localização precisa dos átomos de hidrogênio nas bases. (Existiam diferentes formas tautométricas.) Donohue era um especialista no assunto e publicou trabalhos importantes em 1952 e 1955. Suas contribuições para o modelo correto do DNA foram cruciais.
21. Na cristalografia, a simetria (no que diz respeito a transformações como a rotação e a reflexão) é usada para caracterizar os cristais. A partir das informações contidas no relatório, Crick conseguiu deduzir que a forma cristalina do DNA podia ser descrita pelo que os cristalógrafos chamam de grupo especial "monoclínico C2". Isso, por sua vez, significava que as cadeias eram antiparalelas. Em uma entrevista com Robert Olby, Crick admitiu: "Não acho que teria pensado em colocá-las em outra direção" (Olby, 1974, p. 404).
22. Gann e Witkowski, 2010.
23. Carta de Wilkins para Crick, provavelmente de 23 de março. Gann e Witkowski, 2010.
24. Watson e Crick, 1953a.
25. Watson e Crick, 1953b.
26. Crick, 1988, p. 66.
27. Wilkins, Stokes e Wilson, 1953.
28. Franklin e Gosling, 1953a. Eles publicaram outro artigo em julho do mesmo ano, no qual detalharam a distinção entre as estruturas A e B do DNA; Franklin e Gosling, 1953b. Vide também Franklin e Gosling, 1953c.
29. Para uma análise crítica da peça Photograph 51, vide, p. ex., http://theater.nytimes.com/2010/11/06/theater/06photograph.html.
30. Carta de Linus Pauling para Peter Pauling de 27 de março de 1953. Em http://osulibrary.orst.edu/specialcollections/coll/pauling/dna/corr/sci9.001.33-lp-peterpauling-19530327.html.
31. Pauling e Bragg, 1953.
32. Watson, 2000.
33. Vide, p. ex., Reich et al., 2011, e discussões interessantes no blog do paleontólogo John Hawks, john hawks weblog.

34. O envolvimento de Gamow e seus esquemas de codificação são descritos com detalhes, p. ex., em Judson, 1996. Gamow também fundou o RNA Tie Club, organização que aspirava, de acordo com Gamow, "a resolver o enigma da estrutura do RNA e a entender a forma pela qual ele forma proteínas".

Capítulo 8: *B* de Big Bang

1. O evento é descrito na íntegra e com detalhes em Mitton, 2005, p. 127-29. O programa foi anunciado na revista britânica *Radio Times* em 28 de março de 1949.
2. Ferris, 1993.
3. Dois exemplos de excelentes biografias de Hoyle são Mitton, 2005 e Gregory, 2005. Hoyle, 1994 é uma autobiografia fascinante, bem como a anterior e mais curta Hoyle, 1986a. Informações também podem ser encontradas no Sir Fred Hoyle Project, da St. John's College, Universidade de Cambridge. On-line em www.joh.cam.ac.uk/library/special_collections/hoyle/project/#collection.
4. Hoyle, 1994, p. 42.
5. Em 1939, ele decidiu abrir mão: Hoyle escreveu "Descobri que o Inland Revenue [o equivalente britânico à Receita Federal] fazia uma distinção entre estudantes e aqueles que não eram estudantes de acordo com eles terem ou não título de Ph.D."; Hoyle, 1994, p. 127.
6. Hoyle, 1994, p. 235. Hoyle acrescentou: "Ter o apoio popular é uma mesquinharia, não custa nada para a reputação."
7. 1986b, p. 446.
8. Outros químicos formularam suas próprias versões da tabela periódica. A lista incluía o mineralogista francês Alexandre-Émile Béguyer de Chancourtois, o inglês John Newlands e, particularmente, o alemão Julius Lothar Meyer, que contribuiu com tabelas semelhantes (seguindo o trabalho pioneiro de Robert Bunsen). Mendeleyev, porém, foi quem conseguiu inserir todos os 62 elementos conhecidos na tabela, e não apenas prever os elementos que ainda esperavam ser descobertos, mas até mesmo antecipar suas densidades e pesos atômicos. Para uma leitura fascinante sobre a tabela periódica, vide Kean, 2010.

9. Você pode assistir a um vídeo sobre esse feito no YouTube em www.geek.com/articles/geek-cetera/periodic-tablet-etched-on-a-single-hair-as-birthday-gift-20101230. Vide também *Science* 334, nº. 7 (outubro de 2011), p. 24.
10. Para uma biografia concisa de Prout (1785-1850), vide Rosenfeld, 2003.
11. Eddington, 1920. Na época, ele ainda considerava a aniquilação outra possível fonte de energia. Eddington discutiu a fonte da energia estelar em Eddington, 1926.
12. Wesemael, 2009 descreve muito bem as contribuições de Perrin (1870-1942) e do físico-químico americano William Draper Harkins (1873-1951). Vide também Shaviv, 2009, capítulo 4.
13. Eddington, 1926, p. 301.
14. O famoso astrofísico Subrahmanyan Chandrasekhar ouviu essa história diretamente de Eddington. Ela é descrita em Berenstein, 1973, p. 192.
15. Eddington, 1920. Citado também na íntegra na edição de 1988 de *The Internal Constitution of the Stars* [A constituição interna das estrelas] (Cambridge: Cambridge University Press), no prólogo (S. Chandrasekhar), p. x.
16. A distâncias muito pequenas, se comparadas ao tamanho do núcleo, a própria força nuclear se torna repulsiva, pois partículas como os prótons (férmions) resistem à superlotação. Esse efeito quântico é conhecido como princípio da exclusão de Pauli.
17. A probabilidade de penetração da barreira criada pela força de Coulomb aumenta exponencialmente com o aumento da energia das partículas. Por outro lado, a distribuição das partículas a uma dada temperatura é tal que, a energias elevadas, o número de partículas diminui exponencialmente. O produto desses dois fatores resulta em um pico (conhecido como pico de Gamow) no qual a reação nuclear apresenta a maior probabilidade de ocorrer. Essas ideias foram publicadas pela primeira vez no final da década de 1920.
18. Bethe, 1939.
19. Para aqueles que possuem algum conhecimento em física nuclear, os dois principais canais que contribuem para a produção de energia no Sol são as cadeias ppI: $p + p \to D + e^+ + \nu_e$, $D + p \to {}^3He + \gamma$, ${}^3He + {}^3He \to {}^4He + 2p$; e pp II: ${}^3He + {}^4He \to {}^7Be + \gamma$, ${}^7Be + e^- \to {}^7Li + \nu_e$, ${}^7Li + p \to 2\,{}^4He$.

20. Bethe, 1939, p. 446.
21. Alpher, Bethe e Gamow, 1948. Gamow já havia apresentado a ideia da nucleossíntese no Big Bang em Gamow, 1942 e Gamow, 1946.
22. No seu livro *The Creation of the Universe*, Gamow brinca: "Havia, contudo, um rumor de que mais tarde, quando a teoria α, β, γ foi temporariamente ameaçada, o doutor Bethe considerou seriamente a possibilidade de mudar seu nome para Zacharias" (Gamow, 1961, p. 64).
23. Gamow, 1961, p. 64.
24. Fermi examinou o problema com o físico Anthony Turkevich, apesar de eles nunca terem publicado seus resultados. Uma boa descrição do trabalho sobre o problema da lacuna de massa pode ser encontrada em Kragh, 1996, p. 128-32.
25. Hoyle, 1946.
26. Hoyle fez a apresentação no dia 8 de novembro de 1946. Margaret Burbidge na época era Margaret Peachey; ela se casaria com o astrônomo Geoffrey Burbidge em 1948. A citação vem de uma palestra que Margaret Burbidge deu na St. John's College, Cambridge, em 16 de abril de 2002. Uma excelente descrição acessível do trabalho de Hoyle sobre a nucleossíntese pode ser encontrada em Mitton, 2005, capítulo 8.
27. O incidente é descrito em Hoyle, 1986b.
28. Öpik, 1951.
29. Salpeter, 1952. (Também Bondi e Salpeter, 1952.) Salpeter teria uma distinta carreira na astrofísica.
30. Hoyle, 1982, p. 3.
31. Hoyle, 1982, p. 3.
32. Embora tenha havido algumas sugestões anteriores para ressonâncias em torno de 7,4 MeV, elas nunca foram confirmadas, e, de qualquer forma, nenhum nível ressonante acima de 7,5 MeV fora sugerido (antes da previsão de Hoyle).
33. Após muitos anos, os participantes tinham memórias um tanto diferentes dos eventos. Um bom resumo das várias versões pode ser encontrado em Kragh, 2010.
34. Entrevista de Charles Weiner, Instituto Americano de Física, de fevereiro de 1973. Citação em Kragh, 2010.
35. Hoyle, 1982, p. 3.

36. Descrição feita também na palestra dada por Fowler como requisito para o recebimento do prêmio Nobel, "Experimental and Theoretical Nuclear Astrophysics; the Quest for the Origin of the Elements" [Astrofísica experimental e teórica; a busca pela origem dos elementos], em 8 de dezembro de 1983.
37. Dunbar, Pixley, Wenzel e Whaling, 1953. Spear, 2002 também descreve o artigo e sua importância.
38. Já que a vida como a conhecemos tem o carbono como base, muito já foi discutido sobre o significado antrópico do nível ressonante do carbono. Essa questão vai além do escopo deste livro. Devo observar que, em 1989, eu, junto com colegas, mostrei que, se o nível de energia fosse sequer um pouco diferente, as estrelas ainda teriam produzido carbono (Livio et al. 1989). Essa conclusão foi confirmada mais tarde por um trabalho mais detalhado de Heinz Oberhummer e colegas (Schlattl et al., 2004). Para uma análise detalhada, vide Kragh, 2010.
39. Hoyle et al., 1953.
40. Hoyle, 1986b, p. 449.
41. Gamow, 1970, p. 127. Na verdade, Gamow queria expressar suas objeções à teoria do estado estacionário (discutida no capítulo 9) proposta por Hoyle, Bondi e Gold, mas, mesmo assim, ele acabou reconhecendo a contribuição de Hoyle.
42. Comunicado à imprensa do prêmio Crafoord de 1997.
43. Hoyle, 1954.
44. Burbidge, Burbidge, Fowler e Hoyle, 1957. Um relato vívido acessível da história da teoria da nucleossíntese pode ser encontrado em Chown, 2001. Tyson e Goldsmith, 2004 oferecem um passeio claro, bem-humorado e multidisciplinar da evolução cósmica, da cosmologia à biologia.
45. Hoyle, 1958, p. 279; Fowler, 1958, p. 269.
46. Hoyle, 1958, p. 431.
47. Para uma discussão on-line da questão de Hoyle não ter ganhado o prêmio Nobel, vide, p. ex., www.thelonggoodread.com/2010/10/08/fred-hoyle-the-scientist-whose-rudeness-cost-him-a-nobel-prize.
48. Burbidge, 2008. O astrofísico nuclear Donald Clayton também explicou a enorme importância do artigo de 1954 de Hoyle; Clayton, 2007.

49. Citado em Burbidge, 2003, p. 218.
50. Descrito belamente em uma entrevista com Tommy Gold pelo historiador da ciência Spencer Weart. A entrevista foi realizada no dia 1º de abril de 1978 para o Instituto Americano de Física.
51. Descrito em uma entrevista fascinante com Fred Hoyle, em Lightman e Brawer, 1990, p. 55.

Capítulo 9: A mesma coisa por toda a eternidade?

1. Milne, 1933.
2. Hoyle, 1990. Em seu excelente relato da história da teoria do estado estacionário, Kragh, 1996 levantou dúvidas sobre a autenticidade da história do filme. Entretanto, pouco depois que o *New York Times* cobriu (em 24 de maio de 1952) a palestra do astrônomo real Sir Harold Spencer Jones, Hoyle escreveu para ele uma carta na qual mencionava especificamente a história do filme. O fato de essa carta ter sido escrita em 1952 dá mais credibilidade ao relato.
3. Weart, 1978.
4. Hubble, 1929a.
5. Friedmann, 1922.
6. Alguns dos artigos sobre o crédito da descoberta da expansão cósmica são Way e Nussbaumer, 2011, Nussbaumer e Bieri, 2011, Van den Bergh, 2011 e Block, 2011.
7. Descrito, p. ex., em Van den Bergh, 1997.
8. Eddington, 1923, p. 162.
9. Lemaître, 1927.
10. Hubble, 1926.
11. Hubble, 1929a.
12. Um conciso resumo dos eventos pode ser encontrado em Livio, 2011. Vide também Nussbaumer e Bieri, 2009, Kragh e Smith, 2003, e Trimble, 2012 para descrições mais detalhadas.
13. Lemaître, 1931a.
14. Van den Bergh, 2011.
15. Block, 2011.

16. Agradeço ao Archives Georges Lemaître, em Louvain, Bélgica, e a Mme. Liliane Moens por me fornecer uma cópia.
17. Block achou que o "§§1-n" na carta deveria ser lido como "§§1-72", devido à forma como o símbolo "n" foi escrito. Ele também interpretou o texto como dizendo que Lemaître tinha liberdade para traduzir apenas os primeiros 72 parágrafos do seu artigo. Assim, concluiu que o parágrafo 73 era precisamente a equação de Lemaître que determinava o valor da constante de Hubble. Nada disso é convincente. (Vide Livio, 2011 para uma discussão.)
18. RSA, 1931.
19. RSA, correspondência da RSA de 1931.
20. Lemaître, 1931b.
21. Bondi, 1990, p. 191.
22. Bondi e Gold, 1948.
23. Hoyle, 1948a.
24. Hoyle, 1948a.
25. Hoyle, 1948a.
26. Popper, 2006, p. 18.
27. Hoyle, 1948b, p. 216.
28. Greaves, 1948, p. 216.
29. Born, 1948, p. 217.
30. Hoyle, 1994, p. 270.
31. Em 24 de maio de 1952. O artigo do *Christian Science Monitor* foi publicado em 7 de junho de 1952.
32. Descrito em *Proceedings of Meeting of the Royal Astronomical Society* 886, p. 104-6.
33. Gold, 1955.
34. Bondi, 1955.
35. Hoyle, 1994, p. 410.
36. Para uma excelente e acessível descrição da descoberta dos quasares, da radiação cósmica de fundo em micro-ondas e sobre a sua importância, vide, p. ex., Rees, 1997.
37. Hoyle, 1990.
38. Hoyle, Burbidge e Narlikar, 2000. Livio, 2000 é uma análise do livro.

39. Entrevista concedida ao autor em 5 de março de 2012.
40. Entrevista concedida ao autor em 1º de julho de 2011.
41. Jowett foi apontado como fellow da Balliol College, Oxford, aos 21 anos. Ele foi satirizado em:

First came I;
my name is Jowett.
There's no knowledge, but I know it.
I am the Master of this college
What I don't know isn't knowledge.

[Primeiro, vim eu;
meu nome é Jowett.
Não há conhecimento, mas eu sei.
Sou o Mestre desta universidade
O que não sei não é conhecimento.]

42. Entrevista concedida ao autor em 19 de agosto de 2011. Vide também Faulkner, 2003.
43. Entrevista concedida ao autor em 19 de setembro de 2011. Vide também Rees, 2001.
44. Hoyle, 1994, p. 328.
45. Citado, p. ex., em Boorstin, 1983, p. 345.
46. O argumento original de Hoyle era contrário à abiogênese — a teoria da origem da vida na Terra — e não contra a teoria da evolução de Darwin. Dawkins expande a discussão sobre a falácia de Hoyle em Dawkins, 2006.
47. Kathryn Schulz apresenta uma discussão fascinante dos sentimentos envolvidos em se estar errado em Schulz, 2010.
48. Ele descreveu o modelo belamente em Guth, 1997.
49. A relação entre o universo do estado estacionário e o universo inflacionário é discutida por Barrow, 2005.
50. Em particular, Hoyle e Tayler, 1964 e Wagoner, Fowler e Hoyle, 1967.

Capítulo 10: A "maior mancada"

1. Einstein, 1917.
2. Os resultados definitivos foram publicados em Hubble, 1929b.
3. Einstein, 1917, p. 188 na tradução para o inglês.
4. Para os que gostam de matemática, as equações eram: $G_{\mu\nu} = 8\pi G T_{\mu\nu}$, onde G é a constante gravitacional, $T_{\mu\nu}$ é o tensor de energia-momento e $G_{\mu\nu}$ é o tensor de curvatura de Einstein representando a geometria do espaço-tempo. As equações modificadas eram: $G_{\mu\nu} - 8\pi G \rho_\Lambda g_{\mu\nu} = 8\pi G T_{\mu\nu}$, onde ρ_Λ poderia ser usado como densidade energética associada à constante cosmológica, e $g\mu\nu$ é o tensor espaço-tempo que define distâncias.
5. Eddington, 1930.
6. Aqui, Einstein se fiava no que é conhecido como princípio de Mach, assim chamado por causa do físico e filósofo austríaco Ernst Mach, que sugeriu que o movimento e a aceleração não podem ser sentidos em um espaço vazio. Uma discussão excelente sobre a interpretação moderna do princípio de Mach pode ser encontrada em Greene, 2004.
7. Muitos livros bons e acessíveis descrevem a teoria da relatividade especial e a teoria da relatividade geral. Acho dois particularmente interessantes: Kaku, 2004 e Galison, 2003. Ler Einstein, 2005 é sempre um prazer. Na brilhante coleção de ensaios de 2007 de Tyson, ele explica belamente muitos tópicos relacionados.
8. Chou, Hume, Rosenband e Wineland, 2010.
9. O próprio Einstein explicou os princípios em Einstein, 1955. Hawking, 2007 apresenta uma coleção de artigos de Einstein. Na biografia científica de Einstein, Pais, 1982 explica os princípios belamente. Greene, 2004 coloca a teoria em termos leigos no contexto dos desenvolvimentos modernos.
10. A palestra de Kyoto foi feita em 14 de dezembro de 1922. Ela foi traduzida para o inglês por Y. A. Ono a partir de anotações de Yon Ishiwara (*Physics Today*, agosto de 1932).
11. Os resultados foram descritos em Dyson, Eddington e Davidson, 1920.
12. Novas gerações de relógio promovem o aumento contínuo da precisão; p. ex., Tino et al., 2007.

13. Earman, 2001 oferece uma excelente discussão detalhada (técnica) da introdução da constante cosmológica por Einstein e da sua origem. Uma explicação clara também pode ser encontrada em North, 1965 (vide também Norton, 2000).
14. de Sitter, 1917.
15. Carta de Einstein para Weyl de 23 de maio de 1923.
16. 1931: Einstein, 1931.
17. Einstein e de Sitter, 1932.
18. Gamow, 1956.
19. Gamow, 1970, p. 44.
20. Gamow, 1970, p. 149.
21. Segrè, 2011, p. 155.
22. Fölsing, 1997.
23. O episódio é descrito na íntegra em Brunauer, 1986.
24. Carta escrita em 24 de setembro de 1946. Documento 11-331 do Albert Einstein Archives.
25. Carta escrita em 9 de julho de 1948. Documentos 11-333 e 11-334 do Albert Einstein Archives.
26. P. ex., em 4 de agosto de 1948. Documento 11-335 do Albert Einstein Archives.
27. Documento 70-960 do Albert Einstein Archives.
28. O Departamento de Física da Universidade de Princeton realizou um simpósio para comemorar o 70º aniversário de Einstein. Gamow estava entre os muitos convidados. (Uma carta do assistente para o presidente de Princeton, Paul Busse, de 15 de março de 1949, informa sobre as providências para a viagem). Entretanto, o nome de Gamow não aparece na lista das pessoas que aceitaram o convite, de 17 de março de 1949.
29. Einstein, 1955, p. 127.
30. Einstein, 1955, p. 127.
31. Pauli, 1958, p. 220.
32. Einstein, 1934, p. 167.
33. Carta escrita em 26 de setembro de 1947. Documento 15-085.1 do Albert Einstein Archives.

34. Em sua carta para Einstein de 30 de julho de 1947, Lemaître diz estar fazendo "um esforço para modificar" a atitude de Einstein contra a constante cosmológica. Documento 15-084.1 do Albert Einstein Archives.
35. Carta de Einstein para Lemaître de 26 de setembro de 1947. Documento 15-085.1 do Albert Einstein Archives.
36. Tampouco Laloë e Pecker, 1990 pensavam que Einstein tivesse usado essa linguagem, mas as evidências que apresentaram eram muito mais fracas.
37. Essa comparação também foi usada por Weinberg, 2005.
38. Leahy, 2001.
39. Entre as várias biografias de Einstein, desejo mencionar, particularmente, Isaacson, 2007, Fölsing, 1997 e um livro que apresenta outros aspectos da sua personalidade: Overbye, 2000.
40. Carta de 14 de setembro de 1931. Documento 23-031 do Albert Einstein Archives.
41. As ideias de Lemaître sobre a formação das galáxias foram expressas, p. ex., em Lemaître, 1931b, 1934.
42. Brecher e Silk, 1969.
43. Eddington, 1952, p. 24.
44. Eddington, 1952, p. 25.
45. Descrito belamente em Guth, 1997.
46. McCrea, 1971.

Capítulo 11: Do espaço vazio

1. Calder e Lahav, 2008 discutem como o trabalho de Newton faz referência a, ao menos, alguns dos efeitos da "energia escura".
2. Norton, 1999 discute esse problema com detalhes.
3. Em particular, von Seeliger, 1895 e Neumann, 1896. Einstein pode ter, em parte, sido inspirado pelo trabalho deles ao introduzir a constante cosmológica.
4. Esse modelo foi sugerido por Petrosian, Salpeter e Szekeres, 1967. Entretanto, alguns anos depois, Petrosian mostrou que o modelo também previa uma diminuição da claridade de quasares, ao contrário das observações.

5. Mais uma vez, para os que gostam de matemática, a nova equação era: $G_{\mu\nu} - 8\pi G \rho_\Lambda g_{\mu\nu} = 8\pi G T_{\mu\nu}$, onde ρ_Λ é a densidade energética associada à constante cosmológica.
6. A equação passa a ser: $G_{\mu\nu} = 8\pi G (T_{\mu\nu} + \rho_\Lambda g_{\mu\nu})$.
7. Para uma excelente e acessível explicação da constante cosmológica como a representação da energia do vácuo, vide Krauss e Turner, 2004, Randall, 2011 e Greene, 2011. Davies, 2011 também é um artigo conciso e acessível. As teorias da época e suas relações com a expansão cósmica são explicadas de forma fascinante por Carroll, 2001 e Frank, 2011.
8. Einstein, 1919.
9. Einstein, 1927.
10. Descrito em Enz e Thellung, 1960.
11. Lemaître, 1934.
12. Zeldovich, 1967.
13. Discussões técnicas excelentes dos problemas da constante cosmológica podem ser encontradas, p. ex., em Weinberg, 1989, Peebles e Ratra, 2003 e Carroll, 2001 (atualizado regularmente).
14. Os resultados foram publicados por Riess et al., 1998 e Perlmutter et al., 1999. Overbye, 1998 escreveu uma bela descrição da descoberta.
15. Panek, 2011, Kirshner, 2002, Livio, 2000 e Goldsmith, 2000 oferecem relatos interessantes da descoberta.
16. Acredita-se que elas sejam resultado de anãs brancas que agregam massa até o ponto máximo de capacidade de uma anã branca (limite de Chandrasekhar). Nesse ponto, o carbono em seus centros entra em combustão. A anã branca inteira é destruída na explosão.
17. O website da Wilkinson Microwave Anisotropy Probe (WMAP) oferece informações atualizadas em www.map.gsfcnasa.gov.
18. Kane, 2000 fornece uma bela e acessível descrição dos conceitos envolvidos na supersimetria. Dine, 2007 é um excelente texto técnico.
19. Na apresentação feita aqui, me baseei na discussão de Livio e Rees, 2005. Um livro clássico sobre o raciocínio antrópico é Barrow e Tipler, 1986. Vilenkin, 2006, Susskind, 2006 e Greene, 2011 contêm discussões longas e acessíveis do conceito do princípio antrópico e do multiverso.
20. Weinberg, 1987.

21. Carter, 1974.
22. Mangel e Samaniego, 1984 é uma análise especializada do trabalho de Wald sobre a capacidade de sobrevivência de aeronaves. Wolfowitz, 1952 apresenta uma crônica de todo o trabalho de Wald.
23. O artigo da Wikipédia sobre o viés de Malmquist é bastante detalhado, e não muito técnico. Em en.wikipedia.org/wiki/Malmquist_bias.
24. O modelo de Kepler é descrito com alguns detalhes em Livio, 2002, p. 142.
25. Belamente explicado em Vilenkin, 2006.
26. Essa "paisagem" contendo um grande número de universos em potencial é o assunto de Susskind, 2006.
27. Einstein, 1934. A palestra de Herbert Spencer foi feita em 10 de junho de 1933.
28. Infeld, 1949, p. 477.
29. Lemaître, 1949, p. 443.
30. Einstein, 1949.
31. Weinberg, 2005 apresenta alguns dos erros de Einstein. Ohanian, 2008 oferece uma excelente compilação e análise de todos os erros de Einstein.
32. Einstein fez suas últimas anotações autobiográficas em março de 1955, terminando com comentários sobre a mecânica quântica. Em Seelig, 1956.

Epílogo

1. Russell, 1951.
2. Kahneman, 2011 apresenta um abrangente e acessível relato sobre as ideias e descobertas relacionadas à tomada de decisões.
3. Darwin, 1998 [1874], p. 642.

Bibliografia

Alpher, R. A., Bethe, H., e Gamow, G. 1948. "The Origin of Chemical Elements." *Physical Review*, 73, 803.
Aristóteles, século IV a.C. *História dos animais*, livro 9, capítulo 6. A tradução [para o inglês] de D'Arcy Wentworth Thompson pode ser encontrada em www.mlahanas.de/Greeks/Aristotle/HistoryOfAnimals9.html.
Armstrong, H. E. 1920. "Prof. John Perry, F. R. S.." *Nature*, 105, 751.
Astbury, W. T. 1936. "X-Ray Studies of Protein Structure." *Nature*, 141, 803.
Astbury, W. T., e Bell, F. O. 1938. "Some Recent Developments in the X-Ray Study of Proteins and Related Structures." *Cold Spring Harbor Symposia on Quantitative Biology*, 6, 109.
_____. 939. "X-Ray Data on the Structure of Natural Fibres and Other Bodies of High Molecular Weight." *Tabulae Biologicae*, 17, 90.
Avery, D. T, MacLeod, C. M., e McCarty, M. 1944. "Studies on the Chemical Nature of the Substance Inducing Transformation of Pneumococcal Types: Induction of Transformation by a Desoxyribonucleic Acid Fraction Isolated from Pneumococcus Type III." *Journal of Experimental Medicine*, 79, 137.
Bäckman, L., e Nyberg, L. 2010. *Memory, Aging and the Brain: A Festschrift in Honour of Lars-Göran Nilsson* (Hove, Reino Unido: Psychology Press).
Barrow, J. D. 2005. "Worlds Without End or Beginnings." Em *The Scientific Legacy of Fred Hoyle*. Editado por D. Gough (Cambridge: Cambridge University Press), 93.

Barrow, J. D., e Tipler, F. J. 1986. *The Anthropic Cosmological Principle* (Oxford: Clarendon Press).

Bechara, A., Damasio, H., Damasio, A. R. 2000. "Emotion, Decision Making and the Orbitofrontal Cortex." *Cerebral Cortex,* 10, 295.

Becker, L. E. 1869. "On the Study of Science by Women." *Contemporary Review,* 10, janeiro-abril 1869, 389-90.

Becquerel, H. 1896. "Sur les Radiations invisibles émises par les corps phosphorescents." *Comptes Rendus de l'Académie des Sciences,* 122, 501.

Bell, G. 2008. *Selection: The Mechanism of Evolution,* 2. ed. (Oxford: Oxford University Press).

Berenstein, J. 1973. *Einstein,* Modern Masters Series (Nova York: Viking).

Berridge, K. C. 2003. "Pleasures of the Brain." *Brain and Cognition,* 52, 106.

Bethe, H. A. 1939. "Energy Production in Stars." *Physical Review,* 55, 434.

Blackburn, H. 1902. *Women's Suffrage: A Record of the Women's Suffrage Movement in the British Isles* (Londres: Williams and Norgate).

Block, D. 2011. http://arxive.org/abs/1106.3928.

Bloom, P. 2010. *How Pleasure Works: The New Science of Why We Like What We Like* (Nova York: W. W. Norton).

Blow, D. 2002. *Outline of Crystallography for Biologists* (Oxford: Oxford University Press).

Bondi, H. 1955. Em "Proceedings at Meeting of the Royal Astronomical Society", n. 886, p. 106.

_____. 1990. "The Cosmological Scene 1945-1952." Em *Modern Cosmology in Retrospect.* Editado por B. Bertotti, R. Balbinot, S. Sergio e A. Messina (Cambridge: Cambridge University Press).

Bondi, H., e Gold, T. 1948. "The Steady-State Theory of the Expanding Universe." *Monthly Notices of the Royal Astronomical Society,* 108, 252.

Bondi, H., e Salpeter, E. E. 1952. "Thermonuclear Reactions and Astrophysics." *Nature,* 169, 304.

Boorstin, D. J. 1983. *The Discoverers: A History of Man's Search to Know His World and Himself* (Nova York: Random House).

Born, M. 1948. Em "Proceedings at Meeting of the Royal Astronomical Society", n. 847, p. 217.

Bowersox, J. 1999. "Experimental Staph Vaccine Broadly Protective in Animal Studies." *NIH News*, 27 de maio de 1999.

Bowler, P. J. 2009. *Evolution: The History of an Idea, 25th Anniversary Edition* (Berkeley, CA: University of California Press).

Bozarth, M. A. 1994. "Pleasure Systems in the Brain." Em *Pleasure: The Politics and the Reality*. Editado por D. M. Warburton (Nova York: John Wiley & Sons), 5.

Bragg, Sir W. L., Kendrew, J. C., e Perutz, M. F. 1950. "Polypeptide Chain Configurations in Crystalline Proteins." *Proceedings of the Royal Society of London*, A203, 21.

Brannigan, A. 1981. *The Social Basis of Scientific Discoveries* (Cambridge: Cambridge University Press).

Braun, G, Tierney, D., e Schmitzer, H. 2011. "How Rosalind Franklin Discovered the Helical Structure of DNA: Experiments in Diffraction." *Physics Teacher*, 49, 140.

Brecher, K., e Silk, J. 1969. "Lemaître Universe, Galaxy Formation and Observations." *Astrophysical Journal*, 158, 91.

Brehm, J. W. 1956. "Postdecision Changes in the Desirability of Alternatives." *Journal of Abnormal and Social Psychology*, 52(3), 384.

Brice, W. R. 1982. "Bishop Ussher, John Lightfoot and the Age of Creation." *Journal of Geological Education*, 30, 18.

Brownlie, A. D., e Lloyd Prichard, M. F. 1963. "Professor Fleeming Jenkin, 1833-1885, Pioneer in Engineering and Political Economy." *Oxford Economic Papers*, 15(3), 204.

Brunauer, S. 1986. "Einstein and the Navy: ... An Unbeatable Combination." *On the Surface*. Naval Surface Weapons Center, 24 de janeiro de 1986.

Bulmer, M. 2004. "Did Jenkin's Swamping Argument Invalidate Darwin's Theory of Natural Selection?" *British Journal for the History of Science*, 37(3): 281.

Burbidge, E. M., Burbidge, G. R., Fowler, W. A., e Hoyle, F. 1957. "Synthesis of the Elements in Stars", *Reviews of Modern Physics*, 29(4), 547.

Burbidge, G. 2003. "Sir Fred Hoyle." *Biographical Memoirs of Fellows of the Royal Society*, 49, 213.

_____. 2008. "Hoyle's Role in B²FH", *Science*, 319, 1484.

Burchfield, J. D. 1990. *Lord Kelvin and the Age of the Earth* (Chicago: University of Chicago Press).

Burton, R. A. 2010. *On Being Certain: Believing You Are Right Even When You're Not* (Nova York: St. Martin's Griffin).

Calder, L., e Lahav, O. 2008. "Dark Energy: Back to Newton?" *Astronomy & Geophysics*, 49, 1.13.

Carozzi, A. V. 1969. *Telliamed, or Conversations between an Indian Philosopher and a French Missionary on the Diminution of the Sea* (Urbana, IL: University of Illinois Press).

Carroll, S. B. 2009. *Remarkable Creatures: Epic Adventures in the Search for the Origin of Species* (Boston: Houghton Mifflin Harcourt).

Carroll, S. B., Grenier, J. K., e Weatherbee, S. D. 2001. *From DNA to Diversity: Molecular Genetics and the Evolution of Animal Design* (Malden, MA: Blackwell Science).

Carroll, S. M. 2001. "The Cosmological Constant." *Living Reviews in Relativity*, 3, 1.

———. 2010. *From Eternity to Here: The Quest for the Ultimate Theory of Time* (Nova York: Dutton).

Carter, B. 1974. "Large Number Coincidences and the Anthropic Principle in Cosmology." Em IAU Symposium 63, *Confrontation of Cosmological Theories with Observational Data* (Dordrecht: Reidel), 291.

Chabris, C., e Simons, D. 2010. *The Invisible Gorilla, and Other Ways Our Intuitions Deceive Us* (Nova York: Crown).

Chamberlin, T. C. 1899. "Lord Kelvin's Address on the Age of the Earth as an Abode Fitted for Life." *Science, New Series*, 9(235), 889.

Chapman, A. D. 2009. *Numbers of Living Species in Australia and the World*. 2. ed. (Toowoomba, Austrália: Australia Biodiversity Information Services).

Chargaff, E. 1950. "Chemical Specificity of Nucleic Acids and the Mechanism of their Enzymatic Degradation." *Experimentia*, 6, 201.

———. 1978. *Heraclitean Fire: Sketches from a Life before Nature* (Nova York: Rockefeller University Press).

Chargaff, E., Zamenhof, S., e Green, C. 1950. "Composition of Human Desoxypentose Nucleic Acid." *Nature*, 165, 756.

Chou, C. W., Hume, D. B., Rosenband, T., e Wineland, D. J. 2010. "Optical Clocks and Relativity", *Science*, 329, 1630.

Chown, M. 2001. *The Magic Furnace: The Search for the Origins of Atoms* (Oxford: Oxford University Press).

Cicero, M. T. 45 BCE. *The Nature of Gods*, p. 78; 1997. Traduzido com introdução e notas explicativas de P. G. Walsh (Oxford: Oxford University Press).

Clayton, D. D. 2007. "Hoyle's Equation." *Science*, 318, 1876.

Coleman, D. 1995. *Emotional Intelligence: Why It Can Matter More Than IQ* (Nova York: Bantam).

Cooper, J., e Fazio, R. H. 1984. "A New Look at Dissonance Theory." Em *Advances in Experimental Social Psychology*. Editado por L. Berkowitz (Nova York: Academic Press).

Cosmides, L., e Tooby, J. 1996. "Are Humans Good Intuitive Statisticians After All? Rethinking Some Conclusions from Literature on Judgment Under Uncertainty." *Cognition*, 58, 1.

Coute, D. 1978. *The Great Fear: The Anti-Communist Purge Under Truman and Eisenhower* (Nova York: Touchstone).

Coyne, J. A. 2009. *Why Evolution Is True* (Nova York: Viking).

Coyne, J. A., e Orr, H. A. 2004. *Speciation* (Sunderland, MA: Sinauer).

Crick, F. 1988. *What Mad Pursuit: A Personal View of Scientific Discovery* (Nova York: Basic Books).

Curie, P., e Laborde, A. 1903. "Sur la chaleur dégagée spontanément par les sels de radium." *Comptes Rendus de l'Académie des Sciences*, 136, 673.

Dalrymple, G. B. 1991. *The Age of the Earth* (Stanford, CA: Stanford University Press).

———. 2001. "The Age of the Earth in the Twentieth Century: A Problem (Mostly) Solved." *Geological Society, London, Special Publications*, 190, 205.

Darwin, C. 1868. *The Variation of Animals and Plants Under Domestication* (Londres: John Murray).

———. 1909 [1842]. *The Foundations of the Origin of Species, A Sketch Written in 1842*. Editado por F. Darwin (Cambridge: Cambridge University Press).

———. 1958 [1892]. *The Autobiography of Charles Darwin and Selected Letters*. Editado por F. Darwin (Nova York: Dover Publications).

_____. 1964 [1859]. *On the Origin of Species by Means of Natural Selection, or the Preservation of Favoured Races in the Struggle for Life* (Londres: John Murray). Reimpresso (Cambridge, MA: Harvard University Press).

_____. 1981 [1871]. *The Descent of Man, and Selection in Relation to Sex* (Londres: John Murray). Reimpresso em fac-símile com introdução de J. T. Bonner e R. M. May (Princeton, NJ: Princeton University Press).

_____. 1998. *The Descent of Man* (Amherst, NY: Prometheus Books). Originalmente publicado nos Estados Unidos em 1874 (Nova York: Crowell).

_____. 2009 [1859]. *The Annotated Origin: A Facsimile of the First Edition of On the Origin of Species*. Com notas de J. T. Costa (Cambridge, MA: Belknap Press of Harvard University Press).

Darwin, F. 1887. *The Life and Letters of Charles Darwin* (Londres: John Murray).

Darwin, F., e Seward, A. C. 1903. *More Letters of Charles Darwin: A Record of His Work in a Series of Hitherto Unpublished Letters* (Nova York: D. Appleton), Carta 406*, p. 36. Reimpresso em 1972 (Nova York: Johnson).

Darwin, G. H. 1886. "Presidential Address to Section A." *BAAS Report*, 56, 511.

_____. 1903. "Radio-Activity and the Age of the Sun." *Nature*, 68, 496.

_____. 1907-16. Em *The Scientific Papers of Sir George Darwin*. Editado por F. J. M. Stratton e J. Jackson. 5 vols. Reimpresso em 2009 (Cambridge: Cambridge University Press).

Davies, P. 2011. "Out of the Ether." *New Scientist*, 19 de novembro, 50.

Davis, A. S. 1871. "The 'North British Review' and the Origin of Species." *Nature*, 28 de dezembro, 161.

Dawkins, R. 1986. *The Blind Watchmaker* (Nova York: W. W. Norton).

_____. 2006. *The God Delusion* (Nova York: Houghton Mifflin).

_____. 2009. *The Greatest Show on Earth: The Evidence for Evolution* (Nova York: Free Press).

e Beer, G. 1964. "Mendel, Darwin, and Fisher." *Notes and Records of the Royal Society of London*, 19(2), 192.

Dein, S. 2001. "What Really Happens When Prophecy Fails: The Case of Lubavitch." *Sociology of Religion*, 62(3), 383.

de Maillet, B. 1748. *Telliamed ou entretiens d'un philosophe indien avec un missionaire françois sur la diminution de la mer, la formation de la Terre, l'origine de l'Homme etc.*, ed. J.-A. Guer (Amsterdam: L'Honoré et Fils). Traduzido e editado por Carozzi 1969.

de Martino, B., Kumaran, D., Seymour, B., e Dolan, R. J. 2006. "Frames, Biases, and Rational Decision-Making in the Human Brain." *Science*, 313, 684.

Dennett, D. C. 1995. *Darwin's Dangerous Idea: Evolution and the Meanings of Life* (Nova York: Simon & Schuster).

Depew, D. J., e Weber, B. H. 1995. *Darwinism Evolving: Systems Dynamics and the Genealogy of Natural Selection* (Cambridge, MA: MIT Press).

de Roode, J. 2007. "Reclaiming the Peppered Moth for Science." *New Scientist*, 8 de dezembro, 46.

de Sitter, W. 1917. "On the Relativity of Inertia: Remarks Concerning Einstein's Latest Hypothesis". *Proceedings of the Royal Academy of Amsterdam*, 19, 1217.

Des Jardins, J. 2010. *The Madame Curie Complex: The Hidden History of Women in Science* (Nova York: The Feminist Press).

Dine, M. 2007. *Supersymmetry and String Theory: Beyond the Standard Model* (Cambridge: Cambridge University Press).

Dobzhansky, T. 1973. "Nothing in Biology Makes Sense Except in the Light of Biology". *American Biology Teacher*, 35, 125.

Dover, G. 2000. *Dear Mr. Darwin: Letters on the Evolution of Life and Human Nature* (Berkeley, CA: University of California Press).

Dunbar, D. N. F., Pixley, R. E., Wenzel, W. A., e Whaling, W. 1953. "The 7.68-MeV State in C^{12}". *Physical Review*, 92, 649.

Dunitz, J. D. 1991. "Linus Pauling — Born 1901, Still Going Strong." *Croatica Chemica Acta*, 64(3), I.

Dyson, F. W, Eddington, A. S., e Davidson, C. 1920. "A Determination of the Deflection of Light by the Sun's Gravitational Field, from Observations Made at the Total Eclipse of May 29, 1919." *Philosophical Transactions of the Royal Society of London*, A 220, 291.

Earman, J. 2001. "Lambda: The Constant That Refuses to Die." *Archives for History of Exact Sciences*, 55, 190.

Eddington, A. S. 1920. "The Internal Constitution of the Stars." *Observatory*, 43, 341.

———. 1923. *The Mathematical Theory of Relativity* (Cambridge: Cambridge University Press).

_____. 1926. *The Internal Constitution of the Stars* (Cambridge: Cambridge University Press).

_____. 1930. "On the Instability of Einstein's Spherical World." *Monthly Notices of the Royal Astronomical Society*, 90, 668.

_____. 1952. *The Expanding Universe* (Cambridge: Cambridge University Press).

Einstein, A. 1917. "Cosmological Considerations on the General Theory of Relativity." Tradução para o inglês de "Kosmologische Betrachtungen zur allgemeinen Relativitätstheorie", *Sitzungsberichte der Preussischen Akademie der Wissenschaften (PAW)*, 142.

_____. 1919. Em *PAW*, p. 249. Descrito também em Pais 1982, p. 287.

_____. 1927. *The Formal Relationship of Riemann's Curvature Tensor to the Field Equilibria of Gravitation*, Mathematische Annalen, 97, 99.

_____. 1931. Em *PAW*, p. 235. Descrito também em Pais 1982, p. 288.

_____. 1934. "On the Method of Theoretical Physics." *Philosophy of Science*, 1(2), 163.

_____. 1949. "Remarks Concerning the Essays Brought Together in this Co-operative Volume." Em *Albert Einstein: Philosopher-Scientist*. Editado por P. A. Schilpp (Evanston, IL: Library of Living Philosophers).

_____. 1955. *The Meaning of Relativity*, 5. ed. *Including the Relativistic Theory of the Non-Symmetric Field* (Princeton, NJ: Princeton University Press). [No Brasil: *O significado da relatividade*, editora Gradiva, 2003.]

_____. 1966. *The Meaning of Relativity*, 5. ed. *Including the Relativistic Theory of the Non-Symmetric Field* (Princeton, NJ: Princeton University Press).

_____. 2005. *Relativity: The Special and General Theory*. Traduzido por R. W. Lawson, com introdução R. Penrose, comentários de R. Geroch, ensaio histórico de D. C. Cassidy (Nova York: Pi Press). [No Brasil: *A teoria da relatividade especial e geral*, editora Contraponto, 2013.]

Einstein, A., e de Sitter, W. 1932. "On the Relation Between the Expansion and the Mean Density of the Universe." *Proceedings of the National Academy of Sciences*, 18(3), 213.

Elgvin, T. D., Hermansen, J. S., Fijarczyk, A., Bonnet, T, Borge, T, Saether, S. A., Voje, K. L., e Saetre, G.-P. 2011. "Hybrid Speciation in Sparrows II: A Role for Sex Chromosomes?" *Molecular Ecology*, 20(18), 3823.

Elkin, L. O. 2003. "Rosalind Franklin and the Double Helix." *Physics Today*, março, 42.
Else, L. 2011. "Nobel Psychologist Reveals the Error of Our Ways." *New Scientist* (edição 2839), on-line em: newscientist.com/article/mg21228390.400--nobel-psychologist-reveals-the-err-of-our-ways.html.
Endler, J. A. 1986. *Natural Selection in the Wild* (Princeton, NJ: Princeton University Press).
England, P., Molnar, P., e Richter, E 2007. "John Perry's Neglected Critique of Kelvin's Age for the Earth: A Missed Opportunity in Geodynamics." *GSA Today* 17(1), 4.
Enz, C. P., e Thellung, A. 1960. "Nullpunktsenergie und Anordnung nicht vertauschbarer Faktoren im Hamiltonoperator." *Helvetica Physica Acta*, 33, 839.
Evans, L., e Smith, K. 1973. *Chess World Championship: Fischer vs. Spassky* (Nova York: Simon & Schuster).
Eve, A. S. 1939. *Rutherford: Being the Life and Letters of the Rt. Hon. Lord Rutherford, O. M.* (Nova York: Macmillan Company).
Faulkner, J. 2003. "Remembering Fred Hoyle." *Astrophysics and Space Science*, 285, 593.
Feller, S. A. 2010. "20th Century Physicists on Bank Notes." *Radiations*, 16(2), 7.
Ferris, T. 1993. "Needed: A Better Name for the Big Bang." *Sky & Telescope*, agosto de 1993.
Festinger, L. 1957. *A Theory of Cognitive Dissonance* (Stanford, CA: Stanford University Press).
Fiorino, D. E, Coury, A., e Phillips, A. G. 1997. "Dynamic Changes in Nucleus Accumbens Dopamine Efflux During the Coolidge Effect in Male Rats." *Journal of Neuroscience*, 17(12), 4849.
Fisher, R. A. 1930. *The Genetical Theory of Natural Selection* (Oxford: Oxford University Press). Uma segunda edição foi publicada em 1958 por Dover, Nova York.
Fölsing, A. 1997. *Albert Einstein: A Biography*. Traduzido por E. Osers (Nova York: Viking).
Foskett, D. J. 1953. "Wilberforce and Huxley on Evolution." *Nature*, 172, 920.
Fowler, W. A. 1958. "Nuclear Processes and Element Synthesis in Stars", em *Stellar Populations*. Editado por D. J. K. O'Connell, S. J. (Roma: Observatório do Vaticano).

Francoeur, E. 2001. "Molecular Models and the Articulation of Structural Constraints in Chemistry." Em *Tools and Modes of Representation in Laboratory Science*. Editado por V. Klein (Dordrecht: Kluer).

Frank, A. 2011. *About Time: Cosmology and Culture at the Twilight of the Big Bang* (Nova York: Free Press).

Franklin, R. E., e Gosling, R. G. 1953a. "Molecular Configuration in Sodium Thymonucleate." *Nature,* 171, 740.

_____. 1953b. "Evidence for a 2-Chain Helix in Crystalline Structure of Sodium Deoxyribonucleate." *Nature,* 172, 156.

_____. 1953c. "The Structure of Sodium Thymonucleate Fibres. II: The Cylindrically Symmetrical Patterson Function." *Acta Crystallographica,* 6, 678.

Friedmann, D. 1922. "Über die Krümmung des Raumes." *Zeitschrift für Physik,* 10, 377.

Galison, P. 2003. *Einstein's Clocks, Poincaré's Maps: Empires of Time* (Nova York: W. W. Norton).

Gamow, G. 1942. "Concerning the Origin of Chemical Elements." *Journal of the Washington Academy of Sciences,* 32, 353.

_____. 1946. "Expanding Universe and the Origin of Elements." *Physical Review,* 70, 572.

_____. 1956. "The Evolutionary Universe." *Scientific American,* setembro, 136.

_____. 1961. *The Creation of the Universe,* ed. rev. (Nova York: Viking).

_____. 1970. *My World Line: An Informal Autobiography* (Nova York: Viking Press).

Gann, A., e Witkowski, J. 2010. "The Lost Correspondence of Francis Crick." *Nature,* 467, 419.

Gans, J., Wolinsky, M., e Dunbar, J. 2005. "Computational Improvements Reveal Great Bacterial Diversity and High Metal Toxicity in Soil." *Science,* 309, 1387.

Gess, R. W., Goates, M. I., e Rubidge, B. S. 2006. "A Lamprey from the Devonian Period of South Africa." *Nature,* 443, 981.

Glynn, J. 2012. *My Sister Rosalind Franklin* (Oxford: Oxford University Press).

Goertzel, T., e Goertzel, B. 1995. *Linus Pauling: A Life in Science and Politics* (Nova York: Basic Books).

Gold, T. 1955. Em "Proceedings at Meeting of the Royal Astronomical Society", n. 886, p. 106.

Goldsmith, D. 2000. *The Runaway Universe: The Race to Discover the Future of the Cosmos* (Nova York: Basic Books).

Gould, S. J. 2002. *The Structure of Evolutionary Theory* (Cambridge, MA: Belknap Press of Harvard University Press).

Gray, A. 1908. *Lord Kelvin: An Account of His Scientific Life and Work* (Londres: J. M. Dent and Company).

Greaves, W. M. H. 1948. Em "Proceedings at Meeting of the Royal Astronomical Society", n. 847, p. 209.

Greene, B. 2004. *The Fabric of the Cosmos: Space, Time, and the Texture of Reality* (Nova York: Alfred A. Knopf).

———. 2011. *The Hidden Reality: Parallel Universes and the Deep Laws of the Cosmos* (Nova York: Alfred A. Knopf).

Gregory, T. 2005. *Fred Hoyle's Universe* (Oxford: Oxford University Press).

Guth, A. 1997. *The Inflationary Universe* (Reading, MA: Addison-Wesley).

Haber, F. C. 1959. *The Age of the Earth: Moses to Darwin* (Baltimore: Johns Hopkins Press).

Hager, T. 1995. *Force of Nature: The Life of Linus Pauling* (Nova York: Simon & Schuster).

Hardin, G. 1959. *Nature and Man's Fate* (Nova York: Signet).

Harrison, B. W. 2001. "Early Vatican Responses to Evolutionist Theology", em http://www.rtforum.org/lt/lt93.html

Hartl, D. L., e Clark, A. G. 2006. *Principles of Population Genetics*, 4ª ed. (Sunderland, MA: Sinauer Associates).

Hawking, S. 2007. *A Stubbornly Persistent Illusion: The Essential Scientific Writings of Albert Einstein* (Filadélfia: Running Press).

Henig, R. M. 2000. *The Monk in the Garden: The Lost and Found Genius of Gregor Mendel* (Boston: Houghton Mifflin).

Hershey, A. D., e Chase, M. 1952. "Independent Functions of Viral Proteins and Nucleic Acid in Growth of Bacteriophage." *Journal of General Physiology*, 36, 39.

Hodge, J., e Radick, G., eds. 2009. *The Cambridge Companion to Darwin* (Cambridge: Cambridge University Press).

Hodge, M. J. S. 1987. "Natural Selection as a Causal, Empirical, and Probabilistic Theory." Em *The Probabilistic Revolution*. Editado por I. Krüger, G. Gigerenzer e M. S. Morgan (Cambridge, MA: MIT Press), vol. 2, p. 233.

Holmes, A. 1947. "The Age of the Earth." *Endeavor*, 6, 99.

Hooper, J. 2003. *Of Moths and Men: An Evolutionary Tale* (Nova York: W. W. Norton).

Hoyle, F. 1946. "The Synthesis of the Elements from Hydrogen." *Monthly Notices of the Royal Astronomical Society*, 106, 343.

_____. 1948a. "A New Model for the Expanding Universe." *Monthly Notices of the Royal Astronomical Society*, 108, 372.

_____. 1948b. Em "Proceedings at Meeting of the Royal Astronomical Society", n. 847, p. 209.

_____. 1954. "On Nuclear Reactions Occurring in Very Hot Stars. I. The Synthesis of Elements from Carbon to Nickel". *Astrophysical Journal Supplement*, 1, 121.

_____. 1958. "The Astrophysical Implications of Element Synthesis", em *Stellar Populations*. Editado por D. J. K. O'Connell, S. J. (Roma: Observatório do Vaticano).

_____. 1982. "Two Decades of Collaboration with Willy Fowler." Em *Essays in Nuclear Astrophysics: Presented to William A. Fowler on the Occasion of His Seventieth Birthday*. Editado por C. A. Barnes, D. D. Clayton e D. N. Schramm (Cambridge: Cambridge University Press), p. 1.

_____. 1983. *The Intelligent Universe* (Nova York: Holt, Rinehart e Winston).

_____. 1986a. *The Small World of Fred Hoyle: An Autobiography* (Londres: Michael Joseph).

_____. 1986b. "Personal Comments on the History of Nuclear Astrophysics." *Quarterly Journal of the Royal Astronomical Society*, 27, 445.

_____. 1990. "An Assessment of the Evidence Against the Steady-State Theory." Em *Modern Cosmology in Retrospect*. Editado por B. Bertotti, R. Balbinot, S. Bergio e A. Messina (Cambridge: Cambridge University Press), 223.

_____. 1994. *Home Is Where the Wind Blows: Chapters from a Cosmologist's Life* (Mill Valley, CA: University Science Books).

Hoyle, F., Burbidge, G., e Narlikar, J. V. 2000. *A Different Approach to Cosmology: From a Static Universe Through the Big Bang Towards Reality* (Cambridge: Cambridge University Press).

Hoyle, F., Dunbar, D. N. E, Wenzel, W. A., e Whaling, W. 1953. "A State in C^{12} Predicted from Astrophysical Evidence." *Physical Review,* 92, 1095.

Hoyle, F., e Tayler, R. J. 1964. "The Mystery of the Cosmic Helium Abundance." *Nature,* 203, 1108.

Hoyle, F., e Wickranasinghe, C. 1993. *Our Place in the Cosmos: The Unfinished Revolution* (Londres: J. M. Dent).

Hubble, E. P. 1926. "Extragalactic Nebulae." *Astrophysical Journal,* 64, 321.

———. 1929a. "A Relation Between Distance and Radial Velocity Among Extra-Galactic Nebulae." *Proceedings of the National Academy of Sciences USA,* 15, 168.

———. 1929b. "A Spiral Nebula as a Stellar System, Messier 31." *Astrophysical Journal,* 69, 103.

Hull, D. L. 1973. *Darwin and His Critics: The Reception of Darwin's Theory of Evolution by the Scientific Community* (Cambridge, MA: Harvard University Press).

Hutchinson, G. E. 1959. "Homage to Santa Rosalia; Or, Why Are There So Many Kinds of Animals?" *American Naturalist,* 93 (870), 145.

Hutton, J. 1788. "Theory of the Earth, or an Investigation of the Laws Observable in the Composition, Dissolution, and Restoration of Land upon the Globe." *Royal Society of Edinburgh Transactions,* 1, 209.

Huxley, T. H. 1909 [1869]. Originalmente em 1869, "Geological Reform", *Quarterly Journal of the Geological Society of London,* 25, 38-53; em 1909, *Discourses, Biological and Geological Essays* (Nova York: Appleton), p. 335.

Infeld, L. 1949. "On the Structure of Our Universe." Em *Albert Einstein: Philosopher Scientist.* Editado por P. A. Schilpp (Evanston, IL: Library of Living Philosophers).

Isaacson, W. 2007. *Einstein: His Life and Universe* (Nova York: Simon & Schuster).

Jenkin, F. 1867. "Review of The Origin of Species", *North British Review,* junho, vol. 46, 277.

Jensen, J. V. 1988. "Return to the Wilberforce-Huxley Debate." *British Journal for the History of Science,* 21(2), 161.

———. 1991. *Thomas Henry Huxley: Communicating for Science* (Newark, NJ: University of Delaware Press).

Joly, J. 1903. "Radium and the Geological Age of the Earth." *Nature*, 68, 526.

Judson, H. F. 1996. *The Eighth Day of Creation: Makers of the Revolution in Biology*. Edição ampliada (Plainview, NY: Cold Spring Harbor Laboratory Press). Edição original 1979 (Nova York: Simon & Schuster).

Kahneman, D. 2011. *Thinking, Fast and Slow* (Nova York: Farrar, Straus and Giroux). [No Brasil: *Rápido e devagar: duas formas de pensar*, editora Objetiva, 2012.]

Kahneman, D., Slovic, P., e Tversky, A., eds. 1982. *Judgment Under Uncertainty: Heuristics and Biases* (Cambridge: Cambridge University Press).

Kahneman, D., e Tversky, A. 1973. "On the Psychology of Prediction." *Psychology Review*, 80, 237.

_____. 1982. "On the Study of Statistical Intuition." *Cognition*, 11, 123.

Kaku, M. 2004. *Einstein's Cosmos: How Albert Einstein's Vision Transformed Our Understanding of Space and Time* (Nova York: W. W. Norton).

Kane, G. L. 2000. *Supersymmetry: Unveiling the Ultimate Laws of Nature* (Nova York: Basic Books).

Kant, I. 1754. "The Question, Whether the Earth Is Ageing, Considered Physically." Originalmente publicado (em alemão) em duas partes em um periódico semanal de Königsberg. A tradução para o inglês se encontra em Reinhardt e Oldroyd 1982.

Kay, L. E. 1993. *The Molecular Vision of Life: Caltech, the Rockefeller Foundation, and the Rise of the New Biology* (Nova York: Oxford University Press).

Kean, S. 2010. *The Disappearing Spoon: And Other True Tales of Madness, Love, and the History of the World from the Periodic Table of the Elements* (Nova York: Little, Brown and Company).

Kelvin, Lord (Sir William Thomson). 1862. "On the Age of the Sun's Heat." *Macmillan's Magazine*, 5, 388. Da reimpressão em *Popular Lectures and Addresses*, 1, 2. ed., 356.

_____. 1864. "On the Secular Cooling of the Earth." *Transactions of the Royal Society of Edinburgh*, 23, 167. Da reimpressão em *Mathematical and Physical Papers*, 3, p. 295, 1890.

_____. 1868. "On Geological Time", Discurso para a Sociedade Geológica de Glasgow, 27 de fevereiro de 1868. *Popular Lectures and Addresses*, vol. 2, p. 10.

———. 1891-94. *Popular Lectures and Addresses*, 3 vols. (Londres: Macmillan and Co.).

———. 1895. "The Age of the Earth." *Nature*, 51, 438.

———. 1899. "The Age of the Earth as an Abode Fitted for Life." *Philosophical Magazine*, série 5, 47, 66.

———. 1904. "Contribution to the Discussion of the Nature of Emanations from Radium." *Philosophical Magazine*, série 6, 7, 220.

Kelvin, Lord (Sir William Thomson), e Murray, J. R. 1895. "On the Temperature Variation of the Thermal Conductivity of Rocks." *Nature*, 52, 182.

Keynes, M. 2002. "Mendel — Both Ignored and Forgotten." *Journal of the Royal Society of Medicine*, 95(11), 576.

King, C. 1893. "The Age of the Earth." *American Journal of Science*, 45, 1.

Kirkaldy, J. F. 1971. *Geological Time* (Edimburgo: Oliver & Boyd).

Kirshner, R. 2002. *The Extravagant Universe: Exploding Stars, Dark Energy, and the Accelerating Cosmos* (Princeton, NJ: Princeton University Press).

Kirwan, R. 1797. "On the Primitive State of the Globe and Its Subsequent Catastrophe." *Transactions of the Royal Irish Society*, 6, 234.

Kitcher, P. 1982. *Abusing Science: The Case Against Creationism* (Cambridge, MA: MIT Press).

Kliman, R., Sheehy, B., e Schultz, J. 2008. "Genetic Drift and Effective Population Size." *Nature Education* 1(3).

Klug, A. 1968a. "Rosalind Franklin and the Discovery of the Structure of DNA." *Nature*, 219, 808.

———. 1968b. "Rosalind Franklin and DNA." *Nature*, 219, 880.

———. 1974. "Rosalind Franklin and the Double Helix." *Nature*, 248, 787.

Kragh, H. 1996. *Cosmology and Controversy: The Historical Development of Two Theories of the Universe* (Princeton, NJ: Princeton University Press), 173-74.

. 2010. "An Anthropic Myth: Fred Hoyle's Carbon-12 Resonance Level." *Archive for History of Exact Sciences*, 64, 721.

Kragh, H., e Smith, R. W. 2003. "Who Discovered the Expanding Universe?" *History of Science*, 41, 141.

Krauss, L. M. 2012. *A Universe from Nothing: Why There Is Something Rather Than Nothing* (Nova York: Free Press).

Krauss, L. M., e Turner, M. S. 2004. "A Cosmic Conundrum." *Scientific American*, setembro de 2004, 71.

Kritzman, L. D., ed., 2006. *The Columbia History of Twentieth-Century French Thought* (Nova York: Columbia University Press).

Kruger, J., e Dunning, D. 1999. "Unskilled and Unaware of It: How Difficulties in Recognizing One's Own Incompetence Lead to Inflated Self-Assessments." *Journal of Personality and Social Psychology*, 77(6), 1121.

Kunda, Z. 1990. "The Case for Motivated Reasoning." *Psychological Bulletin*, 108(3), 480.

Laloë, S., e Pecker, J.-C. 1990. "Where Did Einstein Lament Lambda?" *Physics Today*, 43(5), 117.

Leahy, J. P. 2001. "Einstein's Greatest Blunder: The Cosmological Constant", em www.jb.man.ac.uk/~jpl/cosmo/blunder.html.

Lee, S. W. S., e Schwartz, N. 2010. "Washing Away Postdecisional Dissonance." *Science*, 328(5979), 709.

Lehrer, J. 2009. *How We Decide* (Boston: Houghton Mifflin Harcourt).

Lemaître, G. 1927. "Un Univers homogène de masse constante et de rayon croissant, rendant compte de la vitesse radiale des nébuleuses extra-galactiques." *Annales de la Société Scientifique de Bruxelles*, A47, 49.

———. 1931a. "A Homogeneous Universe of Constant Mass and Increasing Radius Accounting for the Radial Velocity of Extra-Galactic Nebulae." *Monthly Notices of the Royal Astronomical Society*, 19, 483.

———. 1931b. "The Expanding Universe." *Monthly Notices of the Royal Astronomical Society*, 91, 490.

———. 1934. "Evolution of the Expanding Universe." *Proceedings of the National Academy of Sciences*, 20, 12.

———. 1949. "The Cosmological Constant." Em *Albert Einstein: Philosopher Scientist*. Editado por P. A. Schilpp (Evanston, IL: Library of Living Philosophers).

Levene, P. A., e Bass, L. W. 1931. *Nucleic Acids* (Nova York: Chemical Catalog Company).

Lightman, A. 2005. *The Discoveries: Great Breakthroughs in 20th Century Science* (Nova York: Pantheon Books).

Lightman, A., e Brawer, R. 1990. *Origins: The Lives and Worlds of Modern Cosmologists* (Cambridge, MA: Harvard University Press).

Linden, D. J. 2011. *The Compass of Pleasure: How Our Brains Make Fatty Foods, Orgasm, Exercise, Marijuana, Generosity, Vodka, Learning, and Gambling Feel So Good* (Nova York: Viking).

Lindley, D. 2004. *Degrees Kelvin: A Tale of Genius, Invention, and Tragedy* (Washington, DC: Joseph Henry Press).

Livio, M. 2000. *The Accelerating Universe: Infinite Expansion, the Cosmological Constant, and the Beauty of the Cosmos* (Nova York: John Wiley & Sons).

_____. 2000. "A Different Approach to Cosmology." *Physics Today*, 53, 71.

_____. 2002. *The Golden Ratio: The Story of Phi, the World's Most Astonishing Number* (Nova York: Broadway Books). [No Brasil: *Razão áurea: a história de Fi*, editora Record, 2006]

_____. 2011. "Lost in Translation: Mystery of the Missing Text Solved." *Nature*, 479, 171.

Livio, M., Hollowell, D., Weiss, A., e Truran, J. W. 1989. "The Anthropic Significance of the Existence of an Excited State of ^{12}C." *Nature*, 340, 281.

Livio, M., e Rees, M. J. 2005. "Anthropic Reasoning." *Science*, 309, 1022.

Lucas, J. R. 1979. "Wilberforce and Huxley: A Legendary Encounter." *Historical Journal*, 22, 313.

Lyell, C. 1830-33. *Principles of Geology Being an Attempt to Explain the Former Changes of the Earth's Surface, by Reference to Causes Now in Operation* (Londres: John Murray). Republicado em 2009 (Cambridge: Cambridge University Press).

MacCurdy, E., ed. 1939. *The Notebooks of Leonardo da Vinci* (Nova York: G. Braziller).

Maddox, B. 2002. *Rosalind Franklin: The Dark Lady of DNA* (Londres: Harper Collins).

Majerus, M. E. N. 1998. *Melanism: Evolution in Action* (Oxford: Oxford University Press).

Mangel, M., e Samaniego, F. 1984. "Abraham Wald's Work on Aircraft Survivability." *Journal of the American Statistical Association*, 79, 259.

Marchant, J. 1916. *Alfred Russel Wallace: Letters and Reminiscences* (Londres: Cassell and Company).

Marinacci, B., ed. 1995. *Linus Pauling in His Own Words* (Nova York: Touchstone).

Mawer, S. 2006. *Gregor Mendel: Planting the Seeds of Genetics* (Nova York: Harry N. Abrams).

Mayr, E. 2001. *What Evolution Is* (Nova York: Basic Books).

McCrea, W. H. 1971. "The Cosmical Constant." *Quarterly Journal of the Royal Astronomical Society*, 12, 140.

McGrath, C. L., e Katz, L. A. 2004. "Genome Diversity in Microbial Eukaryotes." *Trends in Ecology and Evolution*, 19(1), 32.

McPherson, A. 2003. *Introduction to Macromolecular Crystallography* (Hoboken, NJ: John Wiley & Sons).

Mendel, G. 1866 [1865]. "Versuche über Pflanzen-Hybriden" ("Experimentos na hibridização de plantas"), *Verhandlungen des naturforschenden Vereines Brünn*, 4, 3.

Meredith, R. W, et al. 2011. "Impacts of the Cretaceous Terrestrial Revolution and KPg Extinction on Mammal Diversification." *Science*, 334, 521.

Miller, D., ed. 1985. *Popper Selections* (Princeton: Princeton University Press).

Milne, E. A. 1933. "World-Structure and the Expansion of the Universe." *Zeitschrift für Astrophysik*, 6, 1.

Mirsky, A. E., e Pauling, L. 1936. "On the Structure of Native, Denatured, and Coagulated Proteins." *Proceedings of the National Academy of Sciences U.S.A.*, 22(7), 439.

Mitton, S. 2005. *Fred Hoyle: A Life in Science* (Londres: Aurum).

Moore, J. R. 1979. *The Post-Darwinian Controversies: A Study of the Protestant Struggle to Come to Terms with Darwin in Great Britain and America, 1870-1900* (Cambridge: Cambridge University Press).

Mora, C., Tittensor, D. P., Adl, S., Simpson, A. G. B., e Worm, B. 2011. "How Many Species Are There on Earth and in the Ocean?" *PLOS Biology* 9(8): e 1001127.doi:10.137i/journal.pbio.l001127.

Morris, S. W. 1994. "Fleeming Jenkin and the Origin of Species: A Reassessment." *British Journal for the History of Science*, 27, 313.

Motte, A. Translator. 1848. *Newton's Principia, with a Life of the Author by N. W. Chittenden* (Nova York: Daniel Adee).

Narasimhan, T. N. 2010. "Thermal Conductivity Through the 19th Century." *Physics Today*, agosto de 2010, 36.

Nernst, W. 1916. "Über einen Versuch, von quantentheoretischen Betrachtungen zur Annahme stetiger Energieänderungen surückzukehren." *Verhandlungen der Deutschen Physikalischen Gesellschaft*, 18, 83.

Nestler, E. J., e Malenka, R. C. 2004. "The Addicted Brain." *Scientific American*, março, 78.

Neumann, C. 1896. *Allgemeine Untersuchungen über das Newton'sche Princip der Fernwirkungen, mit besonderer Rücksicht auf die elektrischen Wirkungen* (Leipzig: Teubner).

Newton, I. 1687. *Philosophiae Naturalis Principia Mathematica* (Londres: S. Pepys, Royal Society Press).

North, J. D. 1965. *The Measure of the Universe: A History of Modern Cosmology* (Oxford: Clarendon Press).

Norton, J. D. 1999. "The Cosmological Woes of Newtonian Gravitation Theory." Em *The Expanding Worlds of General Relativity: Einstein Studies*. Editado por H. Goenner, J. Renn, J. Ritter e T. Sauer (Boston: Birkhaüser), 7, 271.

_____. 2000. "Nature Is the Realisation of the Simplest Conceivable Mathematical Ideas: Einstein and the Canon of Mathematical Simplicity." *Studies in History and Philosophy of Modern Physics*, 31(2), 135.

Nudds, J. R., McMillan, N. D, Weaire, D. C., e McKenna Lawlor, S. M. P., eds. 1988. *Science in Ireland, 1800-1930: Tradition and Reform* (Dublin: publicação particular, Trinity College).

Nussbaumer, H., e Bieri, L. 2009. *Discovering the Expanding Universe* (Cambridge: Cambridge University Press).

_____. 2011. http://arxiv.org/abs/1107.2281.

Nye, M. J. 2001. "Paper Tools and Molecular Architecture in the Chemistry of Linus Pauling." Em *Tools and Modes of Representation in Laboratory Sciences*. Editado por V. Klein (Dordrecht: Kluwer).

Ochs, V. L. 2005. "Waiting for the Messiah, a Tambourine in Her Hand." *Nashim: A Journal of Jewish Women's Studies & Gender Issues*, (9), 144.

Ohanian, H. C. 2008. *Einstein's Mistakes: The Human Failings of Genius* (Nova York: W. W. Norton & Company).

Olby, R. 1974. *The Path to the Double Helix* (Londres: Macmillan).

Olds, J. 1956. "Pleasure Centers in the Brain." *Scientific American*, outubro, 105.

Olds, J., e Milner P. 1954. "Positive Reinforcement Produced by Electrical Stimulation of Septal Area and Other Regions of Rat Brain." *Journal of Comparative and Physiological Psychology*, 47, 419.

Öpik, E. 1951. "Stellar Models with Variable Composition. II: Sequences of Models with Energy Generation Proportional to the Fifteenth Power of Temperature." *Proceedings of the Royal Irish Academy*, A 54, 49.

Orel, V. 1996. *Gregor Mendel: The First Geneticist.* Traduzido por S. Finn (Nova York: Oxford University Press).

Overbye, D. 1998. "A Famous Einstein 'Fudge' Returns to Haunt Cosmology." *New York Times*, 26 de maio de 1998.

_____. 2000. *Einstein in Love: A Scientific Romance* (Nova York: Viking).

Pais, A. 1982. *Subtle Is the Lord: The Science and Life of Albert Einstein* (Oxford: Oxford University Press).

Paley, W. 1802. *Natural Theology, or Evidence of the Existence and Attributes of the Deity, Collected from the Appearances of Nature.* 2006. Editado com introdução e notas de M. D. Eddy e D. Knight (Oxford: Oxford University Press).

Pallen, M. 2009. *The Rough Guide to Evolution* (Londres: Rough Guides).

Panek, R. 2011. *The 4% Universe: Dark Matter, Dark Energy, and the Race to Discover the Rest of Reality* (Boston: Houghton Mifflin Harcourt).

Parshall, K. H. 1982. "Varieties As Incipient Species: Darwin's Numerical Analyses." *Journal of the History of Biology*, 15(2), 191.

Patterson, C. 1956. "Age of Meteorites and the Earth." *Geochimica et Cosmochimica Acta*, 10(4), 230.

Pauli, W. 1958. *Theory of Relativity.* Traduzido por G. Field (Oxford: Pergamon Press). Reimpresso em 1981 (Mineola, NY: Dover).

Pauling, L. 1935. "The Oxygen Equilibrium of Hemoglobin and Its Structural Interpretation." *Science*, 81, 421.

_____. 1939. *The Nature of the Chemical Bond and the Structure of Molecules and Crystals* (Ithaca, NY: Cornell University Press).

_____. 1948a. "Nature of Forces Between Large Molecules of Biological Interest." *Nature*, 161, 707.

———. 1948b. "Molecular Architecture and the Processes of Life." 21st Sir Jesse Boot Foundation Lecture, Nottingham, Inglaterra. Palestra feita em 28 de maio de 1948.

———. 1955. "The Stochastic Method and the Structure of Proteins." *American Scientist*, 43, 285.

———. 1996. "The Discovery of the Alpha Helix." *Chemical Intelligencer*, janeiro, 32 (publicado por Dorothy Munro).

Pauling, L., e Bragg, L. 1953. "Discussion des Rapports de MM L. Pauling et L. Bragg." *Rep. Institut International de Chimie Solvay*, 111.

Pauling, L., e Corey, R. B. 1950. "Two Hydrogen-Bonded Spiral Configurations of the Polypeptide Chain." *Journal of the American Chemical Society*, 72(11), 5349.

———. 1953. "A Proposed Structure for the Nucleic Acids." *Proceedings of the National Academy of Sciences U.S.A.*, 39, 84.

Pauling, L., Corey, R. B., e Branson, H. R. 1951. "The Structure of Proteins: Two Hydrogen-Bonded Helical Configurations of the Polypeptide Chain." *Proceedings of the National Academy of Sciences U.S.A.*, 37, 205.

Pauling, L., e Coryell, C. D. 1936. "The Magnetic Properties and Structure of Hemoglobin and Carbonmonoxyhemoglobin." *Proceedings of the National Academy of Sciences*, 22, 210.

Pauling, L., e Schomaker, V. 1952a. "On a Phospho-tri-anhydride Formula for the Nucleic Acids." *Journal of the American Chemical Society*, 74, 1111.

———. 1952b. "On a Phospho-tri-anhydride Formula for the Nucleic Acids." *Journal of the American Chemical Society*, 74, 3712.

Pauling, P. 1973. "DNA — The Race That Never Was?" *New Scientist*, 31 de maio, 558.

Peckham, M., ed. 1959. *The Origin of Species: A Variorum Text* (Filadélfia: University of Pennsylvania Press).

Peebles, P. J. E., e Ratra, B. 2003. "The Cosmological Constant and Dark Energy." *Review of Modern Physics*, 75, 559.

Perlmutter, S., et al. 1999. *Astrophysical Journal*, 517, 565.

Perry, J. 1895a. "On the Age of the Earth." *Nature*, 51, 224.

———. 1895b. "On the Age of the Earth." *Nature*, 51, 341.

———. 1895c. "The Age of the Earth." *Nature*, 51, 582.

Perutz, F. 1987. "I Wish I'd Made You Angry Earlier." *Scientist*, 1(7), 19.

Petrosian, V., Salpeter, E., e Szekeres, P. 1967. "Quasi-Stellar Objects in the Universe with Non-Zero Cosmological Constant." *Astrophysical Journal*, 147, 1222.

Fílon de Alexandria, século I d.C. *Allegories of the Sacred Laws* [Alegoria das Leis Sagradas]. Citado em Toumlin e Goodfield 1965, p. 58. O tratado pode ser lido on-line em www.earlychristianwritings.com/yonge/book2.html.

Plínio, o Velho, século I d.C. *The Natural History*, livro 8, capítulo 37. Editado por J. Bostock e H. T. Riley (Londres: Taylor & Francis, 1855).

Popper, K. 1976. *Unended Quest: An Intellectual Autobiography* (Glasgow: Fontana/Collins).

_____. 1978. "Natural Selection and the Emergence of Mind." *Dialectica*, 32, 339.

_____. 2006. *The Logic of Scientific Discovery* (Londres: Routledge). Primeira publicação em 1935, *Logik der Forschung* (Viena: Verlag von Julius Springer).

Randall, L. 2011. *Knocking on Heaven's Door: How Physics and Scientific Thinking Illuminate the Universe and the Modern World* (Nova York: Ecco).

RSA 1931. Royal Astronomical Society Papers 2. *Minutes of Council*, 12, 160, 165, 166.

Rees, M. 1997. *Before the Beginning: Our Universe and Others* (Reading, MA: Helix Books).

_____. 2001. "Fred Hoyle." *Physics Today*, novembro de 2001, 75.

Reich, D., Patterson, N., Kircher, M., et al. 2011. "Denisova Admixture and the First Modern Human Dispersals into Southeast Asia and Oceania." *American Journal of Human Genetics*, 89, 516.

Reinhardt, O., e Oldroyd, D. R. 1982. "Kant's Thoughts on the Ageing of the Earth." *Annals of Science*, 39, 349.

Richter, F. M. 1986. "Kelvin and the Age of the Earth." *Journal of Geology*, 94, 395.

Ridley, M. 2004a. *Evolution*, 3. ed. (Maiden, MA: Blackwell Science), ed. 2004b. *Evolution*, 2. ed. (Oxford: Oxford University Press).

Riess, A. G., et al. 1998. *Astronomical Journal*, 116, 1009.

Ronwin, E. 1951. "A Phospho-tri-anhydride Formula for the Nucleic Acids." *Journal of the American Chemical Society*, 73, 5141.

Rose, M. R. 1998. *Darwin's Spectre: Evolutionary Biology in the Modern World* (Princeton, NJ: Princeton University Press).

Rosenfeld, L. 2003. "William Prout: Early 19th Century Physician-Chemist." *Clinical Chemistry*, 49(4), 699.

Ruse, M., e Richards, R. J., eds. 2009. *The Cambridge Companion to the "Origin of Species"* (Cambridge: Cambridge University Press).

Russell, B. 1951. "The Answer to Fanaticism: Liberalism." Na *New York Times Magazine*, 16 de dezembro de 1951.

Salisbury, R. C. 1894. Discurso presidencial, *Report of the British Association for the Advancement of Science*, Oxford, p. 3.

Salpeter, E. E. 1952. "Nuclear Reactions in Stars Without Hydrogen." *Astrophysical Journal*, 115, 326.

Sayre, A. 1975. *Rosalind Franklin and DNA* (Nova York: W. W. Norton).

Schilthuizen, M. 2001. *Frogs, Flies, and Dandelions: The Making of a Species* (Oxford: Oxford University Press).

Schlattl, H, Heger, A., Oberhummer, H, Rauscher, T., e Csóto, A. 2004. "Sensitivity of the C and O Production on the 3α Rate." *Astrophysics and Space Science*, 291, 27.

Schulz, K. 2010. *Being Wrong: Adventures in the Margin of Error* (Nova York: Harper Collins).

Sclater, A. 2003. "The Extent of Charles Darwin's Knowledge of Mendel." *Georgia Journal of Science*, 61, 134.

Seelig, C., ed. 1956. *Helle Zeit — Dunkle Zeit* (Zurique: Europa Verlag).

Segrè, G. 2011. *Ordinary Geniuses: Max Delbruck, George Gamow, and the Origins of Genomics and Big Bang Cosmology* (Nova York: Viking).

Serafini, A. 1989. *Linus Pauling: A Man and His Science* (Nova York: Paragon House).

Sharlin, H. I., e Sharlin, T. 1979. *Lord Kelvin: The Dynamic Victorian* (University Park, PA: Penn State University Press).

Shaviv, G. 2009. *The Life of Stars: The Controversial Inception and Emergence of the Theory of Stellar Structure* (Heidelberg: Springer).

Shipley, B. C. 2001. "'Had Lord Kelvin a Right?': John Perry, Natural Selection and the Age of the Earth, 1894-1895." Em *The Age of the Earth: From 4004*

BC to AD 2002. Editado por C. L. E. Lewis e S. J. Knell, Geological Society, Londres, Special Publications, 190, 91.

Sidgwick, I. 1898. "A Grandmother's Tales." *Macmillan's Magazine*, 78(1), 433.

Smith, C., e Wise, M. N. 1989. *Energy and Empire: A Biographical Study of Lord Kelvin* (Cambridge: Cambridge University Press).

Soddy, F. 1904. *Radio-Activity: An Elementary Treatise from the Standpoint of Disintegration Theory* (Londres: The Electrician).

_____. 1906. "The Recent Controversy on Radium." *Nature*, 74, 516.

Spear, R. 2002. "The Most Important Experiment Ever Performed by an Australian Physicist". *Physicist*, 39(2), 35.

Spinoza, B. 1925. *Spinoza Opera*. Editado por C. Gebhardt (Heidelberg: Carl Winter).

Stacey, F. D. 2000. "Kelvin's Age of the Earth Paradox Revisited." *Journal of Geophysical Research*, 105 (B6), 13, 155.

Sturchio, N. C., e Purtschert, R. 2012. "Kr-81 Case Study: The Nubian Aquifer (Egypt)." Em *Dating Old Groundwater: A Guide Book*. Editado por A. Suckow (Viena: IAEA).

Susskind, L. 2006. *The Cosmic Landscape: String Theory and the Illusion of Intelligent Design* (Nova York: Little, Brown and Company).

Tait, G. G. 1869. "Geological Time." *North British Review*, julho, 406.

Taylor, A. J. P. 1963. "Mistaken Lessons from the Past." *Listener*, 6 de junho.

Thompson, S. P. 1910. *The Life of William Thomson, Baron Kelvin of Largs* (Londres: Macmillan and Co.). Reimpresso em 1976 (Nova York: Chelsea Publishing Company).

Thomson, J. J. 1936. *Recollections and Reflections* (Londres: Bell).

Tino, G. M., et al. 2007. "Atom Interferometers and Optical Atomic Clocks: New Quantum Sensors for Fundamental Physics Experiments in Space." *Nuclear Physics B* (Proceedings Supplements), 166, 159.

Toumlin, S. E., e Goodfield, J. 1965. *The Discovery of Time* (Nova York: Harper & Row).

Trimble, V. 2012. "Eponyms, Hubble's Law, and the Three Princes of Parallax." *Observatory*, 132, 33.

Tyson, N. dG. 2007. *Death by Black Hole: And Other Cosmic Quandaries* (Nova York: W. W. Norton).

Tyson, N. dG., e Goldsmith, D. 2004. *Origins: Fourteen Billion Years of Cosmic Evolution* (Nova York: W. W. Norton).

Van den Bergh, S. 1997. Em *The Extragalactic Distance Scale*. Editado por M. Livio, M. Donahue e N. Panagia (Cambridge: Cambridge University Press), p.l.

_____. 2011. http://arxiv.org/abs/1106.1195.

Van Overwalle, F., e Jordens, K. 2002. "An Adaptive Connectionist Model of Cognitive Dissonance." *Personality and Social Psychology Review,* 6(3), 204.

Van Veen, V, Krug, M. K., Schooler, J. W., e Carter, C. S. 2009. "Neural Activity Predicts Attitude Change in Cognitive Dissonance." *Nature Neuroscience,* 12(11), 1469.

Vila, R., Bell, C. D., Macniven, R., Goldman-Huertas, B., Ree, R. H., Marshall, C. R., Balient, S., Johnson, K., Benjamini, D., e Pierce, N. 2011. "Phylogeny and Palaeoecology of *Polyommatus* Blue Butterflies Show Beringia Was a Climate-Regulated Gateway to the New World." *Proceedings of the Royal Society,* série B, 278.

Vilenkin, A. 2006. *Many Worlds in One: The Search for Other Universes* (Nova York: Hill and Wang).

Von Seeliger, H. 1895. "Über das Newton'sche Gravitationsgesetz." *Astronomische Nachrichten* 137, 129.

Vorzimmer, P. 1963. "Charles Darwin and Blending Inheritance." *Isis,* 54(3), 371.

Wagoner, R. V, Fowler, W. A., e Hoyle, F. 1967. "On the Synthesis of Elements at Very High Temperatures." *Astrophysical Journal,* 148, 3.

Watson, J. D. 1951. Carta para o biofísico Max Delbrück, datada de 9 de dezembro de 1951, Caltech Archives.

_____. 1980. *The Double Helix: A Personal Account of the Discovery of the Structure of DNA.* Editado por G. S. Stent. A Norton Critical Edition (Nova York: W. W. Norton).

_____. 2000. *A Passion for DNA: Genes, Genomes, and Society* (Oxford: Oxford University Press), 44.

Watson, J. D., e Crick, F. H. C. 1953a. "Molecular Structure of Nucleic Acids." *Nature,* 171, 737.

_____. 1953b. "Genetical Implications of the Structure of Deoxyribonucleic Acid." *Nature*, 171, 964.

Way, M., e Nussbaumer, H. 2011. "Lemaître's Hubble Relationship." *Physics Today*, agosto de 2011, 8.

Weart, S. 1978. "Oral History Transcript — Dr. Thomas Gold." *Source for History of Modern Astrophysics*. Niels Bohr Library & Archives (College Park, MD: American Institute of Physics), 34.

Weinberg, S. 1987. "Anthropic Bound on the Cosmological Constant." *Physical Review Letters*, 59, 2607.

_____. 1989. "The Cosmological Constant Problem." *Review of Modern Physics*, 61(1), 1.

_____. 1992. *Dreams of a Final Theory* (Nova York: Pantheon).

_____. 2005. "Einstein's Mistakes." *Physics Today*, 58(11), 31.

Wells, J. 2000. *Icons of Evolution: Science or Myth?* (Washington, DC: Regency Publishing).

Wesemael, F. 2009. "Harkins, Perrin and the Alternative Paths to the Solution of the Stellar-Energy Problem, 1915-1923", *Journal for the History of Astronomy*, 40, n. 3, 277.

Westen, D., Blagov, P. S., Horenski, K., Kelts, C., e Hamman, S. 2006. "Neural Bases of Motivated Reasoning: An fMRI Study of Emotional Constraints on Partisan Political Judgment in the 2004 US. Presidential Election." *Journal of Cognitive Neuroscience*, 18(11), 1947.

Wilkins, M. 2003. *The Third Man of the Double Helix: The Autobiography of Maurice Wilkins* (Oxford: Oxford University Press).

Wilkins, M. H. F., Stokes, A. R., e Wilson, H. R. 1953. "Molecular Structure of Deoxypentase Nucleic Acids." *Nature*, 171, 738.

Williams, R. C. 1952. "Electron Microscopy of Sodium Desoxyribonucleate by Use of a New Freeze-Drying Method." *Biochimica et Biophysica Acta*, 9, 237.

Wilson, D. B. 1987. *Kelvin and Stokes: A Comparative Study in Victorian Physics* (Bristol: Adam Hilger).

Wilson, E. B. 1925. *The Cell in Development and Heredity*, 3. ed. (Nova York: Macmillan).

Wilson, E. O. 1992. *The Diversity of Life* (Cambridge, MA: Belknap Press).

Wilson, J. D. 1999. "Watson on Pauling." *Time* magazine, 21 de março de 1999. On-line em www.time.com/time/magazine/article/0,9171,21848,00.html.

Wilson, W. 1913. *The New Freedom: A Call for the Emancipation of the Generous Energies of a People* (Nova York: Doubleday), capítulo 2.

Wilson, W. E. 1903. "Radium and Solar Energy." *Nature*, 68, 222.

Wise, R. A. 1998. "Drug-Activation of Brain Reward Pathways." *Drug and Alcohol Dependence*, 51(1-2), 13.

Wolfowitz, J. 1952. "Abraham Wald 1902-1950." *Annals of Mathematical Statistics*, 23, 1.

Zeldovich, Ya. B. 1967. "Cosmological Constant and Elementary Particles." *Journal of Experimental and Theoretical Physics, Letters*, 61, 316.

Créditos

O autor e o editor gostariam de expressar sua gratidão pela permissão concedida para o uso do seguinte material:

Arte

Imagens 1, 2, 3, 4, 5, 6, 7, 8, 9 e 10 do miolo: Pam Jeffries.
Imagem 11 do encarte: Cortesia dos Arquivos do California Institute of Technology.
Imagens 14, 15, 19 e 21 do encarte: Com a permissão do Master and Fellows da St. John's College, Cambridge.
Imagens 20, 24 e 25 do encarte: Einstein, Albert; The Collected Papers of Albert Einstein. © 1987 — Ano Atual. Universidade Hebraica de Jerusalém e Princeton University Press. Reimpressas com a permissão da Princeton University Press.
Imagens 6 e 13 do encarte: Cortesia do Instituto de Astronomia da Universidade de Cambridge, por meio da assistência de Mark Hurn.
Imagem 10 e 14 do encarte: Cortesia do autor, processada por Amanda Smith, Graphics Office, Instituto de Astronomia da Universidade de Cambridge.
Imagem 22 do encarte: Cortesia de Amanda Smith, Graphics Office, Instituto de Astronomia da Universidade de Cambridge.

Imagens 8, 12 e 23 do encarte: Cortesia da Pauling Collection, Oregon State University Libraries, Coleções Especiais e Archives Research Center.
Imagem 26 do encarte: Cortesia do Leo Baeck Institute, Nova York.
Imagens 17 e 27 do encarte: Cortesia do Archives Georges Lemaître, Université Catholique de Louvain, Centre de Recherche sur le Terre et le Climat G. Lemaître, Louvain-la-Neuve, Belgique.
Imagem 16 do encarte: Cortesia da Reel Poster Gallery, Londres.
Imagem 9 do encarte: Reimpressa com permissão do Nature Publishing Group, Macmillan Publishers Ltd: *Nature*, 25 de abril de 1953.
Imagens 1, 2, 3, 4, 5 e 7 do encarte: Reproduzida com a gentil permissão do Syndics of Cambridge University Library.
Imagem 18 do encarte: Cortesia da Royal Astronomical Society Library, Royal Astronomical Society Correspondence 1931.

Texto

Citações de Einstein nas páginas 242, 248, 250, 273, 276, 277: Com permissão do Albert Einstein Archives, Universidade Hebraica de Jesuralém.
Citações de Hoyle nas páginas 174, 190, 191, 201, 215, 221, 229, 230: Com permissão do Master and Fellows da St. John's College, Cambridge. Com a assistência do senhor Geoffrey Hoyle.
Citação de Gold na página 202: Com permissão do Niels Bohr Library and Archives, Instituto Americano de Física.

Todos os esforços foram feitos para contatar os detentores dos direitos sobre a arte e os textos usados neste livro, mas em alguns casos o autor não conseguiu localizá-los. Esses detentores de direitos autorais devem entrar em contato com a Simon & Schuster, 1230 Avenue of the Americas, Nova York, NY 10020.

Este livro foi composto na tipologia Minion Pro Regular, em corpo 11,5/15,5, e impresso em papel off-white no Sistema Cameron da Divisão Gráfica da Distribuidora Record.